北京市农林科学院植物保护研究所实质性工作经费项目（2021-10）资助

THE BEIJING FOREST INSECT ATLAS (III) —DIPTERA

北京林业昆虫图谱（Ⅲ）

双翅目

虞国跃　王　合　著

科　学　出　版　社

北　京

内 容 简 介

本书收录了作者在调查中发现的北京双翅目昆虫 68 科 527 种，其中，83 种仅鉴定到属，153 个北京新记录种（其中 33 个中国新记录种），4 个北京新记录科（其中 1 个中国新记录科：角蛹蝇科 Aulacigastridae），2 个新异名，1 个新名和 1 个新种。每种均配以精美的生态图片（部分为室内图），共 830 余张（均列出拍摄时间、拍摄地点）。本书是积累北京昆虫多样性的基础性资料，也是认识北方昆虫的重要工具书。

本书可为农林生产和科研人士、自然爱好者等提供参考。

图书在版编目（CIP）数据

北京林业昆虫图谱. Ⅲ, 双翅目 / 虞国跃, 王合著. —北京: 科学出版社, 2023.3

ISBN 978-7-03-075046-4

Ⅰ. ①北… Ⅱ. ①虞… ②王… Ⅲ. ①林业—昆虫—北京—图谱 Ⅳ. ①Q968.221-64

中国国家版本图书馆CIP数据核字（2023）第038719号

责任编辑：李 悦 刘 晶 / 责任校对：郑金红
责任印制：肖 兴 / 书籍设计：北京美光设计制版有限公司

科 学 出 版 社 出版
北京东黄城根北街16号
邮政编码：100717
http://www.sciencep.com

北京中科印刷有限公司印刷

科学出版社发行 各地新华书店经销

*

2023年3月第 一 版 开本：787 × 1092 1/16
2025年4月第二次印刷 印张：19 3/4
字数：468 000

定价：328.00元

（如有印装质量问题，我社负责调换）

Summary

The Beijing Forest Insect Atlas (III) — Diptera

YU Guo-yue, WANG He

The first part (I) of *The Beijing Forest Insect Atlas* was published in 2018 and contains 629 species. Most of them are herbivores, some are predators and parasitoids, and a few are common species met in Beijing forests with no obvious relationship with trees. The second part (II) contains 522 species, from Collembola to Megaloptera, excluding Odonata, Aleyrodidae, Aphididae, and Coccoidea.

This is the third part, dealing with Diptera from Beijing. It contains 527 species belonging to 68 families. Two new synonyms and one new name are suggested, 153 species, 4 families are recorded as new to Beijing, 33 of them and one family (Aulacigastridae) are new records to China, and a new species is described to science. Each species (with a few exceptions) is provided with up to 5 images including an image of the adult. Images are usually taken in field with a few indoor ones, and some species are provided with genitalia pictures. Each species includes succinct text with information on scientific name, recognition, food plants and concise biology, and distribution.

New synonym:

Eupyrgota pekinensis Chen, 1947 = *Eupyrgota rufosetosa* Chen, 1947, syn. nov.

Eugymnopeza imparilis Herting, 1973 = *Eugymnopeza braueri* Townsend, 1933, syn. nov.

Nomen novum:

Ommatius beckeri Yu, 2023, nom. nov. = *Ommatius nigripes* (Becker, 1925) (nec. de Meijere, 1913)

Species nova:

Aulacigaster beijingensis Yu et Wang, 2023, sp. n. (Aulacigastridae)

Holotype, ♂, 2021-VII-5, Campus of Beijing Academy of Agriculture and Forestry Sciences, Haidian, Beijing, Yu Guoyue leg. on outflowing sap of *Populus* trees. Paratypes, 4♂1♀, the same data as holotype (all types deposited at Beijing Academy of Agriculture and Forestry Sciences, Beijing).

Body length 2.2-2.7mm, wing length 1.8-2.3mm. Orange frontal transversal band about half distance of lunule to fore ocellus. Shiny spot lateral to ocellar large, almost close to eye. Close to European species *Aulacigaster falcata* Papp, 1998, differs by lighter legs and long and shoe-shaped cerci.

New records to China:

Tipula (*Vestiplex*) *serricauda* Alexander, 1914 (Tipulidae)
Dicranomyia infensa (Alexander, 1938) (Limoniidae)
Libnotes nohirai Alexander, 1918 (Limoniidae)
Greenomyia mongolica Laštovka et Matile, 1974 (Mycetophilidae)
Celticecis japonica Yukawa et Tsuda, 1987 (Cecidomyiidae)
Asilella londti Lehr, 1989 (Asilidae)
Choerades nigrovittatus (Matsumura, 1916) (Asilidae)
Cyrtopogon quadripunctatus Hermann, 1906 (Asilidae)
Dioctria keremza Richter, 1970 (Asilidae)
Dioctria nakanensis Matsumura, 1916 (Asilidae)
Eutolmus koreanus Hradskv et Hüttinger, 1985 (Asilidae)
Machimus kurzenkoi Lehr, 1999 (Asilidae)
Machimus pastshenkoae (Lehr, 1976) (Asilidae)
Mercuriana ussuriensis (Lehr, 1981) (Asilidae)
Neoitamus cothurnatus univittatus (Loew, 1871) (Asilidae)
Neoitamus zouhari Hradskv, 1960 (Asilidae)
Neomochtherus yasya Lehr, 1996 (Asilidae)
Stenopogon koreanus Young, 2005 (Asilidae)
Seri obscuripennis (Oldenberg, 1916) (Platypezidae)
Cheilosia illustrata (Harris, 1780) (Syrphidae)
Epistrophe nitidicollis (Meigen, 1822) (Syrphidae)
Lonchaea gachilbong MacGowan, 2007 (Lonchaeidae)
Adapsilia ochrosoma Kim et Han, 2001 (Pyrgotidae)
Campylocera thoracalis Hendel, 1914 (Pyrgotidae)
Euprosopia matsudai Kurahashi, 1974 (Platystomatidae)
Rivellia cestoventris Byun et Suh, 2001 (Platystomatidae)
Coremacera ussuriensis (Elberg, 1968) (Sciomyzidae)
Cerodontha togashii Sasakawa, 2005 (Agromyzidae)
Minettia gemmata Shatalkin, 1992 (Lauxaniidae)
Micropeza (*Soosomyza*) *soosi* Ozerov, 1991 (Micropezidae)
Myodris annulata (Fallén, 1813) (Periscelididae)
Anthomyia koreana Suh et Kwon, 1985 (Anthomyiidae)
Leucostoma meridianum (Rondani, 1868) (Tachinidae)

前　言

《北京林业昆虫图谱（I）》和《北京林业昆虫图谱（II）》分别于2018年1月和2021年6月出版，各记录了北京林业（包括园林及果树）昆虫629种和522种。其中，第I册中包含的种类多数是林业上常见的植食性昆虫，一部分为天敌昆虫，另有个别属于在林地内常见，但与树木关系不大的种类。第II册包含从原始的弹尾目Collembola（现多认为是弹尾纲），到全变态的脉翅类（脉翅目、蛇蛉目和广翅目），属于半翅目的叶蝉科和盲蝽科的种类最为丰富，分别为111种和107种。

本书是第III册，仅包含双翅目（蚊、虻、蝇等）。为了体现完整性，第I册所含的15种双翅目昆虫也编入本册中。本书共记录北京双翅目昆虫527种，其中83种仅鉴定到属，北京新记录153种（书内用“北京*”表示），包含33个中国新记录种，4个北京新记录科（其中1个中国新记录科：角蛹蝇科Aulacigastridae），2个新异名，1个新名和1个新种。本书按双翅目的分类系统排列，每种提供生态照片（最多5张，均列出拍摄地点和时间，部分种类附外生殖器等显微照片）、简单的外部形态特征、分布、已知的食性及简单的习性等。

生物分子测序技术越来越先进和便捷，具有分子条形码的昆虫物种数量也在快速增长，同时昆虫图像的人工智能识别技术也在探索之中。就目前而言，核对附有简洁描述的昆虫图谱（图鉴）类书籍（或网站）仍是认识昆虫最方便的途径。这3种识别昆虫的方法，其前提条件是数据库中的物种数据或图片的鉴定是正确的。

生物分类及鉴定往往是一项逐渐接近真理（正确的物种）的工作，有时需要多次的更正才能到达胜利的彼岸。我们的工作也不例外，本书指出了我们过去所出的图谱中存在的一些错误。

本书可作为农林生产和科研人士、自然爱好者等的参考用书，也可为北京昆虫多样性积累一些资料。

由于作者知识水平有限，书中难免有疏漏、不足之处，敬请读者批评指正。

虞国跃

2022年5月

致　谢

本书是多年工作的小结。在北京林业昆虫的调查、研究和本书写作、出版过程中，得到了许多人士的帮助和支持。

两位作者的单位和领导：北京市农林科学院植物保护研究所（燕继晔所长）、北京市园林绿化资源保护中心（黄三祥主任）为调查提供了大力支持，使作者的工作得以长时间顺利开展。

冯术快、周达康、王山宁、王兵、卢绪利、刘彪、潘彦平、薛正等先生不时参加调查、采集或参与讨论；孙福君、张崇岭、屈海学、杜进昭、杨新明、岳树林、颜容、胡亚莉、李忠良、王长民、韩石、赵连祥、梁红斌、陈超、陈秀红、熊品贞、李彬、王进忠、李明远、孙雪逵、但建国、杨帆、马亚云、渠成、任振涛等先生（女士）为我们的调查提供了帮助或标本。

本书是北京昆虫图谱系列完成的第9本，前8本分别为《北京蛾类图谱》《王家园昆虫》《我的家园，昆虫图记》《北京林业昆虫图谱（I）》《北京林业昆虫图谱（II）》《北京蚜虫生态图谱》《北京访花昆虫》《北京甲虫生态图谱》。以上工作中有关昆虫物种的鉴定，得到了许多专家的帮助，在此表示衷心的感谢。本书有不少是新增的种类，个别物种的鉴定得到以下专家的帮助：沈阳师范大学张春田教授（部分寄蝇科种类）、北京林业大学张东教授（核实长条溜蝇）。还有其他专家在鉴定过程中给予了我们帮助。如果本书所属类别的鉴定有误，责任仍在我们。不少国内外专家、学者给予了文献上的支持，或帮助寻找文献（韩辉林先生、初宿成彦先生、张东先生等）。

我们的研究工作和本书的出版，得到了北京市农林科学院植物保护研究所实质性工作经费项目的资助。

如果没有以上诸位及单位的帮助和支持，我们不可能完成此书的编写，为此深表谢忱！

虞国跃　王　合

2022年5月

目　录

双翅目

双翅目

《北京林业昆虫图谱（Ⅲ）》

双突尖头大蚊
Brithura nymphica Alexander, 1927

雌虫体长37.9毫米，翅长28.7毫米。触角柄节和梗节暗红褐色，鞭节灰黄色。胸部红褐色，两侧具银白色纵纹。足基节和转节红褐色，腿节浅黄褐色，端部黑色，胫节浅黄褐色，端部褐色。腹部红褐色，背板外侧角白色。

分布：北京、陕西、河北、河南、湖北、四川、贵州。

注：模式标本产地为四川峨眉山（Alexander, 1927）；与环带尖头大蚊*Brithura sancta* Alexander, 1929很接近，可从腿节亚端部是否具有浅色环进行区分：环带尖头大蚊的腿节亚端部具1个浅色环，而本种没有这样的浅色环。北京7～8月可见成虫于灯下，或见于树上。

雄虫（怀柔孙栅子，2012.VIII.13）

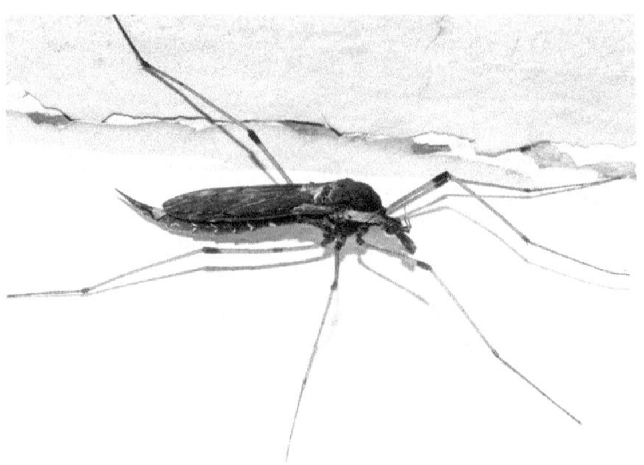
雌虫（门头沟小龙门，2014.VIII.9）

鳍突短柄大蚊
Nephrotoma sp.

雌虫体长17.6毫米，翅长12.3毫米。体黄色，具黑斑。后头具黑褐色斑，较小，远离复眼。触角丝状，13节，黑色，但基部2节黄色，第1鞭节基部常黄褐色。中胸前盾片具3条亮黑色纵斑，侧斑端部向外弯曲；盾片两侧具外弯的黑斑；小盾片黄褐色，后背片具1条黑色纵带。雄虫体长15.0毫米，第9腹板基部具1向下的鳍状突，内生殖突背缘弧形，无齿突。

分布：北京。

注：曾把此种误定为离斑指突短柄大蚊*Nephrotoma scalaris parvinotata*（虞国跃等，2016；虞国跃，2017；nec. Brunetti, 1918），该种中胸沟前中央的黑色斑前部具浅色的楔形纹，雄虫内生殖突背缘具鸡冠状齿突。北京4～5月、9月可见成虫。

雌虫（昌平长峪城，2017.IX.4）

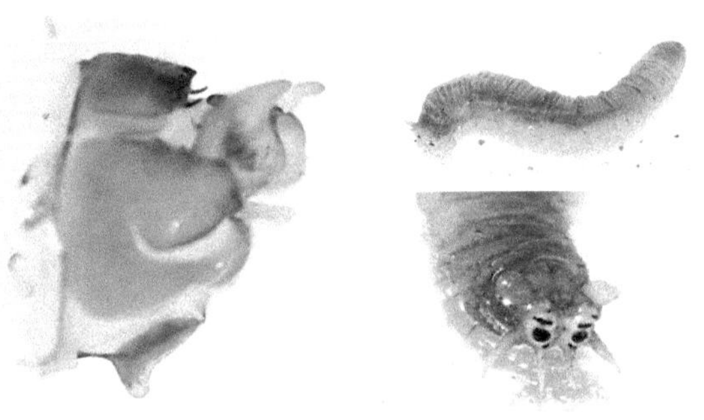
雄虫腹端侧面观（北京市农林科学院，2022.V.2）　幼虫及腹末（北京市农林科学院，2022.IV.10）

环带尖头大蚊
Brithura sancta Alexander, 1929

雄虫体长30毫米，雌虫体长约45毫米。触角柄节暗红褐色，梗节红褐色，鞭节灰褐色。胸部红褐色，两侧具银灰色纵纹。足基节和转节红褐色，腿节黄褐色，端部黑色，亚端部浅黄褐色，胫节黄褐色，基部浅黄褐色，端部褐色。翅淡褐色，具众多暗褐色斑纹。腹部暗红褐色，背板外侧角浅黄褐色。

分布：北京、河北、天津、河南、浙江、湖北、贵州。

注：见双突尖头大蚊*Brithura nymphica* Alexander, 1927的注。北京7月、9月可见成虫于灯下。

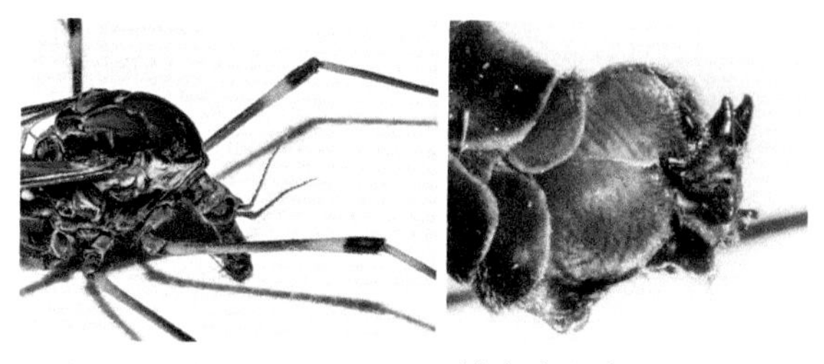

雌虫头胸部（房山蒲洼东村，2016.VII.12）　雄虫腹末（平谷梨树沟，2021.VII.15）

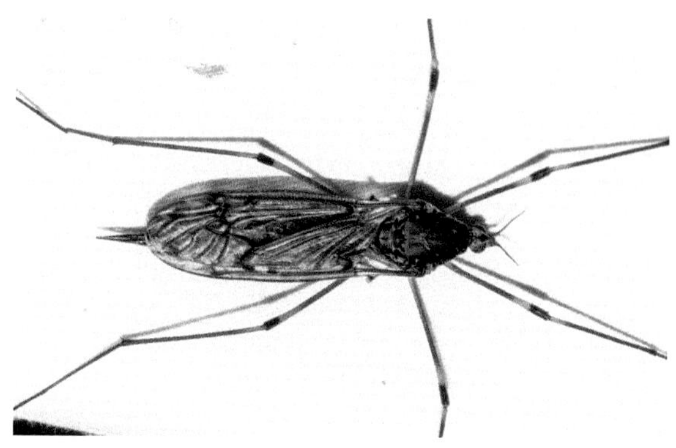

雌虫（房山蒲洼东村，2016.VII.12）

单斑短柄大蚊
Nephrotoma relicta (Savchenko, 1973)

雄虫体长9.8毫米，翅长8.8毫米。雌虫体长10.0～13.5毫米，翅长9.0～12.0毫米。体黄色，具黑斑。触角柄节和梗节黄色，基鞭节黄色，端部略暗，其他鞭节黑褐色。后头无明显色斑。前胸无斑，中胸前盾片具3块黑色纵斑，侧斑前端几呈直角形外弯，盾片两侧具黑斑，侧缘前半部黑色；小盾片黄褐色，中央稍暗；后背片黄色，端部褐色。足黄褐色，腿节端、胫节端及跗节暗褐色。腹部黄色，雄虫第2～6节中基部具黑褐色纹，第7～8节黑色（其中第7背板前侧角具黄色大斑），第9节黄色，中部具大黑斑。

分布：北京*、黑龙江、湖北、四川；朝鲜半岛，俄罗斯，蒙古国。

注：曾被认为是鸡冠短柄大蚊*Nephrotoma parvirostra* Alexander, 1924的异名，主要是由于外生殖突端半部陡然收细和内生殖突的“鸡嘴”很短而被认为不同的种（Oosterbroek, 1985）。北京7月见成虫于灯下。

雄虫（平谷梨树沟，2021.VII.16）

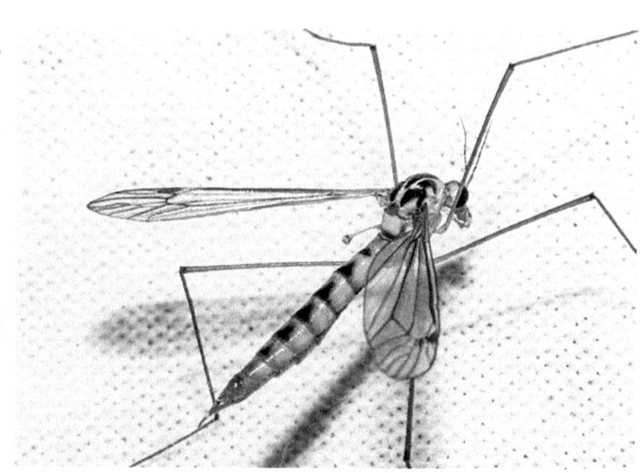

雌虫（平谷梨树沟，2021.VII.15）

双斑比栉大蚊
Pselliophora bifascipennis Brunetti, 1911

雌虫体长16.4毫米，翅长16.0毫米。体黑色，具红褐色斑。触角线状，短，红褐色。胸部黑色，中胸盾片两侧红褐色。翅浅褐色，翅痣淡黄色，翅面具2条黑色宽带；平衡棒浅褐色。足红褐色，腿节端、胫节端及跗节黑色，但基跗节大部红褐色。腹部第1节黑色，但后缘及后侧缘红褐色；第2节红褐色，后中部具黑斑。

分布：北京、内蒙古、黑龙江、吉林、辽宁、河北、河南、山东、江苏、上海、浙江、广东；日本，朝鲜半岛，俄罗斯。

注：模式标本产地为上海（Brunetti, 1911）。本种颜色变化较大，中胸背板中央可呈橙色，并可扩大，甚至小盾片也橙色，但背板前缘仍为黑色，后足腿节的端大部可呈现黑色，腹部的黑色区域可扩大或减小。北京7月可见成虫于灯下。

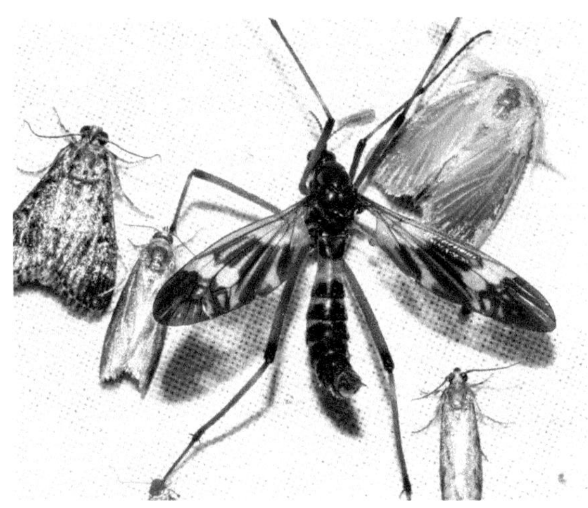

雌虫（房山蒲洼，2020.VII.30）

赭丽大蚊
Tipula (*Formotipula*) *exusta* Alexander, 1931

雄虫体长10.0～12.9毫米。头灰黑色，触角黑色，鞭节各节的基部略膨大。胸部和腹部橙黄色。足黑色，基节、转节和腿节基部橙黄色。翅浅灰色，翅痣和翅脉黑褐色；平衡棒灰褐色，基部橙黄色。腹第9背板后缘中部凹入，两侧呈弧形，其端部着生向下的黑色方形骨片。

分布：北京*、陕西、四川。

注：北京7月见成虫于林下和灯下。

雄虫及抱握器侧面观（平谷梨树沟，2021.VII.16）

小稻大蚊

Tipula (Yamatotipula) latemarginata Alexander, 1921

雄虫体长14.0毫米，雌虫体长18.5毫米。头灰黑色，具灰白色粉被，额中央具1条暗褐色纵纹；触角基2节褐色，鞭节基部数节黄褐色，后逐渐变成黑褐色。胸部灰褐色，具灰白色粉被，中胸前盾片具4条暗褐色纵纹（其中中间的2条相连），各纵纹的两侧颜色稍深；小盾片中央亦具褐色细纵纹。翅透明，浅褐色，c室、sc室及翅痣常呈深褐色。

分布： 北京、陕西、宁夏、新疆、内蒙古、吉林、辽宁、河北、山西、河南、安徽、浙江、湖北；日本，朝鲜半岛，俄罗斯，哈萨克斯坦。

注： 幼虫生活在溪水、稻田或潮湿的环境中，通常1龄幼虫取食藻类，随后取食植物的根、叶或腐烂的植物，可取食水稻的根。北京6～9月可见成虫于灯下。

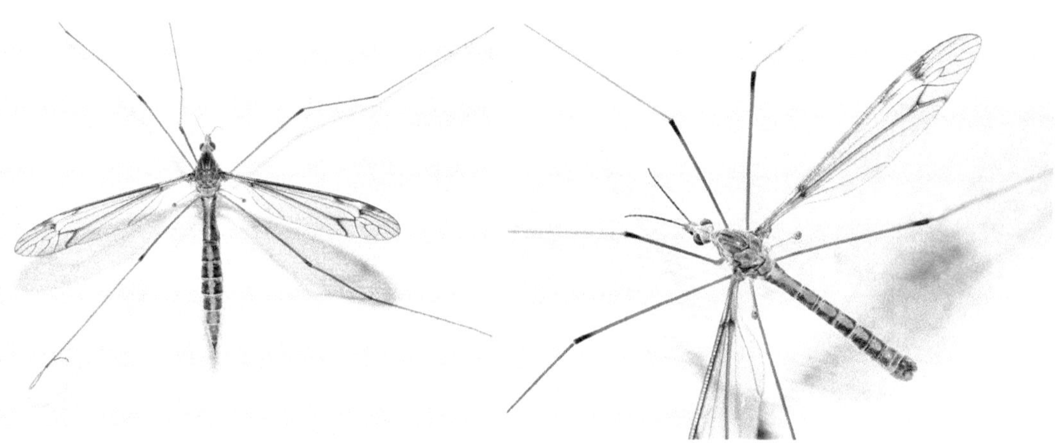

雌虫（昌平王家园，2015.VI.16）

雄虫（怀柔喇叭沟门，2016.IX.19）

新雅大蚊

Tipula (Yamatotipula) nova Walker, 1848

雌虫体长17.2毫米，翅长17.5毫米。体灰褐色，具灰白色粉被。触角褐色，鞭节基部几节颜色略浅。中胸前盾片具3条暗褐色纵纹。足浅黄褐色，腿节端、胫节端和跗节黑褐色。翅褐色，翅痣、肘脉黑褐色，翅痣下方具1条透明浅色纵带。

分布： 北京*、陕西、山西、河南、浙江、江西、福建、台湾、湖北、广东、香港、海南、四川、贵州、云南；日本，朝鲜半岛，印度。

注： 雄性外生殖器等特征可参考刘启飞等（2017）。幼虫水生，1龄幼虫取食藻类，随后为植食性或腐食性，可取食多种植物。北京5月灯下可见成虫。

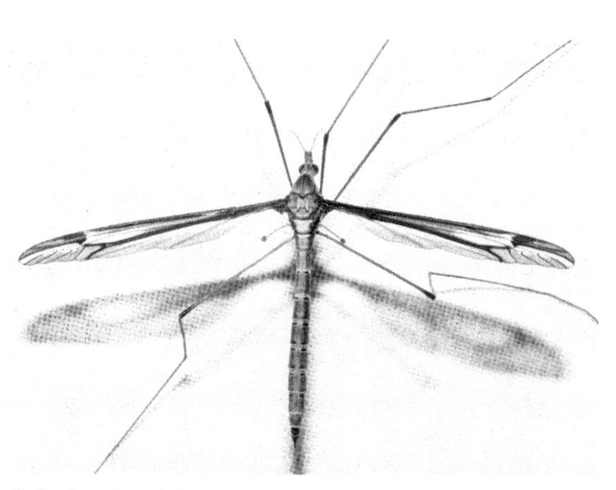

雌虫（平谷梨树沟，2020.V.12）

须尾蜚大蚊

Tipula (Vestiplex) serricauda Alexander, 1914

雄虫体长15.7毫米，翅长17.7毫米。头部黄色，后头中央稍暗色，喙具明显鼻突，黄色，端部稍暗；触角基4节黄色，其余鞭节黄色，基部褐色。胸部灰褐色，中胸沟前具3对暗褐色纹。足浅黄褐色，基节基部、腿节和胫节端部暗黑色。腹部红褐色，背板外侧角白色。翅烟色，具透明斑，其中翅痣内侧具独立的透明小斑，不与内侧的透明斑相连。腹部基5节黄色，腹背中央及两侧共具3条褐色纵纹，其余腹节黑褐色，第8腹板后部向下弯折，两侧呈尖形下突，中内倒“V”形内凹，第9背板呈2片近三角形的骨片，分离，后缘大致呈宽“V”形。

分布：北京*；日本。

注：中国新记录种，新拟的中文名，从学名。模式标本产地为日本，以雌虫作为模式标本（Alexander，1914）。北京有近似种，头部暗褐色，翅痣内侧的透明斑不独立。北京6月可见成虫于灯下。

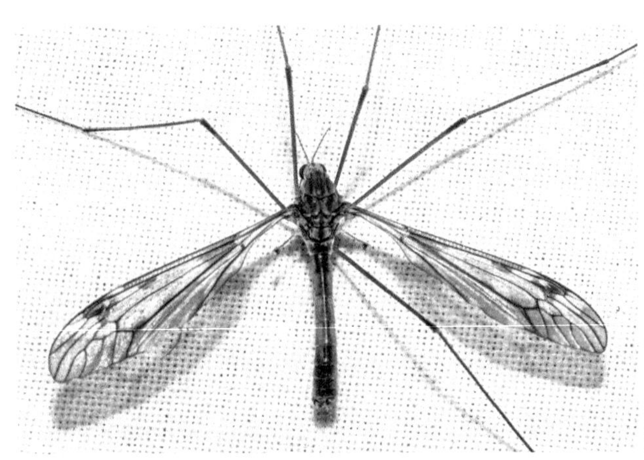

雌虫及头部（房山蒲洼，2021.VI.23）

角蝎大蚊

Tipula (Lunatipula) validicornis Alexander, 1934

雄虫体长16.6毫米，翅长19.6毫米。体灰黄色。头部的鼻很短，在喙端部上方稍突起，其前缘具黄色毛簇。触角褐色，基部3节黄色。中胸背盾片具不明显的灰色纵斑。足浅黄褐色，跗节暗褐色。翅灰黄色，翅痣暗褐色，小，其内侧具1条斜置浅色带，伸达翅的外缘（中点为CuA_1脉）。平衡棒浅黄褐色，端部略暗。第9背板宽大，侧角强大，弯钩状，指向后下方。内长殖突呈细长的剑状，端部尖锐。

分布：北京*、河北；俄罗斯。

注：北京6月可见成虫于灯下。

头部及腹末、雄虫（门头沟小龙门，2016.VI.16）

大蚊

Tipula sp.

雄虫体长15.9～16.1毫米，翅长15.7～15.9毫米；雌虫体长22.4毫米，翅长15.9毫米。体灰褐色，腹部前6节黄褐色，两侧具黑褐色纵纹，中纵纹较细或不明显。触角基部3节黄色，其他鞭节黑褐色，其基部1至数节可浅色。翅浅灰色，翅痣黑褐色，其两侧灰白色。雄虫第9背板后缘中央近"V"形内凹，深入背板总长之半，两侧稍尖形后突，尖突长约为背板长的1/3；第8腹板端缘中部无突起。

分布： 北京。

注： 本种与中俄普大蚊*Tipula sibiriensis* Alexander, 1925接近，该种雄虫第9背板后缘中央呈"U"形内凹，且两侧的后突较宽圆（Alexander, 1925）。北京4月见成虫于灯下。

雌虫（昌平王家园，2021.IV.21）

雄虫腹末（昌平王家园，2021.IV.21）

新细大蚊

Dicranomyia (*Dicranomyia*) *neopulchripennis* (Alexander, 1940)

雄虫翅长约8毫米。体暗褐色。触角基部2节暗褐色，鞭节黄褐色，向端部颜色稍加深。中胸背板中央具黑色纵纹，两侧具点状黑斑。前翅淡白色，前半具5个黑纹，其中第2、第3斑的前缘具淡白色纵纹，端部的黑纹占据翅端的大部分；平衡棒淡白色，端部黑褐色。足浅褐色，但基节和转节黑褐色，腿节及胫节两端暗褐色。

分布： 北京*、河北、浙江、江西。

注： 本种翅面具5个独立的黑褐色大斑，易与其他种区分。过去河北没有记录，现7月记录于阜平；北京9～10月见成虫于灯下。

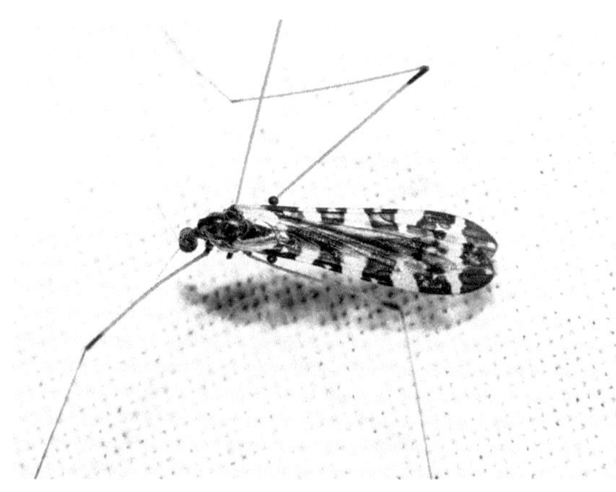

雄虫（平谷白羊，2017.X.25）

球突细大蚊

Dicranomyia (*Dicranomyia*) *infensa* (Alexander, 1938)

雄虫体长6.5毫米，翅长7.1毫米。体浅黄褐色。头灰褐色，复眼黑色，远离；触角浅褐色。胸部淡褐色，中胸沟前盾片具不明显的3纵纹。翅淡白色，透明，翅前缘具4个淡褐色斑，痣翅处最明显，近翅基的斑常不明显，翅横脉处颜色加深。腹部淡褐色，背面具纵纹，在第7～8节背纹较明显。足淡黄色，跗节稍深。

分布：北京*；朝鲜半岛。

注：中国新记录种，新拟的中文名，从内生殖刺突的形态（近于球状）。经检标本与韩国的标本（Podenas et al., 2019）稍有差异，如横脉dm与cv稍错开，并不在一条直线上，R_3端部有时具不明显的褐斑，腹部背面的颜色较浅等，但雌雄外生殖器特征一致，尤其是近于球形的内生殖刺突。北京7～8月可见成虫于灯下。

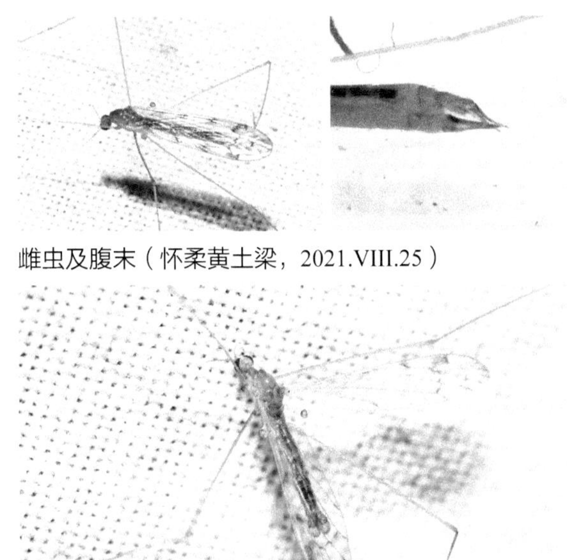

雌虫及腹末（怀柔黄土梁，2021.VIII.25）

雄虫（怀柔黄土梁，2021.VIII.25）

淡波形亮大蚊

Libnotes nohirai Alexander, 1918

雄虫翅长17.8毫米。体浅褐色，胸背暗褐色。触角浅褐色，14节，第1鞭节近于球形，后各节渐长，端节最长，基半部较粗，端半部细，粗看似为2节组成。胸背暗褐色，侧面浅褐色。足浅褐色，腿节端具较宽的黑环，胫节端的黑环稍窄。翅淡黄色，具暗褐色纹；翅前缘基部浅色，无斑纹，近端部（R_1和R_2端部）具2斑，分离，Rs脉区暗褐色，翅中部的横脉区具波形暗褐色，肘脉上无黑纹；平衡棒淡白色，端部灰褐色。

分布：北京*；日本，朝鲜半岛，俄罗斯。

注：中国新记录种，新拟的中文名，从日本名“淡波形大蚊”，并加中文属名。北京10月见成虫于灯下。

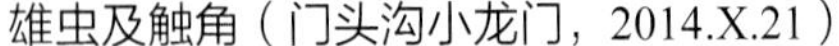

雄虫及触角（门头沟小龙门，2014.X.21）

双束次大蚊
Metalimnobia (*Metalimnobia*) *bifasciata* (Schrank, 1781)

雌虫体长10.3毫米，翅长11.5毫米。体黄褐色。头浅黄褐色，头顶中部稍暗，喙及下颚须褐色，触角淡黄色。胸部黄褐色，中胸前盾片具2条黑纵纹，其后端外侧各具1黑点，盾片两侧各具1黑色横短纹。翅浅黄褐色，具褐纹，翅Rs起点处和翅痣及下方（达CuA_2）有横纹，其外侧的横脉颜色稍深。

分布：北京、陕西、宁夏、黑龙江、吉林、辽宁、河北、山西、湖北、贵州；日本，俄罗斯，蒙古国，欧洲。

注：国内本种描述的触角鞭节为黑褐色（Mao and Yang，2010），经检标本的触角为一色，淡黄色。北京8月见成虫于灯下。

雌虫、头胸部及腹末（怀柔喇叭沟门，2014.VIII.26）

短刺栉形大蚊
Rhipidia reductispina Savchenko, 1983

雌虫体长约8毫米。体灰褐色。触角14节，鞭节桃形。中胸前盾片具3条暗褐色纵纹，中间的纵纹粗长。翅灰白色，密布浅褐色小斑，翅前缘具数个深色斑纹；平衡棒白色，球部略暗色。

分布：北京；俄罗斯。

注：雄虫具发达的触角，触角第3～12节各节具栉枝，最长栉枝位于第5或第6鞭节，约为节长的1.5倍（Zhang et al., 2014）。北京8～10月可见成虫于灯下。

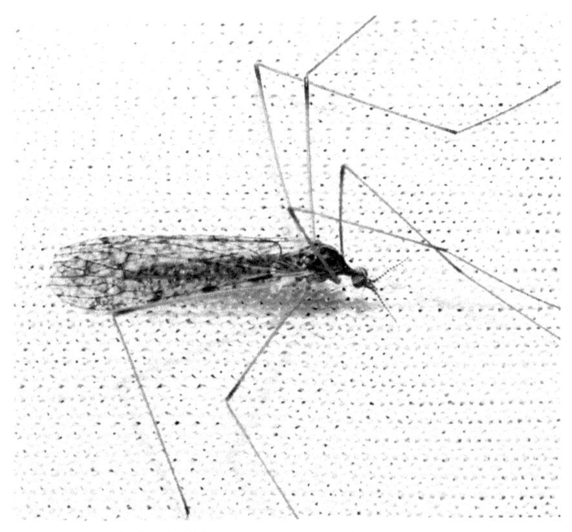

雌虫（门头沟小龙门，2014.X.22）

棒足毛蚊

Bibio bacilliformis Luo et Yang, 1988

雄虫体长7.0毫米，翅长5.0毫米。体黑色，前足胫节端刺和距黄棕色。触角9节，端2节紧密，鞭节第1节长宽相近，第2节宽大于长，第3节小于前后两节。翅浅烟褐色，翅痣明显，长椭圆形，C脉稍超过Rs，Rs基段约为r-m长度的1/2。前足基跗节长约是宽的12倍，后足基跗节长约是宽的2.7倍。

分布：北京、河北。

注：本种前中足跗节细长，而后足基跗节特别膨大，Rs 基段长为r-m长度之半，可与其他种区分；但与原描述（罗科和杨集昆，1988）仍有些差异，如体略大、Rs 基段长与r-m长度之比有变化（1/2～3/4），且足基跗节稍细长（长宽比为2.7～3.0倍）。北京9～10月可见成虫，具趋光性。

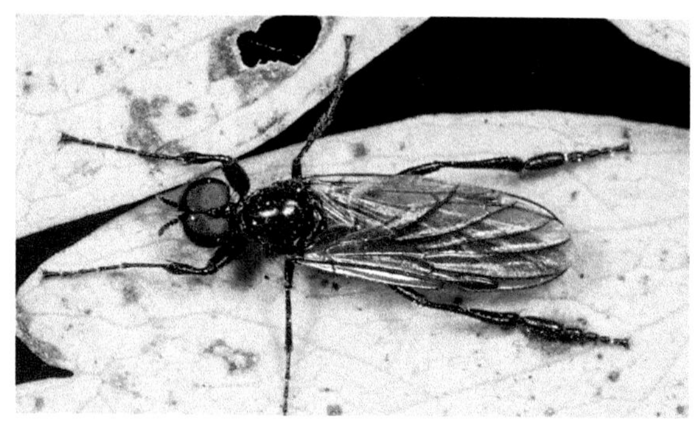

雄虫（门头沟小龙门，2011.X.19）

黄毛毛蚊

Bibio flavipilosus Yang et Luo, 1988

雄虫体长5.8毫米，翅长4.0毫米。体黑色，被淡黄白色长毛；足褐色至黑褐色，具浅黄褐色区域。触角8节。翅浅黄褐色，前几条翅脉及翅痣黑褐色，其余脉淡黄色，C脉略伸出Rs，Rs基段约为r-m脉的1.5倍；平衡棒黑色。后足胫节明显膨大。

分布：北京、山东。

注：北京4月可见成虫于灯下。

雄虫（平谷白羊，2018.IV.20）

河北毛蚊

Bibio hebeiensis Luo et Yang, 1988

雄虫体长6.5毫米。体黑色。复眼黑色；触角9节，末节小；下颚须细长，端节细长，长宽比为28∶6。前足胫节端距长约为端刺的1/2（刺及距浅褐色），基跗节细长，长约为基宽的12倍。中后足胫节末端稍膨大，后足基跗节为宽的6倍多。翅浅烟褐色，M_2及CuA_1不伸达翅缘，r-m与Rs基段等长。

分布：北京*、河北。

注：初记述时并未描述雌虫的特征（罗科和杨集昆，1988）。雌虫前足基节和腿节粗大，各足腿节（除黑色顶端外）和前足基节橘红色，翅烟褐色。北京6～7月可见成虫于林下访花，或见于灯下。

雌雄成虫（黄花菜，昌平黄花坡，2016.VII.7）

脊毛蚊

Bibio liratus Yang et Luo, 1988

雌虫体长5.1毫米，翅长4.6毫米。体黑色，前胸背板、小盾片及胸侧暗红色，足橙红色，但足腿节顶端、胫节中部及跗节（除基部1～2节）暗褐色。触角10节，额前部具1圆锥形突起。翅浅烟褐色，翅痣明显，褐色，与翅脉同色，C终止于Rs，Rs 基段与r-m长度相近（或稍长些），M_1和CuA_1伸达翅缘；m-cu处于两M的分支点稍外侧；平衡棒棕色。前足胫节端刺长，约为胫节的1/2，距约为端刺的1/2。雄虫足以黑褐色为主，胫节及基跗节暗红褐色。

分布：北京。

注：北京5月可见成虫于林下或灯下。

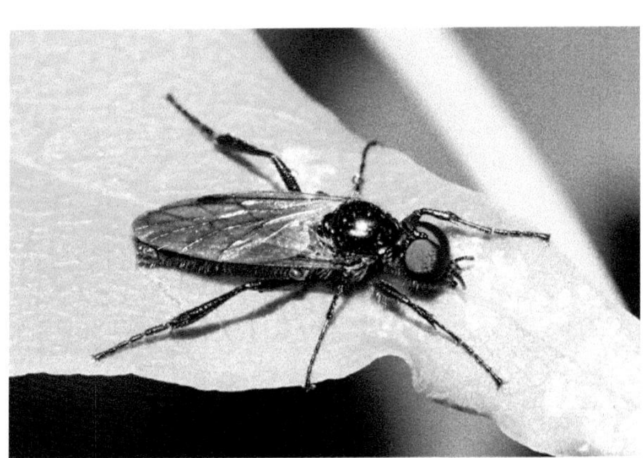

雄虫（密云雾灵山，2015.V.13）

雌虫（密云雾灵山，2014.V.13）

红腹毛蚊

Bibio rufiventris (Duda, 1930)

体长9.8～11.0毫米。雄虫黑色，有时前足胫节端刺及距红棕色。翅烟褐色，翅脉黑褐色，Rs基段长，为r-m脉的4～5倍；平衡棒黑色。后足胫节明显膨大，基跗节长为宽的4倍。雌虫黑色，中胸背板及腹部橙黄色至橙红色（第1腹节背板两侧具黑斑）；后足胫节不膨大。

分布：北京、陕西、宁夏、内蒙古、黑龙江、辽宁、河北、福建；日本，朝鲜半岛。

注：毛蚊科的幼虫常群集在地下取食植物的根茎及幼苗，有时量大可造成为害，也可取食枯叶、腐殖质。本种为北京常见种，4～6月可见成虫，可访花或取食木虱分泌的蜜露。

雄虫（柿，昌平王家园，2014.IV.21）

雌虫（核桃，昌平黄土洼，2017.V.12）

毛蚊科 Bibionidae

棘毛蚊
Dilophus sp.

雄虫体长5.9毫米，翅长4.4毫米。体全黑色，复眼暗红色，被毛。前足胫节中部具3刺。翅烟褐色，C终止于Rs与M_1近中央，Rs基段明显短于r-m，约为后者的1/3，m-cu在两M的分支点稍内侧。后足腿节稍膨大，胫节仅在端部轻微膨大，基跗节长是基宽的6倍。

分布：北京。

注：与分布于陕西的黑脉棘毛蚊*Dilophus nigrivenatus* Yang et Luo, 1989接近，但该种C终止于Rs与M_1之间的1/4处，m-cu在两M的分支点上，后足基跗节长是基宽的8倍（杨集昆和罗科，1989）。北京6月见成虫于灯下。

雄虫（门头沟小龙门，2012.VI.5）

北京叉毛蚊
Penthetria beijingensis Yang et Luo, 1988

雄虫体长8.9毫米，翅长6.5毫米。体黑色。复眼黑色；触角12节，端部2节分节不明显；下颚须细长，第2～4节长度相近。中后足胫节末端稍膨大，后足基跗节约为宽的6倍多。翅暗褐色，前缘脉伸达R_{4+5}脉端；Rs的分叉点到r-m的距离比两M分支的距离稍远些；平衡棒暗褐色。

分布：北京。

注：原始描述中体长短于翅长，分别为6.7毫米和7.6毫米（杨集昆和罗科，1988）；经检标本经酒精浸泡2天后，体长缩短为8.0毫米；此外，雄性抱握器比杨集昆和罗科（1988）所附的图稍弯曲。北京6月见成虫于灯下。

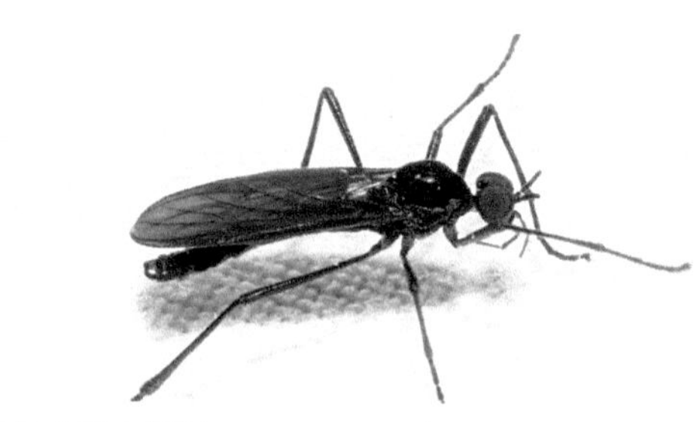

雄虫（房山蒲洼，2021.VI.24）

扁角菌蚊科 Keroplatidae

斑马泥菌蚊
Neoplatyura sp.

体长6.6毫米。体黄棕色，着生黑色刚毛。头额上部暗褐色，后头稍暗，触角基部2节黄褐色，其余黑色。中胸具小片光裸区，翅基上方具密集黑色刚毛；小盾片后缘具10余根黑色长刚毛。腹部第1背板淡黄色，其余黑色，但第2～6节后缘约1/4淡黄色。

分布：北京。

注：扁角菌蚊科的种类曾归于菌蚊科，由于翅脉结构特殊，R脉与M脉主干部分融合，即没有独立的r-m脉（少数种类除外），越来越多的学者倾向于独立成科。我国对此科的研究较少，曹剑（2007）记载了我国产的16属59种。北京8月见于灯下。

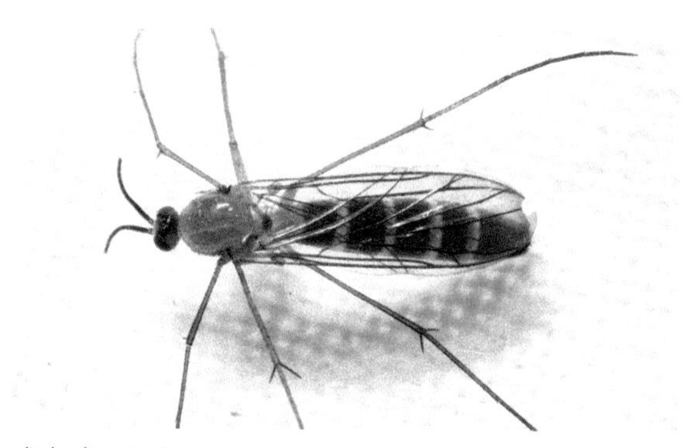

成虫（平谷白羊，2017.VIII.25）

草菇折翅菌蚊

Allactoneura akasakana Sasakawa, 2005

雌虫体长4.7～5.2毫米，翅长3.5～4.1毫米。体黑色，体表具灰白色鳞片（常脱落）。触角16节，1～5节为黄褐色，第6节基部黄褐色，端部变暗，并向端节逐渐变深褐色，基2节具明显的刚毛。头部具3个单眼，排成一横线，中单眼明显小于两侧单眼。足细长，基节长大，基部黑色，基节其余大部白色，端部具黑褐色刚毛；前足和中足腿节黄白色，两端黑褐色；后足腿节为黑色；各足胫节和跗节灰褐色，有时黑褐色；胫节有较长的黑刺，前足具1根灰白端距，中、后足具2根乳白色端距。腹部背面黑色，第3～5节两侧具白斑。

分布：北京、陕西、河北、浙江、湖北；日本。

注：国内记录为食用菌的重要害虫，当初用名折翅菌蚊*Allactoneura* sp.（张学敏等，1986）；曾用名草菇折翅菌蚊*Allactoneura volvaceae*，这是一个无效学名；这里保留原中文名。北京6～10月可见成虫，停息在植物的叶片上，偶见于灯下；幼虫取食草菇、平菇、香菇等食用菌类及腐殖质。

雌虫（白桦，昌平十三陵，2017.X.17）

蒙古格菌蚊

Greenomyia mongolica Laštovka et Matile, 1974

雄虫体长4.3毫米，翅长4.4毫米。体黑色。下颚须白色，端节与基部2节长度相近。翅无色透明，翅端淡烟色，各脉均较明显，暗褐色，臀脉结束于肘脉分叉处稍后的位置。足黑褐色，前足基节、各节腿节淡黄色，中后足基节、腿节端部黑褐色。雌虫个体稍大，体色与雄虫相同。

分布：北京*；蒙古国，欧洲。

注：中国新记录种，新拟的中文名，从学名；详细描述可参考Kurina等（2011）。浙江曾记录斯氏格菌蚊*Greenomyia stackelbergi* (Zaitzev, 1982)，但该种头、胸部和触角基部4节黄色（余晓霞和吴鸿，2009）。据记载，幼虫生活于腐木中。北京7月见成虫于榆叶上。

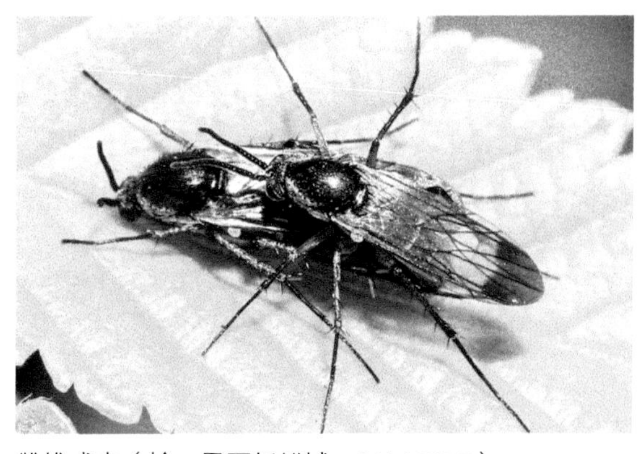

雌雄成虫（榆，昌平长峪城，2016.VII.7）

威氏滑菌蚊
Leia winthemii Lehmann, 1822

成虫体长5.2毫米，翅长5.2毫米。体淡黄色，具黑色斑纹。触角暗褐色，基部2节淡黄色。中胸背板具3条黑纵纹，中央条纹的中部具细浅纹，外侧纵条后侧方具小黑斑。中足腿节基部具不明显的褐色，后足腿节端部黑褐色，各足胫节和跗节颜色稍深。翅透明，具4个暗褐色斑，其中端前斑呈横带状；平衡棒淡白色。腹部背板各节具宽大的黑褐色斑，其中第2～6节后半部黑褐色。

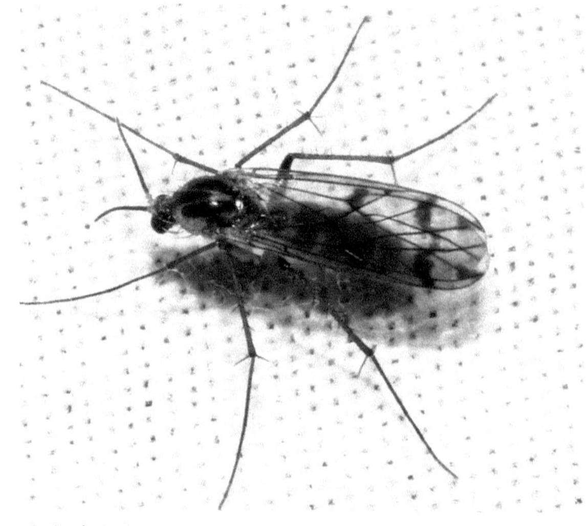
成虫（房山蒲洼东村，2021.X.12）

分布：北京*、宁夏、河北、山西；全北区。

注：由余晓霞（2004）记录为中国的新记录种。触角仅基部2节淡黄色，原始描述中（Lehmann, 1822）触角鞭节基部1至数节可呈浅色。北京10月见成虫于灯下。

查氏菌蚊
Mycetophila chandleri Wu, 1997

雄虫体长3.9毫米，翅长3.5毫米。体黑褐色。触角基部2节及第3节基部浅褐色，余褐色。中胸背板两侧浅褐色（较宽），且在前缘1/3处向内凹入，小盾片具很窄褐色边缘，具4根长度相近的刚毛。足黄褐色，毛黑色。腹部黑褐色，生殖器褐色。翅淡黄色，透明，具中斑，横脉 r-m稍长于M脉主干（17∶15）。

分布：北京*、甘肃、浙江、湖北。

注：雌虫体比雄虫稍小，颜色相同（Wu, 1997a），也可比雄虫更浅，尤其是腹部褐色，有时触角第2节颜色较深。北京11月见成虫于灯下，当时气温较低（约8℃），很活跃。

雄虫及生殖刺突（顺义共青林场，2021.XI.5）

菌蚊
Mycetophila sp.

雄虫体长5.3毫米，翅长4.8毫米。体浅黄褐色，无黑纹，胸背仅隐约可见纵纹。前胸上侧片具毛5根，中胸后侧片具毛 7根，中间5根成整齐一组。中足胫节具3a（其中基部的1根较弱；另1足4a，基部2根弱），4d（基部1根弱）；后足胫节6a，4d。翅浅黄褐色，无斑纹，r-m横脉短于中脉的主干；平衡棒淡色。

分布： 北京。

注： 属于*Mycetophila fungorum*种组，种间的差异很细微，国内记录了4种（Wu, 1997b）。北京9月可见成虫于灯下。

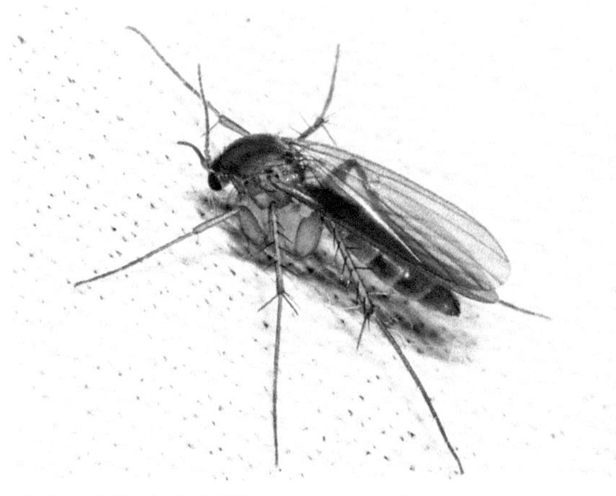
成虫（怀柔喇叭沟门，2016.IX.19）

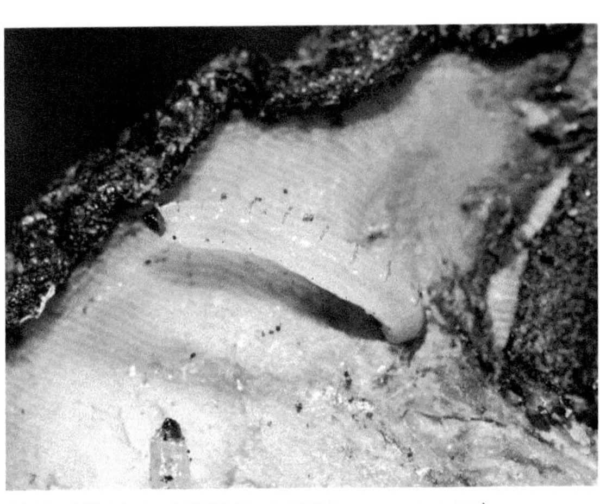
菌蚊科的幼虫（门头沟小龙门，2017.IX.27）

齿叶新菌蚊
Neoempheria denticulata Sueyoshi, 2014

雄虫体长5.4毫米，翅长4.7毫米。体淡黄色，具黑色斑纹。触角褐色，16节，基2节略浅，第3～15节宽明显大于长。中胸背板具5条黑褐色纵纹，中央1条颜色较浅，且不达后缘。翅透明，前缘略染黄色，横脉处具褐纹（其中最外侧的褐纹为R_4脉），R_5和M_1脉间具1条伪脉。

分布： 北京*、台湾。

注： 新拟的中文名，从学名。模式标本产地为台湾奋起湖；此属的不少种具有类似的色斑型，从外形上很难区分，需核对外生殖器；本种的特点是生殖突基节端部具2叶，褐色，呈齿状（Sueyoshi，2014）。北京9月见成虫于灯下。

雌雄成虫、第 9 腹节及雄性外生殖器腹面观（昌平王家园，2013.IX.26）

韭菜迟眼蕈蚊

Bradysia odoriphaga Yang et Zhang, 1985

雄虫体长3.3～4.8毫米。体黑褐色，口器、足基节至腿节淡黄色。复眼被微毛，眼桥宽度2～3个小眼面。触角16节，基部2节粗大，鞭节第4节长约为宽的2.6倍，顶端变窄（约为长的1/9）。平衡棒浅色。前足基节很长，稍短于腿节；胫节端具横向的短小胫梳。雌虫体稍大，触角短，第4鞭节长约为宽的2倍，足腿节颜色较深。

分布： 北京、天津、山东、上海、浙江；日本。

注： *Bradysia odoriphaga* Yang et Zhang, 1985曾被认为是*Bradysia cellarum* Frey, 1948的异名（Ye et al., 2017），2年后被恢复（Sueyoshi and Yoshimatsu, 2019）。经检标本的雄性外生殖器与Ye等的描述相同，而与Sueyoshi等描述似乎有些差异。为韭菜的重要害虫，也可为害葱、生菜、胡萝卜及苦苣菜属*Sonchus*等菊科植物，幼虫在植物的根部取食。

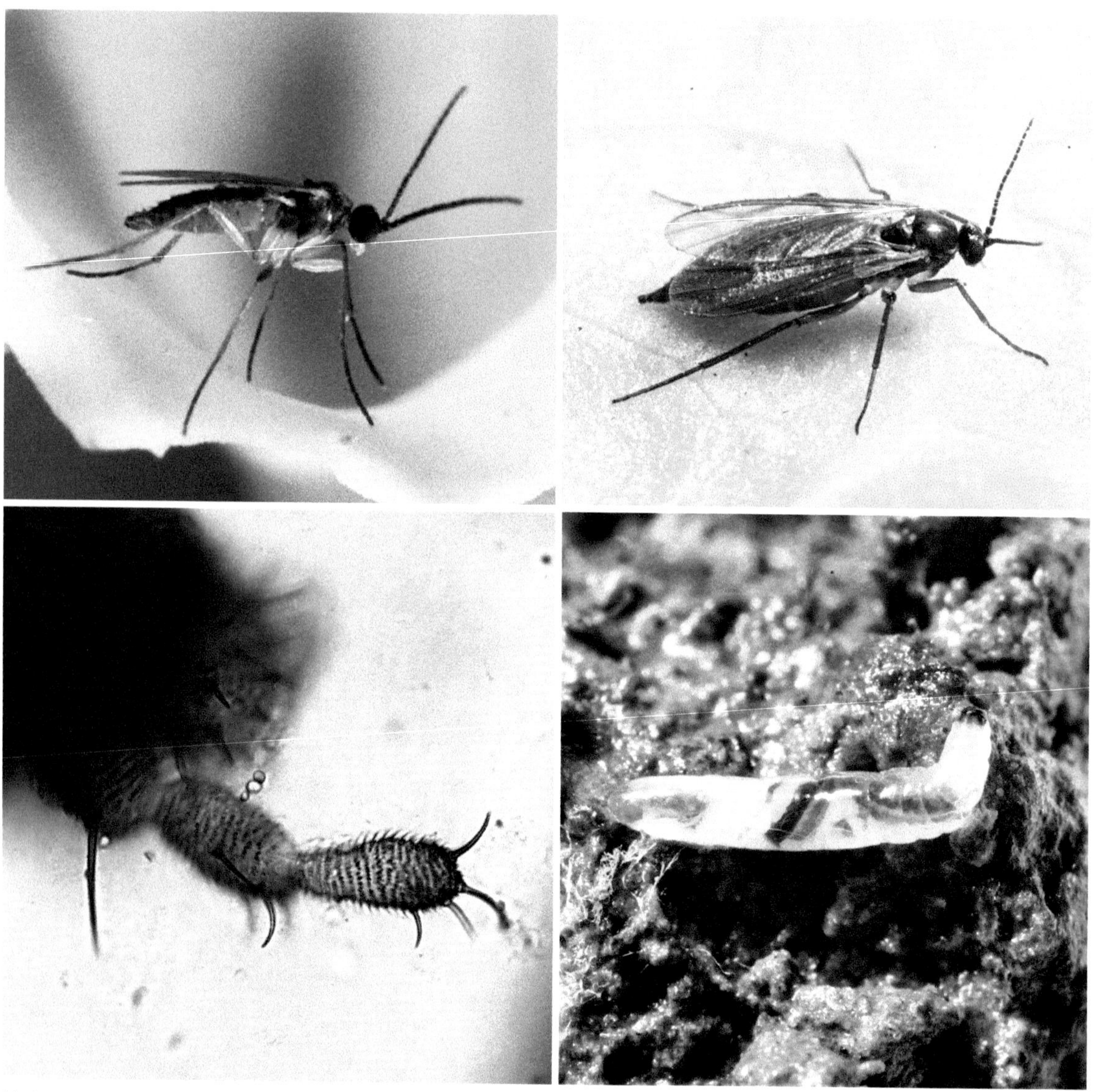

雄虫、雌虫、雌虫下颚须及幼虫（生菜，大兴河津营室内，2015.IV.15）

集毛迟眼蕈蚊

Bradysia condensa Yang et Tan, 1994

体长2.0～2.7毫米。触角16节，基2节黑褐色，第4鞭节长约为宽的1.6倍，颈不明显。下颚须3节，基节粗壮，具感觉窝及3根毛，中节最短，明显窄于基节，端节最细，明显长于中节。前缘脉C的端部伸达Rs-M的3/4处；中脉M分叉为2支，但其柄不见。前足胫节具一连续横排胫梳。雄虫抱器端节顶部密生黑毛及刺，内缘近中部具2根大刺。

分布：北京、上海。

注：原记录于蘑菇房内，为害木耳等食用菌（杨集昆等, 2005），也可见于室内花盆和温室内，取食盆内的腐殖质，有时会飞到餐桌上取食或飞入水杯中（虞国跃，2017）。黄板可诱集大量成虫。

雄虫（北京市农林科学院，2016.II.27）

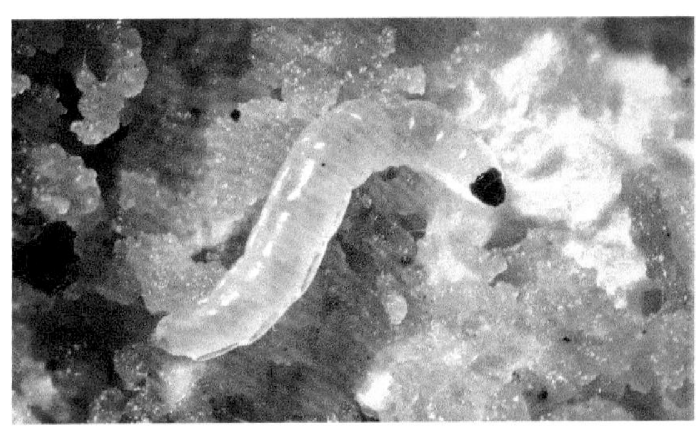

幼虫（木耳，北京市农林科学院，2016.III.1）

迟眼蕈蚊

Bradysia sp.

雄虫体长3.4毫米，翅长3.1毫米；雌虫体长4.5毫米，翅长4.0毫米。体黑色。复眼具稀毛，上半部更稀；眼桥4个小单眼；触角鞭颈短，第4鞭节长为宽的2.5倍；下颚须3节，各节长均大于宽，基节具感觉窝，且该节毛较稀少，约5根，第2节10多根，端节具约15根毛，各节毛均较短。前足胫节端具1列短径梳，胫节距1-2-2。翅烟黑色，翅R_1、R_5具毛，其他（包括Rs、r-m脉）未见毛；平衡棒黑色，球体背缘具数根浅色毛。前足基节明显短于腿节，约为后者的3/5。腹节间膜黑褐色；生殖刺突无端齿，端部具众多密集粗刺。

分布：北京。

注：雄性尾器与周氏迟眼草蚊*Bradysia choui* Yang et Zhang, 1989相近，后者下颚须基部2节具长毛（长于节宽），Rs上具毛。北京9月可见成虫。

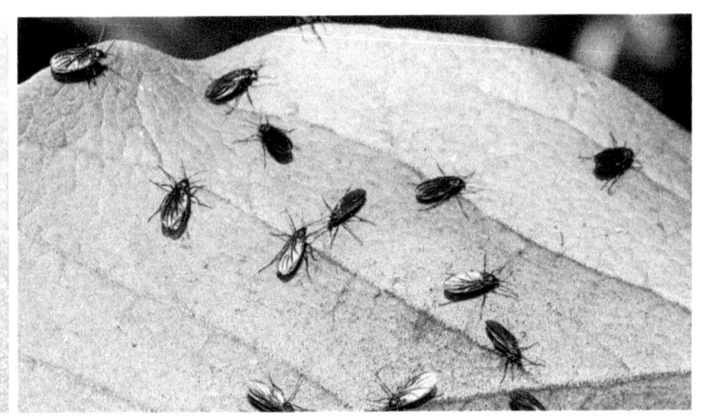

雌虫及群体（白玉兰，顺义共青林场，2021.IX.27）

陆氏迟眼蕈蚊

Bradysia luhi Yang et Zhang, 1985

雌虫体长2.3毫米，翅长2.0毫米。复眼具毛。触角16节，第3节基半部略浅，第4鞭节长稍大于宽。下颚须端节较长，为宽的2倍略余，具6根刚毛，毛短于节宽，基部1/3收窄。翅较狭长，前缘脉C的端部伸达Rs-M_1的2/5处，中脉M分叉为2支，但其柄不见。

分布： 北京。

注： 经检的雌虫个体较小，原记述雌虫体长2.7～4.3毫米，翅长2.0～2.7毫米，C达 Rs-M_1的2/5，暂定为本种。北京3月可见成虫于室内，可能来自室内花盆。

雌虫（北京市农林科学院，2021.III.27）

松强眼蕈蚊

Cratyna sp.

雄虫体长2.3毫米，翅长1.8毫米；雌虫体长3.2毫米，翅长2.3毫米。体暗褐色，腹部两侧黄褐色。复眼裸，眼桥小眼面2～4个；触角16节，暗褐色，第4鞭节长宽相近；下颚须2节，基节粗大，端节卵形，小。雄虫腹端尾器宽大，近于四方形，尾器端节粗短，近卵形，顶端具1粗大的刺突，其下方具3根粗刺，相互并不靠近，呈“品”字形排列。

分布： 北京。

注： 与木耳狭腹眼蕈蚊*Cratyna auriculae* (Yang et Zhang, 1987) 很接近，但后者雄虫触角第4鞭节细长，长为宽的2.6倍，尾器端节内缘具4根粗刺。幼虫生活在腐烂的松树皮下（或为外地引入的木材）。北京4月可见成虫。

雌虫（平谷金海湖林场饲养，2014.IV.14）

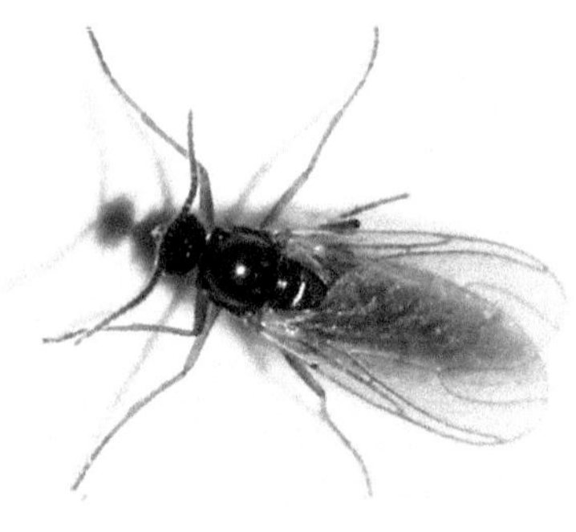

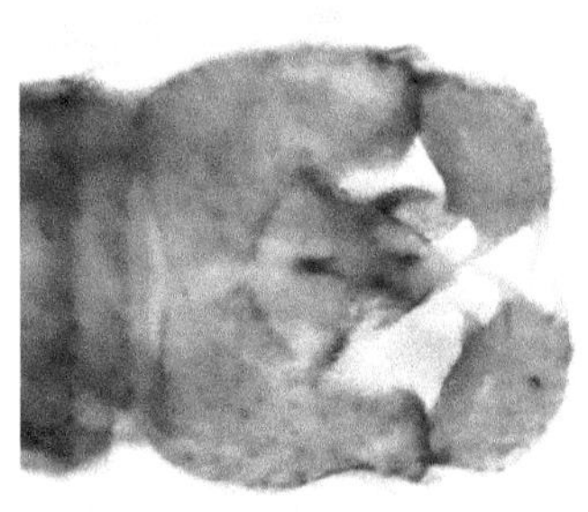

雄虫及尾器（平谷金海湖林场饲养，2014.IV.14）

蛹及蛹壳（松木树皮，平谷金海湖林场，2014.IV.13）

平菇厉眼蕈蚊
Lycoriella ingenua (Dufour, 1839)

雄虫体长3.3（2.5～4.0）毫米。体暗褐色。复眼很大，两复眼延伸至头顶，形成1眼桥，桥面宽为4个小眼（个别为3个）。触角第4鞭节长为宽的2.5倍；下颚须3节，中节稍短，端节长几为中节的1.5倍。前足胫节端部胫梳基部弧形。尾器基节中央具一瘤状后突，疏生刚毛，端节呈弧形弯区，顶端具锐尖。雌虫体稍大，长3.3～4.0毫米。触角较短。腹端具1对近似圆形的尾须端节。

分布：北京、山东、上海、浙江、贵州；日本，朝鲜半岛，欧洲，北美洲。

注：*Lycoriella pleuroti* Yang et Zhang, 1987为本种的异名（Ye et al., 2017），保留原中文名。幼虫可取食和为害平菇、杨树菇、茶树菇、香菇、木耳、金针菇、猴头菇、凤尾菇、长根菇、榆黄菇等多种食用菌和灵芝等药用菌。

雄虫（黄伞，北京市农林科学院，2012.VI.13）

雌虫（北京市农林科学院，2016.III.1）

幼虫（黄伞，北京市农林科学院，2012.VI.13）

蛹（黄伞，北京市农林科学院，2016.III.1）

卵（黄伞，北京市农林科学院，2016.III.10）

小橙胸眼蕈蚊
Sciara sp.

雌虫体长4.0～5.0毫米，翅长3.0～3.8毫米。头胸部橙黄色，腹部背板黑色，余黄色。触角16节，黑色，基部2节橙黄色，第1鞭节的基部浅褐色，第4鞭节长约为宽的2.6倍。眼桥细长，4～5个小眼宽。翅烟色，R_1的终点稍超过M脉的分支点；平衡棒浅色。足淡黄色，胫节褐色，跗节黑褐色。

分布：北京。

注：外形与分布于日本和朝鲜半岛的*Sciara thoracica* Matsumura, 1916相像，但*Sciara thoracica*体大（雌虫翅长6.3～8.6毫米），腹部腹面中央黑褐色（Sutou et al., 2004; Han et al., 2016）。同样红棕色胸部的*Sciaria rufithorax* Wulp, 1881在云南有记录（尽管稍有些差异）（Brunetti, 1912），但该种头、翅及腹部为黑色而不同。北京8月可见成虫停息于叶片上，或见于灯下。

雌虫（柳，昌平黄土洼，2016.VIII.17）

皱盾眼蕈蚊
Sciara sp.

雌虫体长5.8毫米，翅长5.6毫米。体暗褐色，足浅褐色。复眼具毛；下颚须3节，各节长均大于宽；眼桥4个小单眼；触角16节，鞭颈几无，第4鞭节长稍不及宽的3倍（2.9倍）。前足胫节端具扇形的径梳。翅浅烟色，R_1、R_5全脉及r-m脉（即R_5脉的内侧纵脉）外侧具毛，M_1、M_2、CuA_1也有毛，但较稀；平衡棒淡褐色，球体及附近具约30根短黑毛。小盾片具约9条横皱纹。

分布：北京。

注：外形与长臂眼蕈蚊*Sciara humeralis* Zetterstedt, 1851相近，但后者眼桥2～3个小单眼，雌虫翅长仅3.5～4.6毫米。北京9月可见成虫。

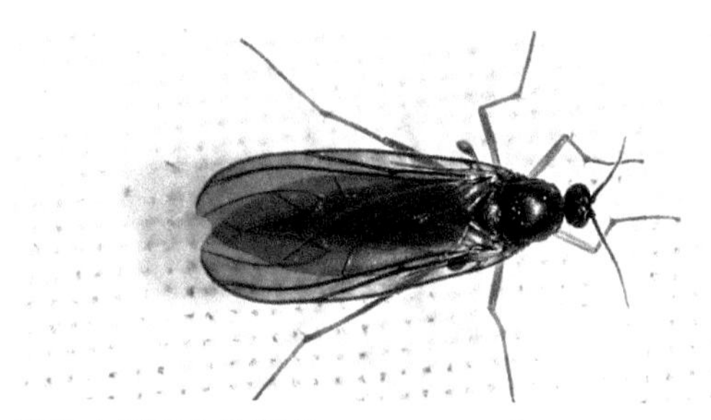

雌虫（怀柔中榆树店，2017.IX.12）

黑眼蕈蚊
Sciara sp.

雌虫体长4.7毫米，翅长5.7毫米。体黑色。复眼具毛；下颚须3节，各节长均大于宽；眼桥4个小单眼；触角16节，鞭颈短，第4鞭节长为宽的2.1倍。前足胫节端具扇形径梳，胫节距1-2-2。翅黑色，R_1、R_5全脉及r-m脉外侧具毛，M脉等未见毛；平衡棒黑色，球体及附近无短毛。小盾片无横皱纹。

分布：北京。

注：外形与皱盾眼蕈蚊 *Sciara* sp.相近，但后者体色较浅，第4鞭节长为宽的2.9倍，且小盾片具许多横皱。北京10月可见成虫。

雌虫（大白菜，房山十渡，2021.X.13）

食蚜瘿蚊

Aphidoletes aphidimyza (Rondani, 1847)

雌虫体长2.0毫米，翅长1.8毫米。体浅灰褐色，腹内带橙色。触角14节，结构简单，明显短于体长（雄虫的触角长于体长，各鞭节为双结形，端结大于基结，具长毛）。足细长。

分布： 北京、新疆、天津、河南、西藏；欧洲，亚洲，北非，美洲，新西兰。

注： 作为天敌，被广泛引入。成虫不易见到，晚上活跃。幼虫常呈橘红色，生活在蚜群中，捕食多种蚜虫。

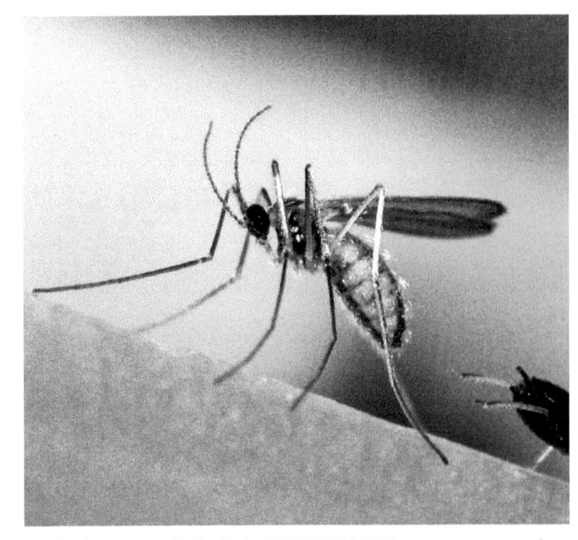

雌虫（蚕豆，北京市农林科学院饲养，2006.XII.27）

捕食马铃薯长管蚜的幼虫（月季，房山上方山，2016.VIII.25）

日本朴瘿蚊

Celticecis japonica Yukawa et Tsuda, 1987

虫瘿绿色，近球形，顶端稍突出，高（包括顶端突出部分）3.2毫米，宽2.8毫米，着生于叶正面。

分布： 北京*；日本。

注： 中国新记录种，新拟的中文属名和种名，从学名。日本记录的寄主为朴 *Celtis sinensis*，这里增加新寄主：小叶朴*Celtis bungeana*，成虫形态可参见Yukawa和Tsuda（1987）。朴树叶面上瘿蚊的虫瘿较多，其中小叶朴叶片反面还有形态相近的虫瘿，在北京更常见，可能为同一种。北京5～6月可见虫瘿。

虫瘿（小叶朴，密云梨树沟，2019.VI.10）

枣瘿蚊
Contarinia sp.

雌虫体长2.0毫米，翅长1.7毫米。体淡黄色至暗红色。触角14节，暗褐色，基部2节淡褐色；复眼桥较宽，5～6个小眼；后头具黄色毛。胸部背面暗褐色，后头及胸部密被黄色毛，在中胸盾片略呈纵向4列；小盾片淡色，基部略深，中央两侧各具1丛黄色毛。腹部背面各节具暗褐色横带。足淡黄色至浅黄褐色，前中足腿节端及跗节暗褐色；足爪细长，简单，无基齿。

分布：北京、河北、陕西、山东、山西、河南等产枣区。

注：枣叶瘿蚊 *Dasineura datifolia* Jiang, 1994是一个无效的名称（虞国跃等，2016；虞国跃和王合，2018）。与新疆枣叶瘿蚊 *Dasineura jujubifolia* Jiao et Bu, 2017相近，但该种眼桥细长，仅2个小眼（Jiao et al., 2017）。幼虫为害枣、酸枣的叶片，多条幼虫在卷叶内寄生，叶受害后红肿，纵卷，叶片增厚，先变为紫红色，最终变黑褐色，并枯萎脱落。

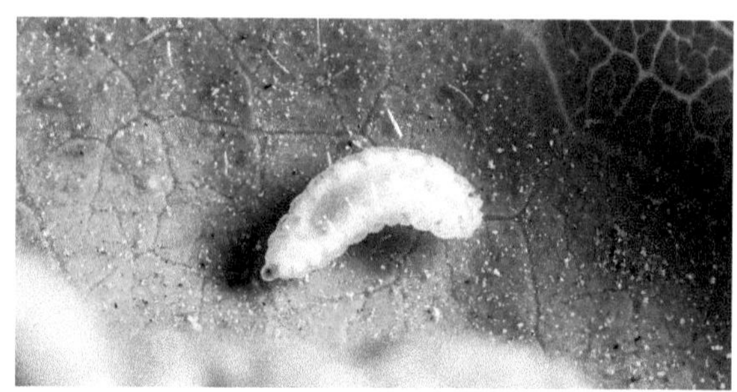
幼虫（枣，昌平王家园，2013.V.22）

雌虫（枣，昌平王家园，2013.V.22）

为害状（枣，昌平古将，2013.VI.18）

艾蒿毛瘿蚊
Lasioptera sp.

虫瘿在茎的主体上，近于圆柱形，一端略大，长约16毫米。

分布：北京。

注：毛瘿蚊属*Lasioptera*是一个较大的属，世界已知120多种。艾蒿及蒿属其他种的叶、茎等部位具许多虫瘿，不少由瘿蚊引起。本种的虫瘿外形上与*Lasioptera artemisiae* Dombrovskaja, 1940相近。寄主为艾蒿，虫瘿内具多头黄色幼虫。

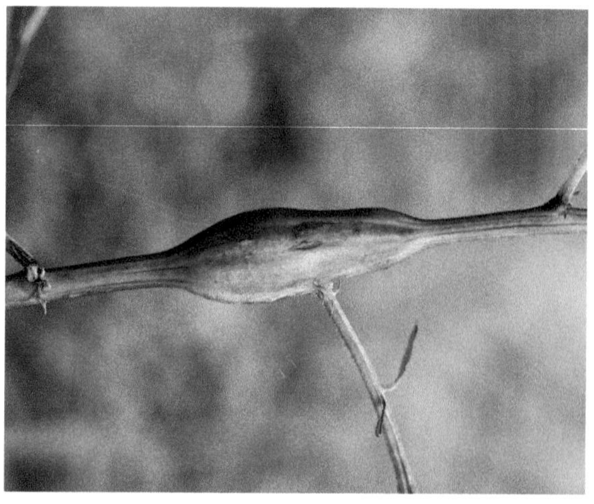
虫瘿（艾蒿，平谷东长峪，2018.VII.27）

树瘿蚊
Lestremia sp.

雌虫体长3.3毫米，翅长2.9毫米。体浅黄褐色，中胸背板背面稍褐色，足淡白色，胫节及跗节淡褐色。触角柄节和梗节淡黄色，大小相近，鞭节淡褐色，9节，第1节和端节较长。翅长为宽的2.4倍，R_5脉在翅约3/4处与C脉汇合。

分布：北京。

注：北京记录了褐树瘿蚊*Lestremia leucophaea* (Meigen, 1818)，触角梗节小于柄节，且雌虫翅长为宽的2.2～2.3倍（卜文俊和李军，2009）；该种可取食栽培的食用菌。北京8月见于灯下。

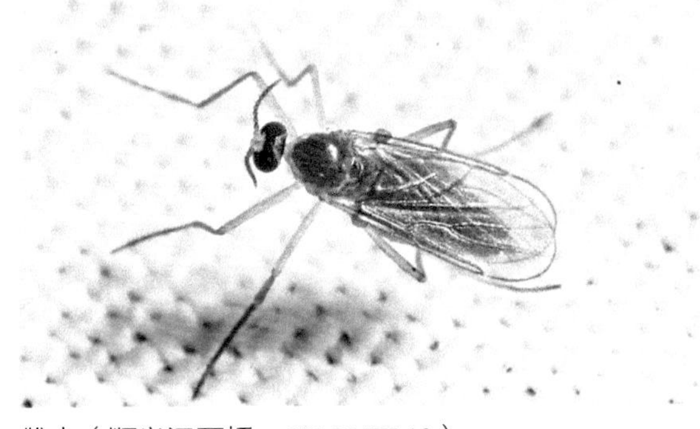

雌虫（顺义汉石桥，2016.VIII.12）

刺槐叶瘿蚊
Obolodiplosis robiniae (Haldemann, 1847)

雌虫体长3.2～3.8毫米，雄虫体长2.7～3.0毫米。体暗红色，翅暗灰褐色。触角丝状，雌虫14节，雄虫26节。翅发达，翅面黑色绒毛很密，翅面仅具3条纵脉。足细长，均显著长于体。

分布：北京、辽宁、河北、山东；日本，朝鲜半岛，美国，欧洲。

注：原产于北美洲（杨忠岐等，2006），寄主为外来的刺槐，属于拟入侵种（虞国跃，2020）。幼虫孵化后在叶片背面沿叶缘取食，刺激叶片组织增生肿大并卷曲，形成伪虫瘿。刺槐叶瘿蚊广腹细蜂*Platygaster robiniae*可寄生幼虫。

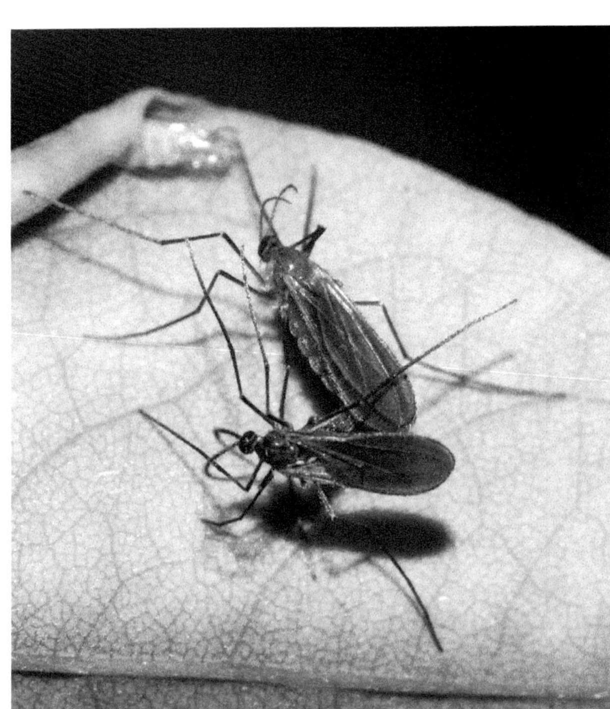

雌雄成虫（刺槐，北京市农林科学院，2007.IX.1）

幼虫和蛹（刺槐，北京市农林科学院，2007.IX.1）

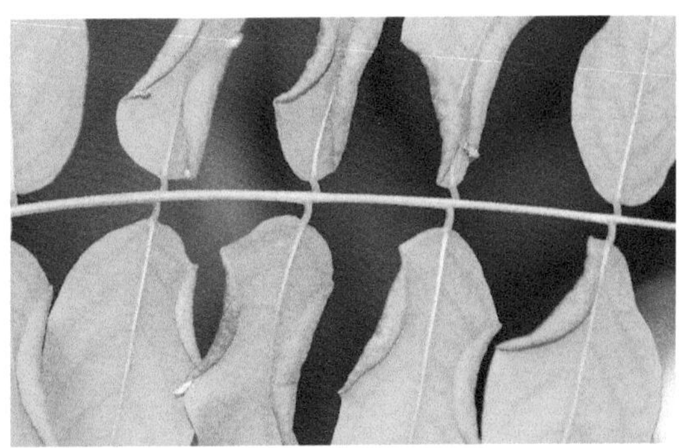

伪虫瘿（刺槐，北京市农林科学院，2007.VIII.18）

蒙古栎铗瘿蚊
Macrodiplosis sp.

伪虫瘿在叶缘，褶向叶子正面，呈饺子形。

分布：北京。

注：对于产生虫瘿的瘿蚊来说，寄主植物及虫瘿（或伪虫瘿）的形态比成虫的形态更易识别。本种与日本和朝鲜半岛的*Macrodiplosis selenis* Kim et Yukawa, 2014（Kim et al.，2014）相近，可能为同一种，但需要成虫形态或分子证据。寄主为蒙古栎，伪虫瘿内仅1头幼虫。

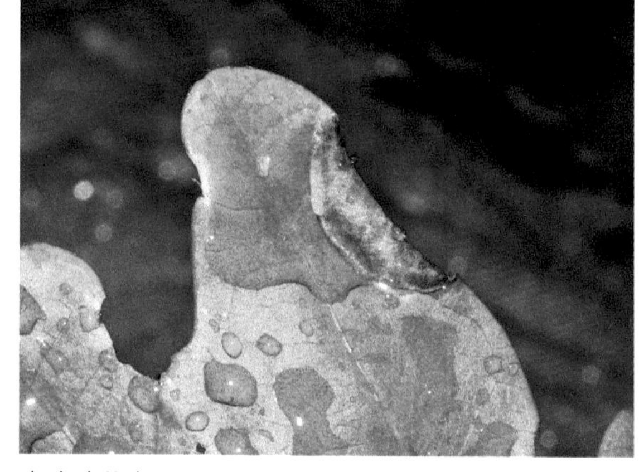
虫瘿（蒙古栎，门头沟小龙门，2018.V.11）

菊瘿蚊
Rhopalomyia longicauda Sato, Ganaha et Yukawa, 2009

体长2.5～3.5毫米。触角鞭节16～17节。胸背灰黑色。翅浅灰色，有4条纵脉，前3条基半部几乎平行，且前2条在中部合并，第4条消失于近翅中央，但似分支，1支伸向翅的外缘，另1支弯曲伸向翅后缘中部；平衡棒较长，长于腹部宽度。

分布：北京、天津、河北、河南、安徽、四川、重庆等；欧洲，北美洲，新西兰。

注：国内所用的*Diarthronomyia chrysanthemi*是一个鉴定错误；此种体小，不及2毫米，为害后菊类植物（蒿）并不成瘿（Sato et al., 2009）。本种蛹的腹部末端具1对长的刺突。为害多种旱小菊及野菊，幼虫为害后刺激幼芽、嫩叶组织增生，形成虫瘿，高度6～12毫米，最多1叶有6个虫瘿；虫瘿中空，内有幼虫1～7头。在北京6～8月为发生高峰期。

雌虫（菊，延庆四海室内，2011.VI.29）

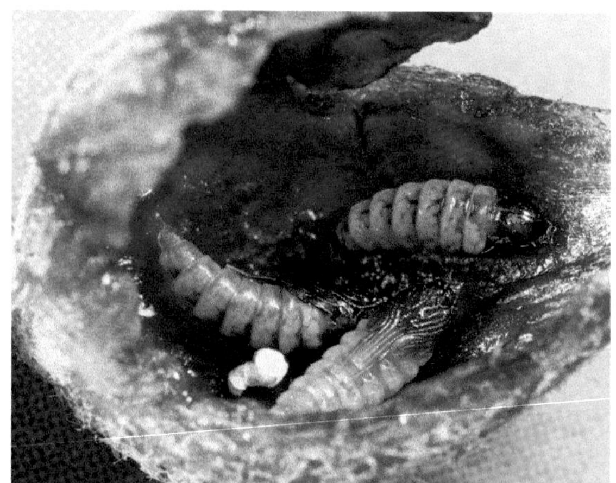

幼虫和虫瘿（菊，延庆四海室内，2011.VI.27）

丁香瘿蚊

Pekinomyia syringae Jiao et Kolesik, 2020

雌虫体长1.1～1.6毫米，翅长1.3～1.9毫米。体淡红色至暗红色，头及胸部背面红褐色至黑褐色（有时中胸盾片略显“品”字形的3个黑褐色纵斑）。触角13～14节，第4鞭节长稍大于宽，颈短小。翅透明，后缘毛明显短于前缘毛；翅脉简单，在后缘具“Y”形脉（即M_4和CuA）；平衡棒淡红色。

分布：北京。

注：雄虫体更细小，触角长，第4鞭节颈部大于节长的1/2（Jiao et al., 2020）。寄主为北京丁香和暴马丁香，一年1代，早春成虫羽化，在嫩叶上产卵，幼虫在叶片上形成扁平的虫瘿，幼虫10月老熟下地（付怀军等, 2019）。

正在产卵的雌虫及卵（北京丁香，北京市植物园，2021.III.29）

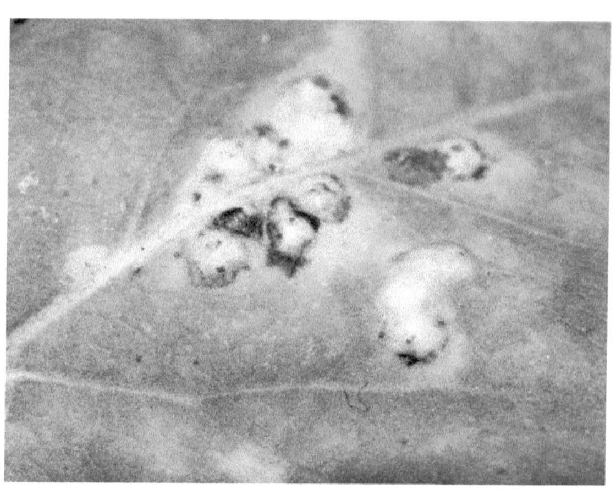

虫瘿（北京丁香，北京市植物园，2021.X.29）

黄斑黑粪蚊

Scatopse notata (Linnaeus, 1758)

雄虫体长2.6毫米，翅长2.8毫米。体黑褐色。触角黑褐色，鞭节9节，第1鞭节长稍大于宽，端节长，明显长于宽。中胸背板黑色，但后侧角（翅基的上方）具黄色斑，侧板中央（膜质部分）黄色和第1腹节两侧黄褐色。翅透明，翅室长约为翅长的0.66倍，翅缘第2部分明显长于第3部分，为后者的1.25倍。

分布：北京*；世界广布。

注：新拟的中文名，从学名及黄色的盾板后角。国内曾记录“*Scatopse notata*”幼虫为害大蒜的根茎部分（杨有权和吕振家, 1993），从所附的图看，翅脉完全不同，不属于*Scatopse*属。模式标本产于四川成都的*Scatopse chinensis* Cook, 1956，胸侧的斑纹为白色，翅缘第2部与第3部长度相近，为后者的0.97～1.03倍（Cook, 1956）。幼虫取食腐败的动植物。北京10月见成虫于灯下。

雄虫（昌平王家园，2015.X.16）

褐色克粪蚊

Coboldia fuscipes (Meigen, 1830)

体长2.4毫米，翅长2.1毫米。体黑色。触角10节，端节稍长于或等于前3节之和。翅透明，翅表面密布小纤毛，R_3脉（或两翅室长）稍超过翅长之半，约为翅长的0.57倍；平衡棒柄具数根刚毛。雌虫第7腹板后缘中央明显弧形内凹，凹缘无毛；雄虫第7背板后缘中央具长形外突，外突端缘平截。

分布：北京、湖北；世界广布。

注：又名广粪蚊。粪蚊科是双翅目的一个小科，世界已知约250种；我国尚未有详细研究，国内一些地方应该有此种的分布（有近似的种）。幼虫可取食多种食用菌（如平菇）的菌丝、子实体及培养料（菌棒），也可取食腐败的动植物；成虫无趋光性，有时在一片叶子上可有几十头群集在一起交配。

雌虫（北京市农林科学院室内，2016.III.29）

群体（刺槐，北京市农林科学院，2008.VII.16）

幼虫（菌棒，北京市农林科学院，2012.VIII.17）

蛹（菌棒，北京市农林科学院，2012.VIII.17）

高飞铗蠓
Forcipomyia praealtus Lin et Yu, 2001

雄虫体长1.5毫米，翅长1.1毫米。体黑褐色，胸部翅侧片、平衡棒淡黄色，足浅褐色，后足稍深。复眼裸，无毛，两复眼相互接近。触角鞭节13节，第2～9节近中部具长毛（各节的毛渐缩短），端部4节明显延长，端5节相对长度的比例为12∶26∶39∶35∶47，端节顶端具乳头状外突。触须黑褐色，5节，第3节膨大，感觉器窝位于膨大部。小盾片近后缘具11根长鬃，为小盾片长的2倍多。翅透明，翅脉淡黄色。

分布：北京。

注：铗蠓多见于浅水中或腐烂的木段中，雌成虫可吸食动物（包括其他昆虫）的血或体液。铗蠓属*Forcipomyia*是一个大属，我国已知145种；经检标本的体色比原描述深、触角端节稍长（虞以新, 2006），但雄性外生殖器、触须等特征相同，暂定为本种。北京6月见成虫于玉米田。

雄虫（玉米，北京市农林科学院，2013.VI.30）

金毛铗蠓
Forcipomyia sp.

雌虫体长2.2～2.6毫米，翅长1.5～2.0毫米。体暗褐色，胸部背面具金黄色毛。触角鞭节渐向端部延长，端部5节略细长，长度之和较短（AR* 0.78）。触须5节，第3节基半部膨大，感觉器窝位于近基部，端节稍长且粗于第4节，端圆较尖。前翅较短，未伸出腹末，前缘近中部具小白斑。雄虫体长2.6～3.0毫米，翅长2.0～2.2毫米；前翅较浅，前缘近中部两侧只具1暗褐斑。

分布：北京。

注：与分布于西藏的芽突铗蠓*Forcipomyia surulus* Liu et Yu, 2001（虞以新，2006）相像，但该种前中足一致淡棕色，触角端部5节长度较长（AR 1.12）。北京7月、10～11月见成虫于灯下。

雌虫（房山蒲洼东村，2016.VII.12）

雄虫（房山蒲洼东村，2016.VII.12）

---

*AR：触角比，即触角鞭节端部长节总长与基部短节总长之比。

凤蝶铗蠓
Forcipomyia sp.

雌虫体长2.5毫米，翅长1.7毫米。体灰褐色，密被黄褐色毛，足浅黄褐色。触角鞭节13节，基部8节近于瓶形，各节基大部膨大，端5节延长（短于前8节之和），渐向端部增长，端节最长大。触须灰褐色，第3节基半部膨大，宽约为端部的2倍。翅大，具毛，具径-中横脉，前缘脉不及翅中，径2室不长于径1室。

分布：北京。

注：与上述的金毛铗蠓*Forcipomyia* sp.相近，但该种体毛更长，胸背的毛呈金色，且翅前缘中部具白斑。北京10月发现成虫吸食柑橘凤蝶幼虫的体液。

吸食柑橘凤蝶幼虫的雌虫（花椒，房山十渡，2021.X.12）

蒲洼铗蠓
Forcipomyia sp.

雄虫体长2.4毫米，翅长1.8毫米。体暗褐色，触须、平衡棒和足淡黄色。触角鞭节13节，端4节延长，长之和短于其他鞭节之和。触须5节，第3节基半部膨大，第4节粗于第3节的前半部分，稍长于端节。

分布：北京。

注：雄性外生殖器和触须形态与分布于河南的似郊铗蠓*Forcipomyia subruralis* Liu et Yu, 2001相近，但后者体小（翅长1.2毫米）、AR较大，为1.5（虞以新, 2006）。北京5月见成虫于灯下。

雄虫（房山蒲洼东村，2017.V.13）

球蠓
Sphaeromias sp.

雌虫体长3.9毫米，翅长2.6毫米。体黑色，胸部具灰褐色粉被，足跗节基部3节浅黄褐色（端部黑褐色）。复眼裸，无毛，两复眼相互接近；无单眼。触角暗褐色，14节，柄节粗大，球形，梗节明显长于第3节，端部8节相对比长为13∶13∶14∶36∶36∶37∶37∶41。翅透明，翅脉浅褐色，具2个径室，臀脉端半部分2支，"Y"形；平衡棒乳白色。

分布：北京。

注：我国记录了5种，其中修饰球蠓*Sphaeromias ornatipennis* (Goetghebuer, 1933)分布于中国黑龙江和俄罗斯，体长4.8～5.2毫米，触角黄色，端部5节黑色（虞以新, 2006）。本属雌虫是肉食性的，捕食其他小昆虫，尤其是摇蚊；雄虫并不捕食。北京7月见成虫于灯下。

雌虫（延庆米家堡，2013.VII.24）

背摇蚊
Chironomus dorsalis Meigen, 1818

雄蚊体长6.1毫米，翅长3.2毫米。体黄绿色，胸部具棕斑3个，呈品字形排列，腹部各节背面具褐色至黑褐色斑，有时斑纹扩大。翅透明，不具色斑。头具明显的额瘤。肛尖细长，尖端稍圆形。抱器端节细长，近端内侧具5根刚毛，顶端具1根刚毛（明显的短），基半部表面具粗长刚毛；下附器内缘具11～14根弯曲的刚毛。

分布：北京*、内蒙古、辽宁、河北、上海；古北区。

注：摇蚊是一类常见的昆虫，有些种会跟着人在头顶上方盘旋。幼虫（俗称红虫）水生，多腐食，部分可植食。由于分类较难，成虫受关注度较低。北京5月可见成虫。

雄虫及腹末（北京市农林科学院，2016.V.22）

中华摇蚊
Chironomus sinicus Kiknidze et Wang, 2005

雄虫体长8.2～9.2毫米，翅长4.2～4.5毫米。体浅褐色，中胸盾片具3个“品”字形排列的褐色纵纹，腹部第2～4节背板具椭圆形褐纹（体色较浅时尤其明显）。翅中部横脉处黑褐色，有时不明显。足浅褐色，胫节端及各跗节端部呈黑褐色。

分布：北京、天津、河北。

注：过去国内记录的羽摇蚊*Chironomus plumosus* (Linnaeus, 1758)被认为是本种的误订（王新华等，2009），这2种在外形上较难区分，惟羽摇蚊的翅长可达7毫米（Kilmadze et al., 2005）。王新华等（2009）描述的中华摇蚊雄虫体长和翅长分别为5.4～8.5毫米和4.9～6.5毫米，与原始描述的体长8.64～9.67毫米和翅长4.43～5.03毫米不同，应有误。国内其他地区记录的羽摇蚊属于何种，仍需研究。本种在北京较为常见，成虫可见于灯下。

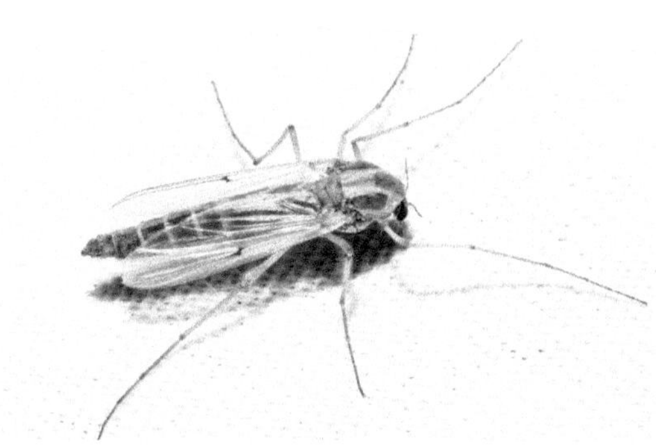

雄虫（昌平王家园，2014.IV.22）

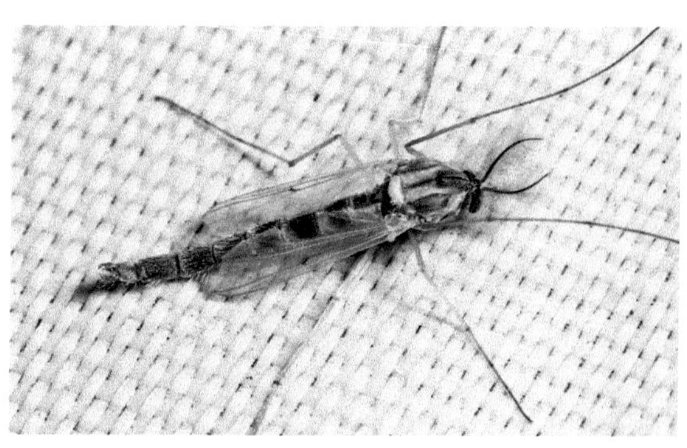

雌虫（昌平王家园，2015.V.4）

三束环足摇蚊
Cricotopus trifascia Edwards, 1929

雌虫体长3.1毫米，翅长1.9毫米。胸部浅褐色，背面具3个品字形排列的黑斑。腹部黑褐色，第1、第4节及腹末淡黄色。足腿节以黑色为主，基部浅色；前足胫节基部和端部褐色，余白色；中后足胫基大部浅色，端部具黑环。

分布：北京；中东，欧洲，北美洲。

注：本种与北京也有分布的双线环足摇蚊*Cricotopus bicinctus* (Meigen, 1818)很接近，后者足胫节仅中段为淡黄色，其余均为黑褐色。北京5月可见成虫。

雌虫（北京市农林科学院，2016.V.1）

环足摇蚊
Cricotopus sp.

雄虫体长3.2毫米，翅长1.8毫米；雌虫体长2.3毫米，翅长1.6毫米。胸部淡黄色，背面具3个品字形排列的黑斑。腹部淡黄色，各节背面具黑斑，其中第1节呈2个小黑点，第7节无黑斑（雌）或仅前半部具暗褐色斑（雄）。足淡白色，腿节端部黑色；前中足胫节基部和端部黑色；前足跗节黑色，中后足跗节端部暗褐色。

分布：北京。

注：本种与三束环足摇蚊*Cricotopus trifascia* Edwards, 1929相近，后者腹部第1、第4节及腹末淡黄色。北京7月可见成虫于盆栽水稻的叶片上。

雄虫（盆栽水稻，北京市农林科学院，2016.VII.17）

雌虫（盆栽水稻，北京市农林科学院，2016.VII.17）

三带环足摇蚊
Cricotopus trifasciatus (Meigen, 1813)

雌虫体长2.5毫米，翅长2.3毫米。体淡黄色，具黑褐色。中胸背面具3个品字形排列的黑褐色斑。腹部第1、第4、第7节及腹末淡黄色，其余节的背面具黑褐色斑，其中第4节中部具1小黑褐色点。足腿节以淡黄色为主，腿节端部、胫节两端黑褐色，前足跗节黑褐色。

分布：北京*、辽宁、天津、福建、广东、四川、贵州、云南；印度，印度尼西亚，欧洲，北美洲。

注：与林间环足摇蚊*Cricotopus sylvestris*（Fabricius, 1794）相近，后者雌虫除腹第1节黄白色外，均带有黑褐色斑，且第4、第5节浅色区比黑褐色斑大（Boesel, 1983）。北京6月见成虫于灯下。

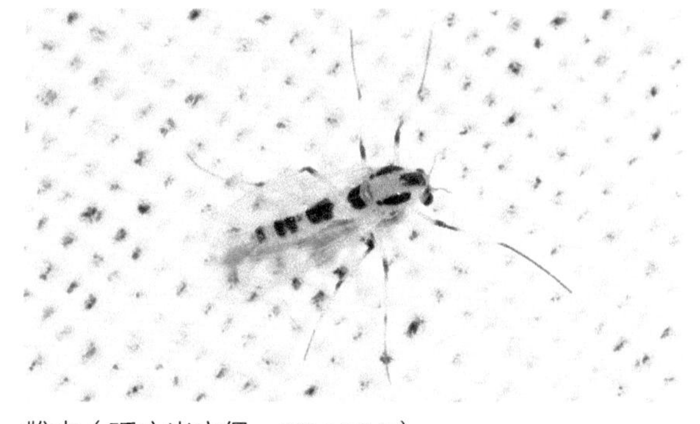
雌虫（延庆米家堡，2016.VI.7）

颐和园水摇蚊
Hydrobaenus sp.

雌虫体长3.9～4.6毫米，翅长3.3～3.7毫米；雄虫体长3.8～4.2毫米，翅长2.7～3.1毫米。体黑褐色至黑色，足跗节颜色稍浅。翅淡白色，横脉处稍深。雄虫抱器端节中部较宽，端部较窄，内侧具1枚粗刺。

分布：北京、辽宁、天津、河北。

注：齿突水摇蚊*Hydrobaenus dentistylus* Moubayed, 1985记录于我国天津、河北和辽宁（刘文彬等，2015），并认为该种是北京颐和园摇蚊的优势种（李洁等，2019）。产于我国的个体大（雄虫体长3.03～4.68毫米），且抱器端节较细（刘文彬等，2015）。模式产地的标本个体较小（体长2.85～3.00 毫米，翅长2.20～2.40毫米），抱器端节端缘粗大，近于球状。两者应是不同的种，属于误定。北京早春3月可见成虫，4月初为高峰期。

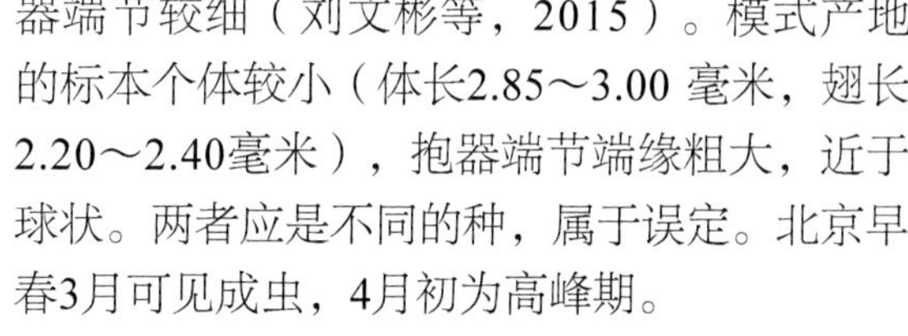

雄虫（柳，颐和园，2017.III.11）

群体（颐和园，2017.III.11）

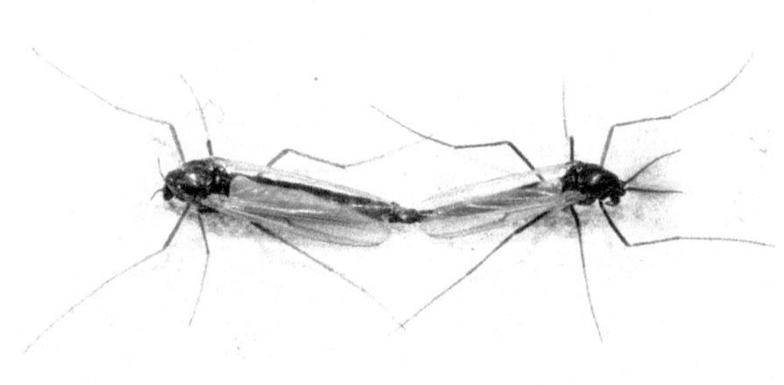
雌雄成虫（颐和园，2017.III.11）

小云多足摇蚊

Polypedilum nubeculosum (Meigen, 1804)

雄虫体长4.8毫米，翅长2.8毫米。体黑褐色至黑色，平衡棒褐色。前胸背板具鬃，翅淡白色，有时有弱的翅斑。足浅黄褐色，胫节端稍深。抱器端节粗大，棍棒形，端部圆突。雌虫体长3.2毫米，翅长2.5毫米。

分布：北京、内蒙古、辽宁、河北、天津、山东、福建、湖北、四川、贵州、云南；全北区，东洋区，非洲。

注：本种雄虫抱器呈短棒形，易与其他种区分。北京4～5月、7月可见成虫，具趋光性。

雄虫（怀柔汤河口，2019.VII.3）

雌虫（平谷金海湖，2016.V.10）

红裸须摇蚊

Propsilocerus akamusi (Tokunage, 1938)

雄虫体长8.9毫米，翅长5.8毫米。体暗褐色。前翅中部横脉处黑褐色；平衡棒淡白色，端部黑色。足黑色，腿节和胫节除两端外红褐色。肛尖短指突状，指向后上方；抱器端节背叶稍短于端叶，背叶宽大，端缘黑褐色，两端略呈齿形。

分布：北京、内蒙古、辽宁、天津、河北、江苏、上海、湖北、云南；日本，朝鲜半岛。

注：六附器毛突摇蚊*Chaetocladius sexpapilosus* Yan et Ye, 1977为本种异名。本种个体较大，成虫发生期较晚（秋冬季节），且雄性抱器端节分二叉，高度骨化。北京11月见成虫于灯下。

雌虫（顺义共青林场，2021.XI.5）

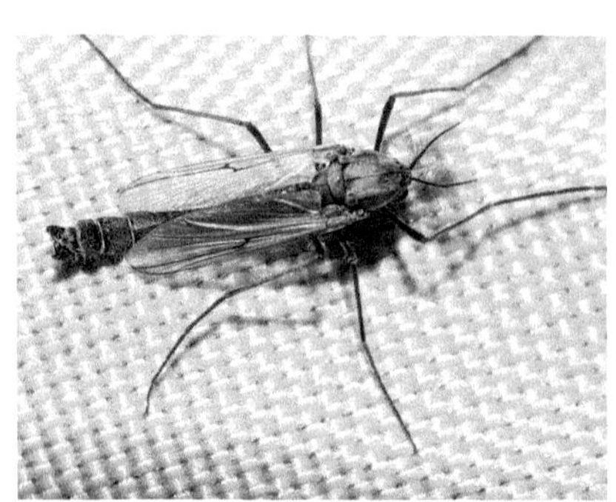

雄虫及抱器端节（顺义共青林场，2021.XI.5）

秋月齿斑摇蚊
Stictochironomus akizukii (Tokunaga, 1940)

雄虫体长4.6毫米，翅长2.7毫米。体暗褐色。足腿节近端部具1白色环，胫节具2个白色环，后足基跗节长于胫节，在基部及近中部各具浅色环。腹部各节后缘具浅色横带。翅无色，在r-m横脉处具黑纹；前缘脉终止于M_{1+2}脉。

分布：北京*、内蒙古、天津、四川、云南；日本，朝鲜半岛，萨哈林岛（库页岛）。

注：与斯蒂齿斑摇蚊*Stictochironomus sticticus* (Fabricius, 1781)相近，该种前足腿节淡黄色，端部具2个棕色环（赵笑敏等，2010）。北京5月见成虫于灯下。

雄虫（昌平王家园，2015.V.4）

高田似波摇蚊
Sympotthastia takatensis (Tokunaga, 1936)

雄虫体长6.0毫米，翅长4.7毫米。体暗褐至黑色，足胫节颜色较浅，黄褐色至褐色。前翅中部横脉黑褐色；平衡棒暗褐色，端部颜色稍浅。抱器基节粗大，端节小，中部略宽，向端部收尖，端棘略短于内侧的2根刚毛；上附器端部呈高尔夫球拍形，中附器大，表面密被小刺。

分布：北京*、辽宁、天津；日本，朝鲜半岛，俄罗斯。

注：经检标本的肛尖不易观察到，雌虫体略短，但粗，平衡棒端部粉红色；幼虫描述可参见Liu等（2016）。北京3月初可见成虫，试图飞入室内，具趋光性。

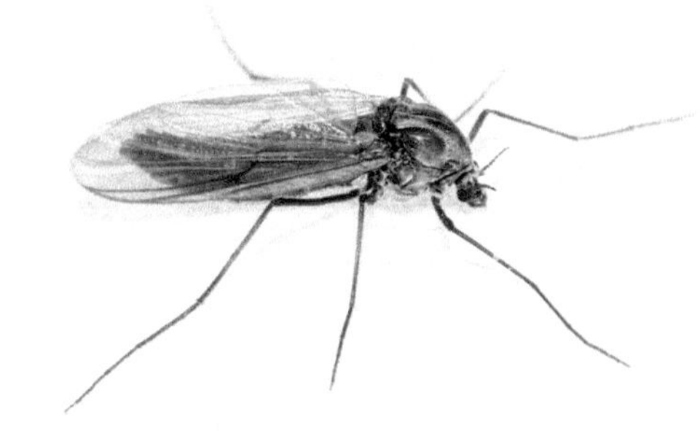

雌虫（海淀金沟河室内，2022.III.4）

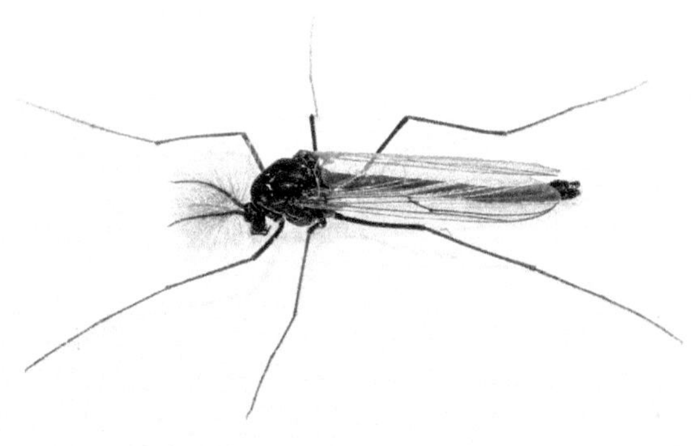

雄虫及生殖节（海淀金沟河室内，2022.III.4）

蒙古白蛉

Phlebotomus mongolensis Sinton, 1928

雌虫体长2.5毫米，翅长2.7毫米。体淡黄色，胸部及腹部第2～6节背面的毛大多竖立。翅较窄，近于披针形，后缘的弯曲度较小。足第1跗节长为第2跗节的2.3倍。

分布：北京*、陕西、宁夏、甘肃、青海、新疆、内蒙古、辽宁、河北、山西、河南、山东、江苏、安徽、浙江、湖北；蒙古国，哈萨克斯坦，伊朗等。

注：白蛉类有时为独立的科：白蛉科Phlebotomidae，现认为是蛾蠓科Psychodidae下一亚科，即白蛉亚科Phlebotominae。白蛉属*Phlebotomus*腹部背面的毛大多竖立成丛，鉴定较为困难，详细可参见陆宝麟和吴厚永（2003）。本种喜欢吸食松鼠的血液，也能吸食人血或牲畜的血，可传播利什曼病。

雌虫（怀柔黄土梁，2020.VI.17）

白斑蛾蠓

Telmatoscopus albipunctatus (Williston, 1893)

体长（不包括翅）3.0毫米，翅长3.3～3.7毫米。体浅褐色至黑褐色，多灰褐色，密被绒毛。两复眼狭长，在头顶几相接，被一丛毛所分隔。触角16节，长于翅宽，鞭节每一节基部近球形，轮生众细毛，端大部柱形。翅正反两面均长有绒毛，但仅长在翅脉上，两脉之间的翅面无毛，翅较宽，稍短于翅长的1/2；翅近基部具2个黑色毛丛，内侧具白毛丛；翅脉端部具白色毛丛；停息时两翅平展。

分布：北京、河北、江苏、上海、台湾等；世界广布。

注：又名白斑蛾蚋。停息时两翅平展。成虫多见于室外，也常进入室内，不会咬人。幼虫在卫生间、厨房、厕所等处取食腐烂的有机物，消除积水是最好的防除方法。有时幼虫也会出现在水培蔬菜（韭菜）的培养液中或树创流液中。

成虫（颐和园，2017.X.4）

蛹（水培韭菜，北京市农林科学院，2018.IV.2）　幼虫（水培韭菜，北京市农林科学院，2018.III.8）

星斑蛾蠓
Psychoda alternata Say, 1824

体长（不包括翅）1.5毫米，翅长2.0～2.6毫米。浅褐色。触角15节，第13节和第14节愈合，端节很小。翅浅灰褐色，翅基部及近中部具白色毛区域；纵脉端具褐斑。雌虫下生殖板“V”形；停息时两翅呈屋脊形。

分布： 北京、辽宁、河北、江苏、台湾等；世界广布。

注： 又名交错蛾蠓。成虫可在居室内活动，不会咬人，有一定的趋光性。幼虫在卫生间、厨房、厕所等处取食腐烂的有机物，消除积水是最好的防除方法。居家常见，卫生间最常见。

成虫（房山蒲洼，2020.V.19）

蛹及幼虫（北京室内，2013.VI.23）

朝鲜伊蚊
Aedes koreicus (Edwards, 1917)

雌虫体长约6毫米，翅长约4毫米。体暗褐色。中胸盾片具多条金黄色纵线，其中中纵线在伸达小盾片前分2叉，1对亚中纵线伸达盾片中部，1对后亚中线，其前部外弯，与外线相连。翅无斑纹。足暗褐色，中足腿节后腹基部1/2白色，后足腿节基部3/5（除背面）白色，前足第1～2跗节具基白环，中足第1～3跗节具基白环（第4跗节稍不明显），后足第1～4跗节具基白环，第5跗节基部也可能具少数白鳞。

分布： 北京、宁夏、内蒙古、黑龙江、吉林、辽宁、山西、河南、山东、湖北、贵州；日本，朝鲜半岛，俄罗斯，比利时（入侵）。

注： 与日本伊蚊*Aedes japonicus* (Theobald, 1901)很接近，该种后足仅第1～3跗节基部具白环。雌蚊白天叮人。北京8月见成虫于林中。

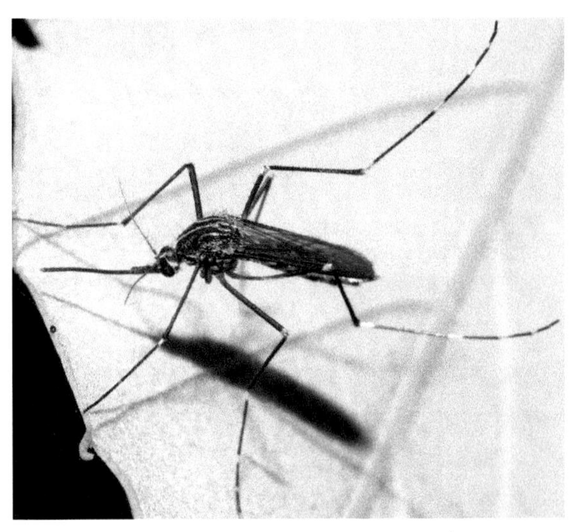

雌虫（栓皮栎，平谷东长峪，2018.VIII.17）

白纹伊蚊
Aedes albopictus (Skuse, 1894)

雌虫体长5.0毫米。体黑色，体侧、腹部及足具白斑。从头至胸部中央具一白色纵细条；触须约为喙长的1/5，黑色，末端背面银白色；头部两侧具2条银横纹，触角基部呈银白色。胸部侧面具众多银白点。翅鳞深褐色，仅前缘基端具一白点。足具银白斑，其中后足跗节基部白色，第5跗节全白色。

分布：中国广布；东南亚，中东（入侵），欧洲，美洲，非洲。

注：俗称花蚊子中的一种，此属的种类很多。孳生在树洞、废轮胎、石穴等容器的积水中，常常在野外吸食人血，有时会从庭园临时进入居室。被叮时通常很疼。

幼虫（海南海口室内，2018.XI.6）

雄虫（海淀马甸，2017.VIII.31）

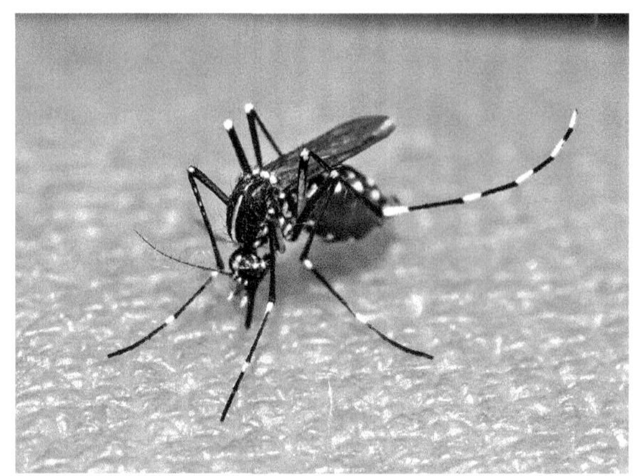

雌虫（北京市农林科学院，2020.VIII.30）

刺扰伊蚊
Aedes vexans (Meigen, 1830)

雄虫体长5.4毫米，翅长3.2毫米。体褐色。触须比喙长，第2～5节基部具白斑，且第3节端部起着生长毛；触角比喙短，各节具浓密长毛。各节腿节前面的浅色鳞不明显，未显麻点；后足各跗节基部浅色。腹部侧面不呈现白斑。抱肢基节狭长，具长和短2种刚毛；小抱肢细长，仅端部具刚毛。

分布：中国广布；世界广布。

注：雌虫触角的毛稀而短，触须长仅为喙的1/5，头顶覆盖平伏的白窄鳞，端部具褐斑，前中足腿节前面褐色并杂有淡色鳞，看上去呈麻点；可吸人血。北京7～8月见雄虫于灯下。

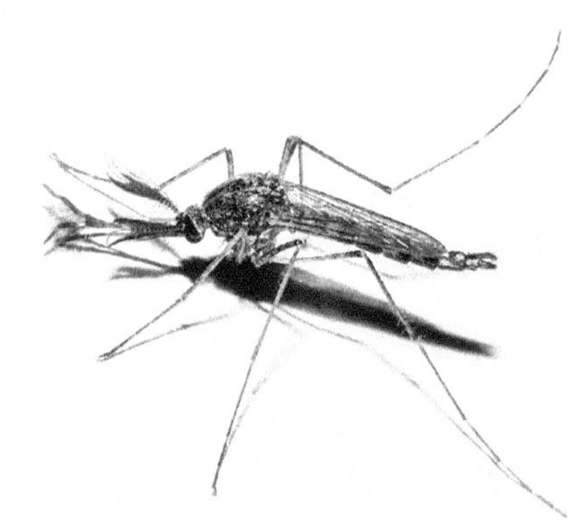

雄虫（密云雾灵山，2021.VII.24）

中华按蚊

Anopheles sinensis Wiedemann, 1828

雌虫翅长5.1毫米。触须长于触角，稍短于喙，着生粗短毛，具4对白环，其中端节具端白环和基白环。中胸背面具不清晰暗色纵纹5条，侧面上下各有1条暗色纵纹。翅具明显的暗褐色纹，其中前缘近端部具2个明显的浅色斑，翅端具浅色缘毛区，后缘3/5处（V5.2脉端）具缘缨白斑。

分布：中国广布（除青海、新疆）；日本，朝鲜半岛，印度，东南亚。

注：雄虫翅长4.4毫米，翅面颜色较浅，是我国疟疾等疾病的重要媒介。北京5～9月可见成虫，吸血凶猛，不怕人。成虫具趋光性。

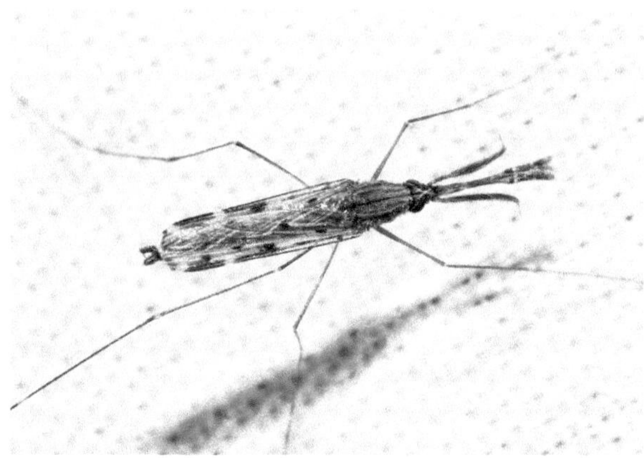

雄虫（平谷金海湖，2016.VIII.4）

雌虫（平谷金海湖，2016.V.10）

淡色库蚊

Culex pipiens Linnaeus, 1758

雌虫体长4.7～6.1毫米，翅长3.5～4.7毫米。体淡褐色。喙及足上没有白环；触须短，约为喙长的1/6，被有黑褐色毛及鳞片。前翅色泽一致，无斑纹。腹部颜色稍深，每节基部具黄白色环斑。

分布：北京、陕西、宁夏、甘肃、内蒙古、黑龙江、吉林、辽宁、河北、山西、河南、山东、江苏、安徽、浙江、湖北；全北区，非洲。

注：雄虫触须长于喙，第3节基部具1淡黄色窄环。在清水或污水中均能繁殖，消除积水是重要的预防措施，喜吸人、畜的血，是北方地区斑氏丝虫病的主要媒介。最常见的家栖种。

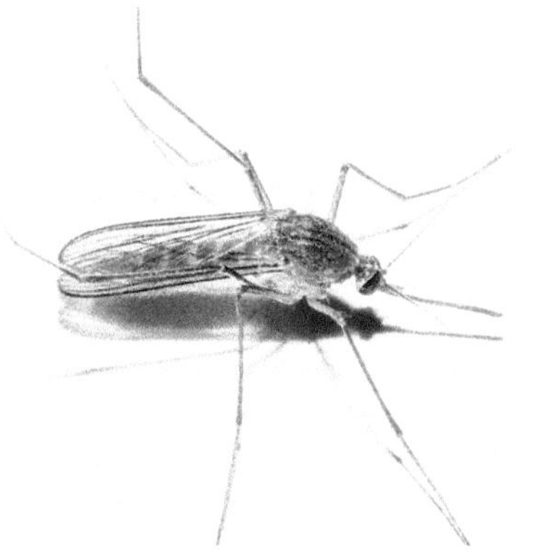

雌虫（北京市农林科学院，2016.V.22）

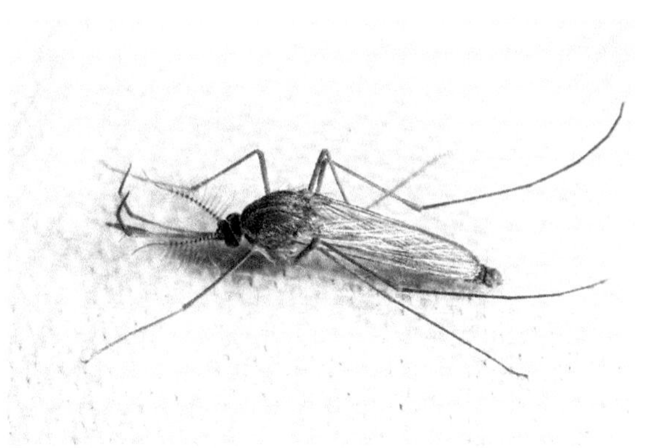

雄虫（昌平王家园，2013.X.25）

骚扰阿蚊

Armigeres subalbatus (Coquillett, 1898)

雄虫体长7.6毫米，翅长5.1毫米。体暗褐色，腹及足具蓝色光泽。触须比喙长，端2节上跷；喙端部略弯向下方；触角明显比喙短，各节具浓密长毛。胸盾两侧具白毛带，白色中纵纹仅见于后半部及小盾片，胸部侧面具白斑。腹部侧面各节具白斑。

分布：北京*、陕西、河北、山西、河南、江苏及以南地区；日本，南亚，东南亚。

注：雌虫凶猛，能入室吸人血。北京9月见成虫于灯下。

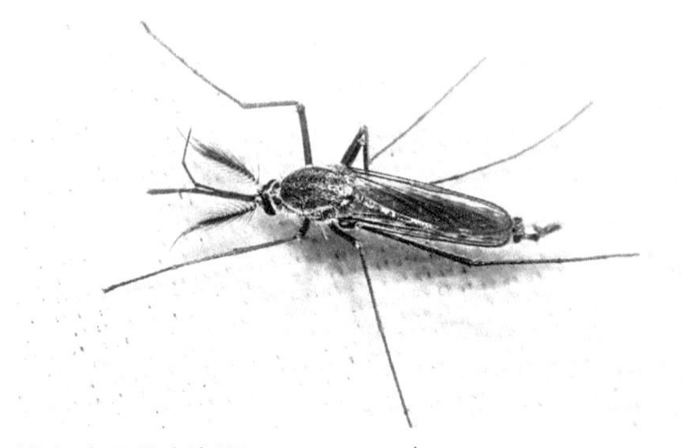

雄虫（平谷金海湖，2014.IX.16）

雌虫（香椿，平谷金海湖，2016.IX.10）

角突真蚋

Simulium sp.

雌虫体长3.6毫米，翅长3.5毫米。体暗褐色，腹部基部及腹面浅黄褐色。额宽稍大于两触角间距。触角11节，暗褐色，基2节浅黄褐色，鞭节第1节和端节稍长（仅端节长大于宽）。触须末节细长，淡白色，约为节4的2倍长，节4短粗，背面褐色，腹面浅色；节3黑褐色，近于椭球形，比节4粗长。足爪基部具大齿，腿节端部暗褐色；后足第1跗节有明显的跗突，节2跗沟明显。雄虫体长3.4毫米，翅长3.3毫米。复眼大，相接；触角第1鞭节最长，长于端节。后足第1跗节更扁宽。

分布：北京。

注：蚋属*Simulium*是一个大属，世界已知1600多种，我国有200多种。幼虫水生，雌成虫可刺吸人及其他动物（包括昆虫）的血液。本种个体较大，见于灯下。

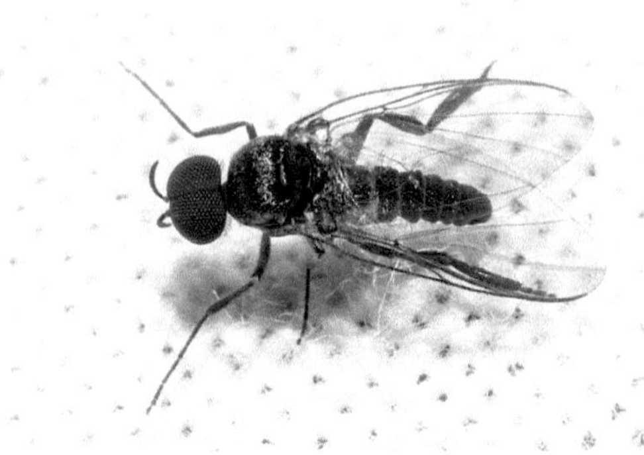

雄虫（房山蒲洼东村，2021.X.12）

雌虫（房山蒲洼东村，2021.X.12）

三纹蚋
Simulium sp.

雌虫体长4.2毫米，翅长3.7毫米。体暗褐色，具灰白色毛被。额宽明显大于两触角间距。触角11节，灰褐色，基2节黄色，梗节最粗大。触须末节细长，淡白色，长为节4的2倍多，节3腹面向前突出。爪近基部具1小齿，后足第1跗节无明显跗突，节2跗沟明显。腹部背面可见明显的暗褐斑。

分布：北京。

注：本种个体较大，中胸背板具3条纵纹及腹背的斑纹不同于其他种。北京6月见于灯下。

雌虫（门头沟小龙门，2014.VI.10）

双斑黄虻
Atylotus bivittateinus Takahasi, 1962

雌虫体长12.3～17.0毫米。体土黄色至黄色。复眼黄绿色，具瞳点，另有一条紫红色窄横带；触角橙黄色，额中部以下具2个黑斑，上方一个心形；腹背板第1～2节或第1～3节两侧具红黄色斑。雄虫体长11～13毫米，两复眼相接，腹部背板第1～2节或第1～3节两侧具红黄斑。

分布：北京、陕西、内蒙古、黑龙江、吉林、辽宁、河北、山西、河南、山东、江苏、浙江、福建、贵州；日本，俄罗斯。

注：虻类幼虫生活在湿润的土壤中或泥水中，雌虻会吸动物的血。北京6月可见成虫。

雌虫（火炬树，昌平王家园，2014.VI.30）

霍氏黄虻
Atylotus horvathi (Szilady, 1926)

体长12～15毫米。体金黄色，腹部背板1～3节或1～4节两侧具大型红黄斑，背中线灰褐色，窄，远不及腹宽的1/3。前足腿节灰褐色，端部黄色，中后足腿节常仅基部灰褐色，前足胫节端半部及跗节黑色，中后足跗节前半部灰褐色至黑褐色。

分布：北京、陕西、黑龙江、吉林、辽宁、河北、河南、山东、江苏、浙江、安徽、湖北、贵州；日本，朝鲜半岛，俄罗斯。

注：北京7月可见成虫。

雄虫（黄花蒿，昌平王家园，2015.VII.28）

骚扰黄虻
Atylotus miser (Szilády, 1915)

雄虫体长11.0～13.5毫米。体鸽灰色。复眼嫩黄色，具短毛，上部2/3的小眼面大于下半部的小眼面。触角第3节细长，近基部具角形背突。足腿节全部黄色，至多基部黑色。腹部第1～3节两侧具大型黄斑。

分布： 北京、陕西、宁夏、甘肃、新疆、河北、山西、河南、山东、江苏、上海、安徽、浙江、江西、福建、湖北、湖南、广东、贵州；日本，朝鲜半岛，俄罗斯，蒙古国。

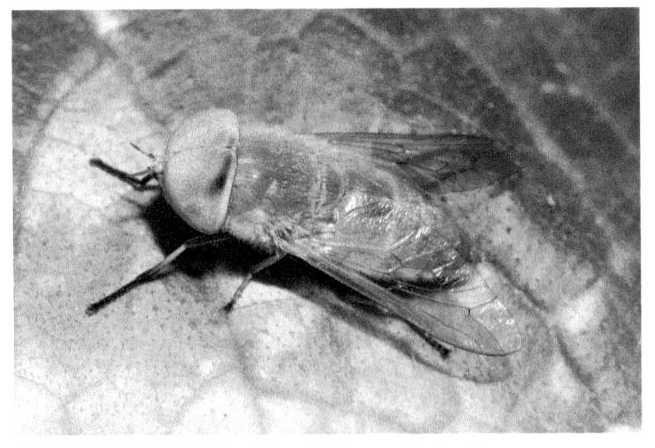

雄虫（黄瓜，昌平王家园，2007.VII.12）

注： 本种体色为鸽灰色，足腿节颜色较浅，可与其他种区别（许荣满, 2009）。北京7月可见成虫。

黑胫黄虻
Atylotus rusticus (Linnaeus, 1767)

雌虫体长12～16毫米。体灰色。复眼黄绿色，具瞳点，另有一条棕色窄横带。额两侧平行，高为宽的4～5倍，基胛黑色，圆形，独立，中胛小点状。触角橙黄色，鞭节基部具尖形背突。腹部背板具4列连续黑纵条。足黄色，前足胫节端半部及跗节黑色。

分布： 北京、甘肃、青海、黑龙江、吉林、辽宁、河北、山东；俄罗斯，欧洲，北非。

注： 经检标本略有不同，即胸部背面的黄毛较为浓密，暂定为此种。北京6月可见成虫。

雄虫（苹果，昌平王家园，2014.VI.3）

察哈尔斑虻
Chrysops chaharicus Chen et Quo, 1949

雌虫体长约8毫米。体黄色，具黑斑。触角细长，柄节黄褐色，梗节黑褐色，前2节长度相近，鞭节黑色（端部具4个环节），长与前2节和之长相近。基胛黑色，略呈长卵形，不与复眼相接。胸盾片中部具3条黑色纵纹。翅透明，前缘黑褐色，中部具横纹，向后缘变细，但仍达到后缘。腹第2节背板具“八”字形黑纹，不达前后缘，第3～5节各具4个纵向黑斑。

分布： 北京、陕西、宁夏、甘肃、辽宁、河北、山西。

注： 山区种，成虫嗜吸牛血。北京7月可见成虫，叮咬人的速度很快。

雌虫（延庆玉渡山，2003.VII.13）

中华斑虻
Chrysops sinensis Walker, 1856

雄虻体长9～10毫米。体黄色。触角细长，基节棕色，其余黑褐色。腹部背板第1节中央黑色，与后缘相接；第2节具1对黑斑，不达后缘，第3～5节各具1对黑斑。前翅的黑褐色达翅端，与中间的横斑相连处不变细。

分布： 北京、陕西、甘肃、宁夏、内蒙古、辽宁、河北、天津、山西、河南、山东、江苏、上海、浙江、安徽、江西、福建、台湾、湖北、湖南、广东、广西、四川、重庆、贵州、云南；朝鲜半岛。

注： 雌虻喜欢吸牛、马腹部的血，北京6月可见成虫。

雄虫（苹果，昌平王家园，20007.VI.8）

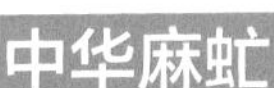

中华麻虻
Haematopota sinensis Ricardo, 1911

雌虫体长10.0毫米。体灰黑色。额宽大，基部宽大于高。基胛棕黑色，三角形，两侧与复眼相接，侧点近于三角形，接近复眼，中点小，圆形。触角黄褐色，第1鞭节短宽，近于菱形，其腹缘近基部着生黑色刚毛。胸部盾片具灰白色纵条。翅近翅端的白斑弯曲，不达后缘，翅后缘第5室端大部浅色。

分布： 北京、辽宁、河北、河南、山东、江苏、上海、安徽、浙江、湖北、云南；朝鲜半岛。

注： 模式标本产地为上海和山东（Aricardo, 1911），北京8月可见成虫于灯下。

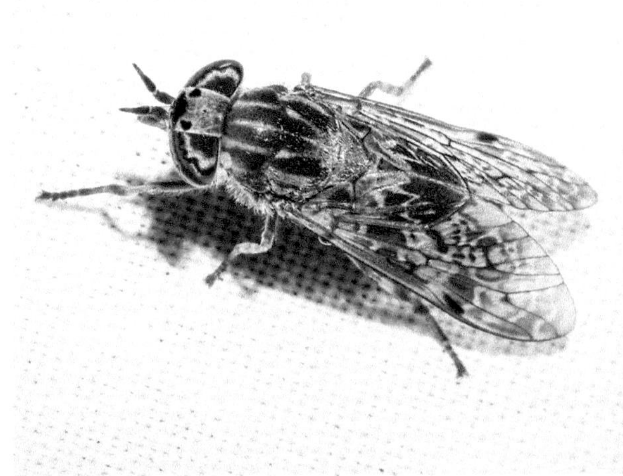

雌虫及触角（顺义汉石桥，2016.VIII.11）

塔氏麻虻
Haematopota tamerlani Szilady, 1923

雌虫体长约10毫米。体黑色。额宽大，基部宽大于高，也大于头顶的宽。基胛黑色，带状，与复眼相接，侧点三角形，独立，中点小，圆形。触角黑色，柄节膨大，宽于鞭节，但长略短于鞭节。胸部盾片具灰白色纵条，中央纵条细，完整。近翅端的白斑窄带状，达前后缘，翅中部的白斑可分为2个群，形状类似葫芦形。

分布：北京、内蒙古、黑龙江、吉林、辽宁、河北、山西；朝鲜半岛，俄罗斯。

注：与中华麻虻*Haematopota sinensis* Ricardo, 1911相近，但本种触角第3节黑色，且明显细长，翅中部具2个由白斑组成的类似葫芦形的斑纹。北京7月可见成虫于灯下。

雌虫（密云雾灵山，2021.VII.25）

汉氏虻
Tabanus haysi Philip, 1956

雄虫体长21.3毫米。体灰黑色。头颜、颊黄灰色；复眼不透明，无横带；触角基2节浅褐色，被黑毛，第3节基部橙红色，向端部变暗，其背突大而尖，伸向前方，其余鞭节黑色。胸部具不明显纵纹，被金色毛。翅R_4脉具附脉。腹部具不明显的灰色三角形斑。雌虫体稍长，头部基胛长卵形，黑色，与复眼不相接，中胛呈线状，与基胛相连；胸背具较多的金色毛。

分布：北京、陕西、甘肃、吉林、辽宁、河南、湖北；朝鲜半岛。

注：本种中文名较多，又称水山虻、海斯虻、海氏虻，学名也有误拼现象（*hasyi*）。本种个体大，灰黑色，且复眼无带。北京7～8月见成虫于灯下。

雄虫（平谷白羊，2018.VII.27）

雌虫及触角（房山蒲洼，2021.VIII.18）

黄巨虻

Tabanus chrysurus Loew, 1858

雌虫体长约25毫米。复眼无横带；前额金黄色，两侧平行，高约为长的5倍；基胛棕色，近三角形，上端具短的延线。触角淡黄棕色，第3节背面具锐角，呈拇指状向前突起。中胸背板具金黄色短毛，中央呈黑色纵纹，其两侧具前大后小2个黑斑。腹部黑色，每节具金黄色后缘，并逐渐增宽，腹末呈金黄色。

分布：北京、黑龙江、吉林；日本，朝鲜半岛。

注：图中的雌虻刚羽化不久，如胸背尚未显现黑色斑纹。成虫可访花和吸食树液，雌虻可吸牲畜及人的血，幼虫生活在流水、稻田等。北京5月可见成虫。

雌虫（北京市植物园，2017.V.27，周达康摄）

鸡公山虻

Tabanus jigonshanensis Xu, 1983

雌虫体长约16毫米。翅透明，前缘黄色，翅脉棕色。复眼绿色，具3条紫色横带；额端稍大于基宽，高约为基宽的6倍，额基胛黑色，长卵形，与黑色中胛相连；触角基2节黄棕色，鞭节橙红色，端部黑褐色。足黑色，前足胫节基半部黄白色，中后足胫节黄白色，仅端部黑褐色。腹部棕黄色，具黑褐色大斑，其中前5节中央被棕黄色三角形斑所分开，第6～7节黑色，后缘棕黄色。

分布：北京、陕西、宁夏、甘肃、山西、河南、湖北、四川、云南 。

注：本种的额胛形态稍有变化，原始文献（许荣满，1983）与《中国经济昆虫志》（王遵明，1994）的形态图也有所不同，其特点是基胛长卵形，与复眼不相接。北京6月可见成虫，可吸食人血。

雌虫（海淀西山，2021.VI.8）

雌虫头部（海淀香山，2003.VI.29）

副菌虻

Tabanus parabactrianus Liu, 1960

雌虫体长约14毫米。体黑灰色。复眼绿色，被短毛，具3条紫色横带。基胛黑色，中胛与基胛分离，两者相对处均具齿突。触角基2节暗褐色，鞭节基部红褐色，端部和环节黑色，鞭节背突宽大，不明显。下颚须第2节浅白色，具黑毛和白毛。中胸盾片具3条灰白色纵条。翅R_4无附脉。

分布：北京、陕西、宁夏、甘肃、内蒙古、辽宁、山西、河南、四川。

雌虫头部（昌平老峪沟，2014.VII.1）

注：模式标本产于北京（刘维德，1960）。北京7月见成虫于林下，很活跃。

华山金鹬虻

Chrysopilus huashanus Yang et Yang, 1989

雌虫体长7.6毫米，翅长7.1毫米。体暗褐色，被金色短毛。触角黄褐色，第3节黑褐色；被淡色毛，触角芒约为触角主体的2.5倍长。中胸盾具细的纵纹，与小盾片一起具金色短毛。翅无色透明，翅痣暗褐色，明显不达翅室端部，R_4脉基部具分支，M_2基段稍长于m横脉。腹部第1节全部及第2～4节基部具金黄色短毛。

分布：北京*、陕西。

注：原始描述仅腹部基节具显著的金黄色长毛（杨定和杨集昆，1989），后续的描述中腹背第1～4节前缘褐黄色（Yang et al., 1997），经检标本其腹部第2～4节背板基部具金黄色短毛，暂定为本种。北京7月可见成虫。

雌虫（房山蒲洼，202.VII.30）

大灰金鹬虻

Chrysopilus sp.

雌虫体长10.5毫米。体暗灰褐色，被淡黄白色毛。头额被灰黄色毛，两侧具暗褐色大斑；触角暗褐色，触角芒约为触角主体的2.5倍长。中胸盾具3条细纵纹，中线明显，直达小盾片；中胸盾片与小盾片被淡黄色短毛。翅稍染淡黄色，透明，翅痣淡黄色，达翅室端部，R_4脉基部具分支，M_2基段稍长于m横脉。腹背部第1、第3节端缘及第2、第4节（除基部）被淡黄色短毛。

分布：北京。

注：在翅脉的分布上，非常接近云南金鹬虻*Chrysopilus yunnanensis* Yang et Yang, 1990，但该种体较小，雌虫体长8.0～8.3毫米。北京6月见成虫于林下。

雌虫（门头沟小龙门，2012.VI.5）

三斑金鹬虻
Chrysopilus trimaculatus Yang et Yang, 1989

雄虫体长6.1毫米，翅长4.9毫米。体黄褐色，被金色短毛。触角黄色，柄节裸，梗节被黑毛，鞭节被淡色毛，触角芒约为触角主体的2.5倍长。翅稍带暗褐色，翅痣长，暗褐色，R_4脉完整，基部无分支，M_2基段长为m横脉的0.3倍。腹部除第1节外，基部淡褐色，后几节暗褐色，第7～8节几乎全暗褐色。

分布：北京、陕西、宁夏、甘肃、山西。

注：雌虫离眼，额大于眼宽；翅大于体长。在原始描述中，并未提到M_2基段的长度（杨定和杨集昆，1989），后续的描述中M_2基段长为m横脉的0.3倍（Yang et al., 1997），但所附的图并非如此。所检的标本胸背板未见3条暗色纵斑（至少不明显），暂定为本种。北京7～8月见成虫于林下或灯下。

雄虫（葎草，昌平长峪城，2016.VIII.16）

雌虫（野大豆，房山蒲洼，2021.VIII.18）

周氏鹬虻
Rhagio choui Yang et Yang, 1997

体长7.2～7.5毫米。雄虫复眼大，接眼；雌虫离眼，间距略小于复眼宽度。胸部黑色，具灰白色粉被，可见3条明显的暗色纵纹，其中两侧的纵纹在近中部断裂。雄虫前足胫节（除端部）浅黄褐色，在雌虫中呈黄白色。翅淡黄色，翅脉及翅痣黑色，翅面具2条黑色横带，翅端具暗褐纹。

分布：北京、陕西、宁夏、河北。

注：本种翅具2条黑褐色横带（未达后缘），及翅端具或大或小，或明或暗的斑纹，易与其他种区分。北京5～6月可见成虫，多见于灯下。

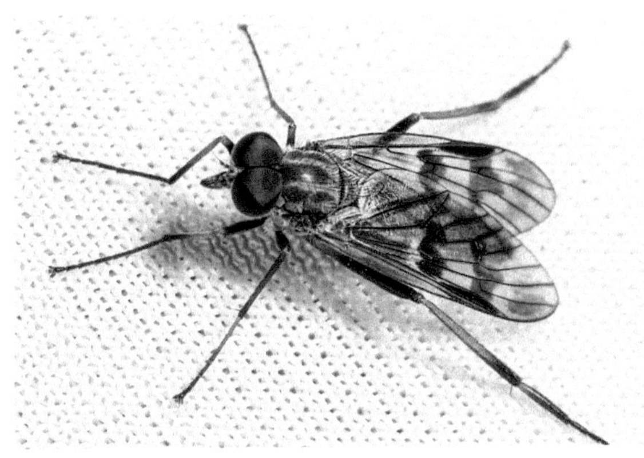
雄虫（门头沟小龙门，2013.V.13）

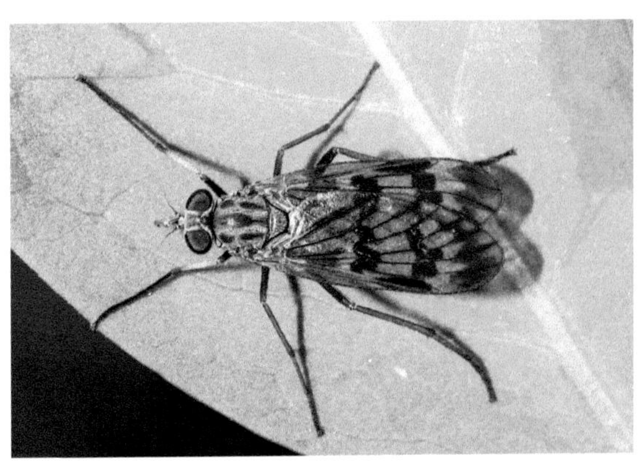
雌虫（门头沟小龙门，2017.VI.6）

西伯利亚短柄臭虻

Arthropeas sibiricum Loew, 1850

雌虫体长13毫米，翅长10毫米。体暗褐色，具灰黄色粉被。触角和口器黄褐色。中胸背板具3条黑褐色纵条。足（除跗节端黑褐色）及腹红褐色，其中腹部第1～4节基大部具黑褐色斑，第5～7节背中两侧具褐斑。翅灰黄色，具黑色斑纹（多少有变化）。触角10节，端节较细长，长于前7节之和的1/2。小盾片后缘无刺或刺状结构。

分布：北京、甘肃、青海、河北、西藏；朝鲜半岛，俄罗斯。

注：臭虻科Coenomyiidae是一个小科，种类不多，世界已知6属30余种，我国的种类记述可参见Yang和Nagatomi（1994）。此科的幼虫生活在树皮或腐木中，捕食其他昆虫。北京7～8月可见成虫于林下。

雌虫（门头沟小龙门，2015.VIII.20）

太行潜穴虻

Vermiophis taihangensis Yang et Chen, 1993

雌虫体长11.6毫米，翅长10.0毫米。体黑色。触角暗褐色，梗节及第1鞭节淡褐色，鞭节由6节组成，端节最细长，第1鞭节短，短于柄节。喙短，肉质，淡褐色；须淡褐色。中胸背板具1对灰色纵带；翅透明，略带烟色；平衡棒基部黄褐色，端部暗褐色。后足比前中足粗大，腿节和胫节黑褐色，第1～2跗节淡黄褐色。腹部第2～4节及第5节基半部红褐色；尾须2节，端节非常小，宽度约为前节的1/3。

分布：北京、河北。

注：穴虻的幼虫捕食性，在山林峭壁或室内沙土中作漏斗状的巢穴，捕食落入其中的小虫。经检标本翅第4后室开放，略有不同。北京5月见成虫于林中石壁上。

雌虫（怀柔黄土梁，2021.V.26）

黄裂肛食虫虻

Aneomochtherus tenuis (Tsacas, 1968)

雄虫体长约12毫米。口鬃及后头具白毛；触角基部2节黄棕色，第2节端部稍暗，第3节暗褐色。中胸及小盾片上的鬃为白色，且小盾片上的鬃直立向上。翅透明，不达腹末。足淡黄棕色，基部同体色，跗节的颜色向端部变深，端节暗褐色。

分布：北京等；吉尔吉斯斯坦。

注：新拟的中文名，从学名。模式标本产地为吉尔吉斯斯坦，腹部等有绿色光泽，翅长于腹末（Tsacas, 1968），中国有分布（Tomasovic, 2004），未能查到具体地点。图片与原始描述有差异，暂定为本种。北京6月可见成虫。

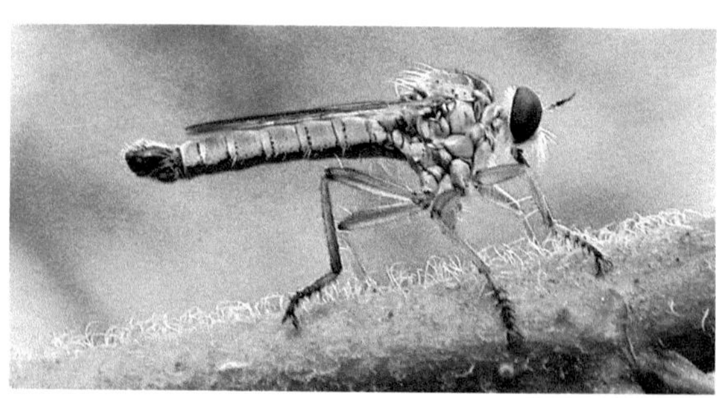

雄虫（海淀玉渊潭，2003.VI.1）

华裂肛食虫虻
Aneomochtherus sinensis (Ricardo, 1919)

体长15～20毫米。触角黄褐色，第3节稍暗或褐色，触角芒褐色。足红褐色，跗节端部数节黑褐色。体表被黄褐色短毛，胸部具近于楔形的黑斑，有时腹背中亦可见黑褐色斑。翅外缘和后缘染烟色。雄虫腹末抱器粗壮，红褐色；雌虫产卵器侧扁，黑色，长度与前2节之和相近。

分布：北京*、内蒙古、天津、河北、山东、江苏、上海、浙江；日本，朝鲜半岛，俄罗斯，蒙古国。

注：新拟的中文名，从学名；模式标本产地为天津，原归于*Heligmoneura*属（Ricardo, 1919）。北京7～8月见成虫停在禾草的秆上；内蒙古记录于赤峰。食虫虻的幼虫通常是植食性的。

雄虫（昌平王家园，2007.VIII.2）

雌虫（延庆龙庆峡南口，2003.VII.13）

黄腹粗跗食虫虻
Asilella londti Lehr, 1989

体长19～20毫米。体黑色，足胫节红褐色，跗节基部红褐色，向端部颜色变深，通常前足暗；颜中度隆起，其上部具黑毛，下部被淡黄褐色毛；下颚须和喙被淡黄色毛，其中前者杂有少数黑毛；腹部被黄褐色短毛和长毛，生殖节黑色，下部稍浅。触角5节，第3节稍短于前2节之和，第4节短，长稍大于宽，第5节细长，短于第3节，端部尖细。小盾片具2对缘鬃。翅浅褐色，翅面淡烟色，但翅中区及后缘基部透明无色。

分布：北京*、河北；朝鲜半岛，俄罗斯。

注：中国新记录种，新拟的中文名，从黄色的腹部。与*Asilella karafutonis* (Matsumura, 1911)相近，该种腹部灰褐色，腹部具黑色毛，足胫节端部黑褐色。北京7～9月可见成虫捕食蜜蜂、胡蜂等昆虫；河北记录于蔚县。

雄虫（野大豆，房山蒲洼，2021.VIII.18）

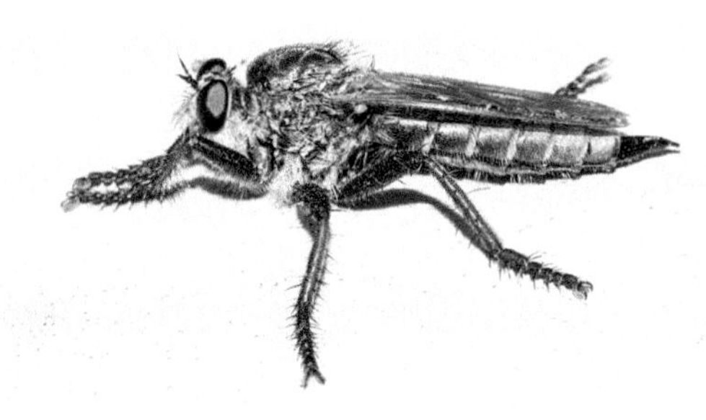

雌虫（昌平长峪城，2016.IX.7）

虎斑食虫虻

Astochia virgatipes (Coquillett, 1898)

雄虫体长18毫米。体黑色，具灰黄色粉被和淡黄色柔毛。颜面稍隆起，口鬃黄色。触角基2节黑色，第2节短于第1节，端部稍扩大，第3节红黄色，略短于前2节长之和，触角芒长，明显长于第3节。中胸背面具灰黑色纵条，两侧各有3个灰黑色斑，侧面具黄色粉被（呈虎纹状）。足红棕色，基节黑色，腿节和胫节染有黑色，中后足跗节端部4节黑褐色。腹部第1～5节后缘具淡黄色粉带。

分布： 北京*、陕西、天津、河北、山东、湖南；日本，朝鲜半岛。

注： 又名肿宽跗食虫虻。雌虫产卵器细长，由5节组成。成虫捕食夜蛾、卷蛾等昆虫，北京7月可见成虫。

雄虫及腹末（房山蒲洼，2020.VII.21）

长角食虫虻

Ceraturgus sp.

雌虫体长20毫米。体黑褐色，足暗红褐色，平衡棒姜黄色，翅褐色，翅脉黑褐色，染烟色，横脉处色更深；腹部第2～7节后缘具黄色横带，其中后2节几乎布满背板。触角5节，明显长于头高，第3节稍短于前2节之和的2倍，第4节短小，长宽相近，第5节长于第3节，表面布满短绒毛。

分布： 北京。

注： 该属食虫虻的外形类似蜂。与日本产的*Ceraturgus kawamurai* Matsumura, 1916相近，但该种足腿节黑色，雌性腹末几节黄色区呈横带。我国有*Ceraturgus hedini* Engel, 1934的记录，但未能找到相关文献。

雌虫（平谷白羊，2019.VI.20）

黑条剑食虫虻

Choerades nigrovittatus (Matsumura, 1916)

雄虫（蒿，门头沟小龙门，2015.VI.18）

体长10～14毫米。体黑色，大多数被毛黑色；雄虫颜被金黄色长鬃，而雌虫为黑色。翅烟色，平衡棒白色。触角3节，第3节棒状，最长，远长于第1节，第2节最短。中胸背板中央具1窄的纵条，表面无毛，而两侧具黑毛。

分布：北京*；日本，朝鲜半岛，俄罗斯。

注：此属的中文名原为剑芒虫虻属（华立中，1989），现改为剑食虫虻属；中国新记录种，中文名新拟，从学名。北京6月可见成虫于低矮的植物上。

中华单羽食虫虻

Cophinopoda chinensis (Fabricius, 1794)

体长20～29毫米。头部密被黄色绵毛，复眼翠绿色。触角基2节红棕色，第3节黑色，长大于宽，触角芒长，长于前3节之和，内侧具1列细毛。口鬃淡黄白色；喙黑色，粗壮，端部具淡黄色毛。腿节黑色，胫节红棕色。

分布：北京、陕西、山东、河南、江苏、浙江、福建、湖南、广东；日本，朝鲜半岛，印度，尼泊尔，斯里兰卡，印度尼西亚。

注：又称中华盗虻。北京7～8月可见成虫，可捕食许多类昆虫，如半翅目的蝽，鞘翅目的隐翅虫、金龟子等，喜欢在禾草的茎上休息或等待捕食机会。

雄虫捕食斑须蝽（海淀，2004.VII.9）

雌虫（海淀板井，2004.VIII.21）

蓝黑剑食虫虻
Choerades sp.

雌虫体长约15毫米。体黑色，稍带蓝色。触角及喙黑色，口鬃淡黄色，着生处可达触角基部。平衡棒淡白色，腹部基3节被浓密的橙黄色毛。触角3节，第2节短小，第3节明显长于前2节之和。喙长，与眼高相近，棒形，端部略圆突。后足腿节肿大，宽约为中足腿节的1.5倍。

分布：北京。

注：我国记录的这类食虫虻很少，按华立中（1989）一文中的检索表，应属于棒喙虫虻属*Maira*。本种很有特点，后足腿节粗大、腹基部橙红色；北京6月可见成虫。

雌虫（海淀香山，2003.VI.29）

中带弯芒食虫虻
Cyrtopogon centralis Loew, 1871

雄虫体长10～13毫米。体黑色，触角第3节黄褐色。离眼，额两侧近于平行。额鬃黑色，中央杂有黄褐色毛。翅外缘及中部（不达后缘）具黑色横带，臀室开放。腹基4节具金黄毛绒毛，其后腹节着生黑色短毛。足黑色，腿节具黄褐色长毛；前足胫节端大部及基跗节腹面具金黄色短毛。雌虫翅外斑消失，中斑缩小，第2～4节背板后缘具白色横带。

分布：北京*；朝鲜半岛，俄罗斯，蒙古国。

注：Lehr（1999）记载中国有分布，但无具体地点；新拟的中文名，从学名。北京5～6月可见成虫，捕食大蚊，或在石块上进行日光浴。

雄虫（蒙古栎，门头沟小龙门，2015.VI.18）

雌虫（门头沟小龙门，2015.VI.17）

四点弯芒食虫虻
Cyrtopogon quadripunctatus Hermann, 1906

雌虫体长9.2毫米，翅长7.0毫米。体黑色。触角第3节中部稍膨大；颜面稍馒头状突起，密被黑褐色鬃。中胸背板具2条黑色纵纹，相距较近，不达后缘；小盾片表面具锈黄色短绒状毛，侧后缘具直立的褐色长毛，长于小盾片宽。

分布： 北京*；朝鲜半岛，蒙古国，哈萨克斯坦。

注： 中国新记录种，新拟的中文名，从学名；雄虫第6、第7节背板具红棕色粉被，翅面上的斑纹数多于4个，横脉所在处及翅脉分叉处具褐纹（Young, 2005）；经检的标本其R_{4+5}分叉点断开，腹末尾刺板（Acanthophorite）两侧并不具对称的黑色粗钝刺，而是左4根、右6根。北京9～11月可见成虫，均在海拔1100米多的门头沟小龙门。

雌虫（门头沟小龙门，2013.XI.4）

北京粰角食虫虻
Damalis beijingensis (Shi, 1995)

体长8.5～9.4毫米。头短扁，胸部背面驼形隆起。口鬃黄色，4根。触角短小，第1、第2节黑色，其中第1节具很长的鬃毛，约为节长的4倍，第3节短小，近圆锥形，黑色；触角芒细长，基部黑色，中部黄色，顶端白色。臀室闭合具短柄。后足腿节腹面端部1/2具2列黑粗鬃。

分布： 北京、河北。

注： 经检标本中，前横脉位于中室的位置有变化（后端的0.25～0.30）。河北记录于兴隆、武安。北京7～8月可见成虫，具趋光性。

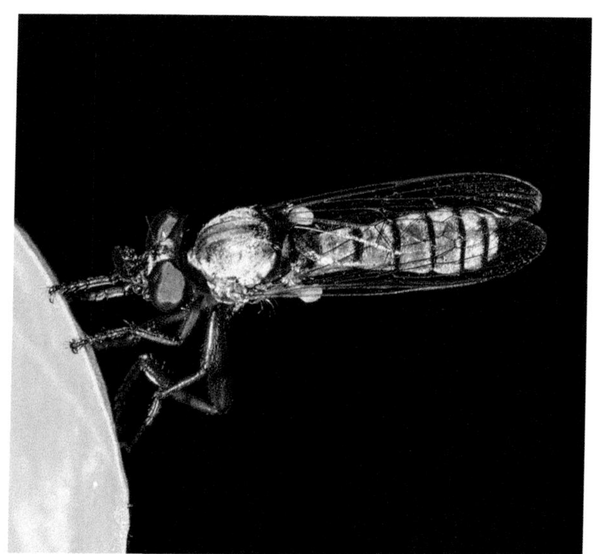

雌虫（叶下珠，房山议合，2020.VII.30）

雄虫（房山蒲洼，2021.VIII.17）

漆黑追食虫虻
Dioctria keremza Richter, 1970

雌虫体长9.5毫米。口鬃淡黄白色，8根，呈一横排。触角较长，长于头长，第1节褐色，第2节淡黄褐色，第1节长不及第2节的2倍，第3～5节黑色，第3节最长，长不及前2节长之和的2倍，第4节短窄，长不及宽的1/3，第5节近于卵形，约为第3节的1/5。足橙红色至黄褐色，腿节与转节外侧结合处具小黑斑；后足胫节端半部及各足跗节黑色；爪黑色，爪垫及爪间突黄褐色。腹部漆黑色，各节后缘两侧具窄浅色带。

分布： 北京*、河北；朝鲜半岛，蒙古国。

雌虫（葎草，房山蒲洼，2020.VIII.28）

注： 中国新记录种，新拟的中文名，从腹部漆黑色。经检标本胸盾前角的颜色有变化，棕色或黑色，触角基2节也可全黑色。北京6～8月可见成虫，捕食舞虻等双翅目昆虫，有时可见于灯下；河北记录于阜平。

朝鲜切突食虫虻
Eutolmus koreanus Hradskv et Hüttinger, 1985

雄虫体长16.5毫米。颜基大部中度隆起，被黑色长毛，下部被白色长毛；触角黑色，5节，基2节具强刺，第3节最长，与前2节之和相近，被淡黄色短毛，第4节短，长稍大于宽，第5节细长，与第3节长度相近；眼后鬃黑色，短粗，端部弯向前。前足腿节腹面基半部具4～5枚黑刺，背面端部具2枚刺；中足腿节腹面具2～3枚刺；小盾片后缘具2对缘鬃。第8腹板向后延伸呈长突，长与腹板长相近，密生长毛（黑色和黄色）。生殖刺突内侧中间部分着生毛。

分布： 北京*；朝鲜半岛。

注： 中国新记录种，新拟的中文名，从学名。原描述（Hradskv and Hüttinger, 1985）体长为18～22毫米。外形与槽形圆突食虫虻 *Machimus kurzenkoi* Lehr, 1999相近，该种前足腿节腹面无黑色粗鬃，雄虫第8腹板后缘着生长毛，但并不向后延伸，第9背片宽大，生殖刺突内侧上下部分着生毛。北京6～7月可见成虫。

雌虫（栓皮栎，平谷白羊，2018.VI.28）

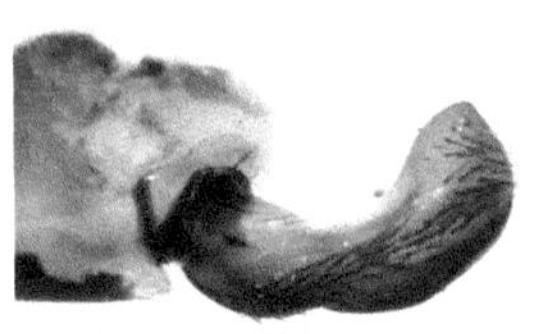

雄虫生殖刺突和雄虫腹末、雌雄成虫（榆，平谷白羊，2018.VII.6）

中野突额食虫虻
Dioctria nakanensis Matsumura, 1916

雌虫体长11～12毫米。体黑色，胸背被黄褐短毛，可见3条纵纹，中间1条细，两侧较粗，在后缘相连；足橙黄色，前中足跗节大部、后足腿节背面中部、胫节（除两侧）及跗节黑褐色；腹部具或多或少的黄色区域。颜面具白色绒毛；触角着生在隆起上，4节，第3节基部稍侧扁，长与前2节之和相近，端节长于第2节。下颚须被黄褐色长毛。喙短宽，被黄褐色短毛。后足基跗节明显比前中足的基跗节粗长。

分布： 北京*、河北；日本。

注： 中国新记录种，新拟的中文名，从学名。与日本产的个体相比，经检的北京标本颜色较浅，后足腿节、胫节和腹部具有较多的黄色区域，雌虫的腹末与日本产的相同（Nagatomi and Nagatomi, 1989）。北京5～6月可见成虫，具趋光性；河北记录于雾灵山（7月）。

雌虫（房山蒲洼东村，2017.V.24）

黄毛切突食虫虻
Eutolmus rufibarbis (Meigen, 1820)

雄虫体长18.0毫米。颜呈弧形隆起，上部以黑色长鬃为主，下部以黄白色长鬃为主；下颚须黑色，以黑毛为主，端部的毛长于主体，基部具淡黄色毛；足黑色，前足腿节腹面密生淡褐色长毛，无黑色粗刺；中足腿节腹面具2～3枚黑刺。第8腹板指形外突，两侧近于平行，长度不短于腹板主体部分，被黑色和黄棕色毛，端大部以黄棕色毛为主。雌虫体长17.0毫米，口鬃以黑色为主，尾须多半嵌入第9背板内。

分布： 北京*、河北、浙江、四川、云南；日本，朝鲜半岛，土耳其，欧洲。

注： 雄虫第8腹板指形外突上的毛色可变化，或全为黑色（Tagawa, 1981）。北京8月可见成虫，具趋光性。

雌虫成虫、雄虫腹末、生殖刺突及雌虫腹末（门头沟东灵山，2014.VIII.21）

爱辅脉食虫虻

Grypoctonus aino Speiser, 1928

雌雄成虫（左雌右雄，门头沟小龙门，2014.IX.24）

体长10～12毫米。雌雄二型，雄虫腹部大多数背板具金黄色绒毛，雌虫腹部中央少毛，仅少数褐色毛，两侧被白毛。翅透明，横脉处染烟色。触角第3节柱状，长不大于第2节的一半，端部无芒或小齿。翅M_3脉与相邻的m-m横脉长之比为5∶3。

分布：北京*、甘肃；日本。

注：中文属名来自华立中（1990）的辅脉虫虻，种小名从学名。北京9～10月可见成虫，可捕食蝇类。对于*Grypoctonus*属的分类，不同的作者有不同的意见，目前分为4种（Hradský and Geller-Grimm, 1998），我们在北京西部采集的标本与原产于日本的种也不尽相同，暂分为2种。

金辅脉食虫虻

Grypoctonus hatakeyamae (Matsumura, 1916)

雌虫体长16毫米。触角黑色（稍带棕色），第1、第2节具数根长刚毛，第1节的黑色，第2节的浅棕色，长度略短于第3节；第3节长条形，长于基2节之和，在近基部稍细，无毛；第4节长短于宽，稍大于第3节的1/3。下颚须2节，第1节黄褐色，背面稍深，端节黑色，具暗褐色毛。最末腹板呈半圆形、凹陷；腹末节具刺列。M_3脉与m-m横脉比为4∶3。

分布：北京*；日本，俄罗斯，哈萨克斯坦，吉尔吉斯斯坦。

注：新拟的中文名，从腹部的毛色。中国有分布，未查到具体地点。Engel于1934年从甘肃记录了*Cyrtopogon daimyo chinensis*, 由于仅有1条r-m仍被保留在该属（*Cyrtopogon chinensis* Engel, 1934），而*Cyrtopogon daimyo*作为*Grypoctonus hatakeyamae*的异名（Hradský and Geller-Grimm, 1999）。与爱辅脉食虫虻*Grypoctonus aino* Speiser, 1928相近，本种体略大，M_3脉稍长于m-m脉。北京9月可见成虫，捕食叶蝉等昆虫。

雌虫及翅脉（洋白蜡，昌平老峪沟，2013.IX.26）

异食虫虻
Heteropogon sp.

雄虫（怀柔喇叭沟门，2014.VII.16）

雄虫体长约12毫米。体黑褐色，胸部驼形。触角黑色，第3节及其余鞭节长度相近。胸背具浅褐色毛及鬃。翅大部分浅烟色。足黑色，前中足胫节除端部外红棕色，后足胫节红棕色，背面具褐色纵纹，后足跗节红棕色，前4节端部及第5节黑色，中足胫节中部具簇生黑毛，其上下均为白毛，前足第2～4跗节腹面着生白色绒毛。

分布：北京。

注：我国该属已知*Heteropogon lugubris* Hermann, 1906，与分布于俄罗斯远东的*Heteropogon pilosus* Lehr, 1970相近，该种前中足腿节黑褐色，后足腿节红棕色而背面具黑褐色纵纹，跗节红棕色（Sakhvon and Lelej, 2018）。

金顶全食虫虻
Holopogon sp.

雄虫体长约7毫米。体黑色，头额鬃黑色，触角以上密生金黄色长毛。中胸前半部密生较短黄棕色毛，中胸后半部、小盾片及腹部腹面着生黑色长毛。翅烟褐色，基半部乳白色，平衡棒淡白色。后足胫节向端部扩大，第1跗节明显加粗，随后的3节跗节渐短小。

分布：北京。

注：与我国有记录的*Holopogon nigripennis*（Meigen, 1820）相像，但该种颜隆鬃黄色，下方杂有黑色毛，头顶的毛非黑色且较稀疏。这里附上1雌虫，虽然胸侧的白色毛较为浓密，仍应是同一种。

雄虫（门头沟小龙门，2016.VI.15）

雌虫（门头沟小龙门，2015.VI.18）

河北毛食虫虻

Laphria mitsukurii Coquillett, 1898

雌虫体长16～23毫米。体黑色，具浓密的黑色毛，但额部具金黄色和白色毛，腹末数节具橙红色毛（从第3节腹端开始）。翅烟褐色。雄虫前足胫节、跗节具明显的锈黄色毛。

分布：北京、河北；日本，朝鲜半岛，俄罗斯。

注：本种很像熊蜂，可从仅有1对翅而区分。本种网络上有北京分布记录。成虫产卵于朽木中；成虫捕食性。北京见成虫于5月。

雌虫（昌平羊台子，2019.V.22）

细腹食虫虻

Leptogaster sp.

体长12～13毫米。体细长，黑褐色。足红褐色，腿节、胫节背面黑褐色，跗节向端部变褐。触角4节，基2节短，第2节近球形，具1刺毛，其长与节长相近，第3节长约为宽的3倍，第 4节细长，约为前节之半。颜面狭窄，但仍宽于触角第2节长。M_3脉和CuA_1脉在基部具长共柄。各足跗爪具刺状中垫，两爪细长；后足腿节端部明显粗大，胫节端半部稍膨大，外侧无明显的粗刺。

分布：北京。

注：本属体细长，前翅无翅瓣，中足胫节无成排的刺。北京7～8月见成虫于灯下。

雄虫（房山蒲洼，2020.VII.31）

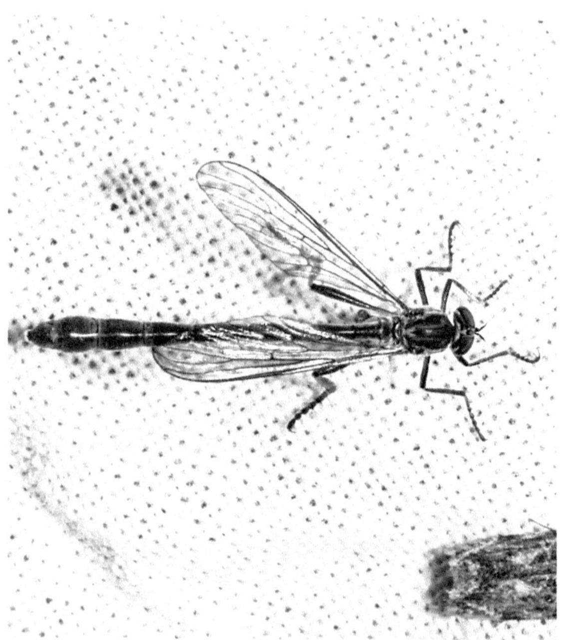

雌虫（门头沟小龙门，2015.VIII.19）

箕面食虫虻

Leptogaster minomensis Matsumura, 1916

雄虫体长14毫米。体基色为暗褐色。触角淡黄色，触角芒暗褐色，第3节细长，长于前2节之和；喙黑色，下颚须仅1节，褐色，基部稍浅。中胸背板浅褐色，具3条黑褐色纵纹，中间的纵纹不达后缘，且前端中央具浅色楔形纹，两侧纵纹远不达前缘。翅透明，无翅瓣和后角，M_3脉和CuA_1在基部相接，无共柄，中脉M_2 在横脉r-m前段（第1段）明显长于r-m。中足第5跗节腹面具7枚黑色短刺；后足腿节端部2/3明显膨大，腿节基部具暗褐色，在膨大部分的中部具褐黑斑；胫节端部黑色，基部常具暗褐纵纹。

分布：北京*、河北；日本。

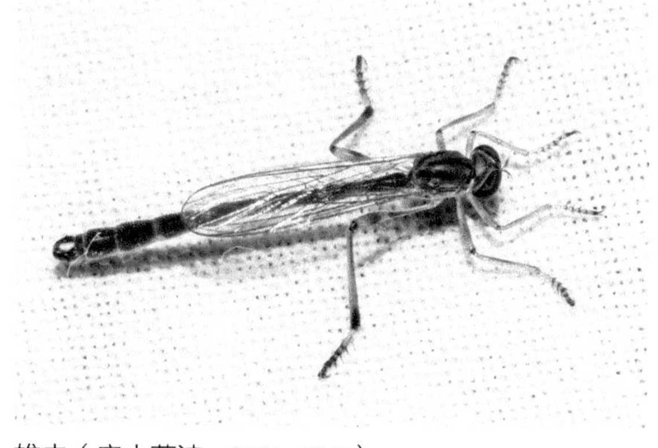

雄虫（房山蒲洼，2021.VII.9）

注：曾与*Leptogaster humeralis* (Hsia, 1949)有混淆现象，后者中胸背板的侧纵纹伸达前缘、足爪无爪间突及中足第5跗节腹面具11枚黑色短刺（Kuroda and Yamasako, 2020）。北京7月见成虫于灯下。

旱圆突食虫虻

Machimus aridus Lehr, 1999

雄虫体长18.2毫米，翅长11.5毫米。体黑色，体表被灰黄色粉。足黑色，胫节基部红棕色。口鬃黄白色，其上方及下方具数根黑鬃。中胸背板具黑色中条，向后部稍收窄，在小盾片前呈三角形，其基部大于前方中条宽；中胸背面的鬃为黑色。足上的鬃为黑色，各足腿节腹面均具1列粗鬃。阳茎端部分3叉，生殖刺突侧面观呈菜刀形，背缘直。

分布：北京*、青海；俄罗斯，蒙古国。

注：新拟的中文名，从学名。Lehr（1999）列有采于中国的模式标本（Улан-Булын-Дун，Дусайхан），未查到这一地名。从采集者1901年的行程看应在青海（朱舟平, 2022, 私人通信）。本种与浅鬃圆突食虫虻*Machimus pastshenkoae*（Lehr, 1976）相像，但该种中胸及足上的鬃均为黄白色。北京5月、8月可见成虫，捕食隐翅虫。

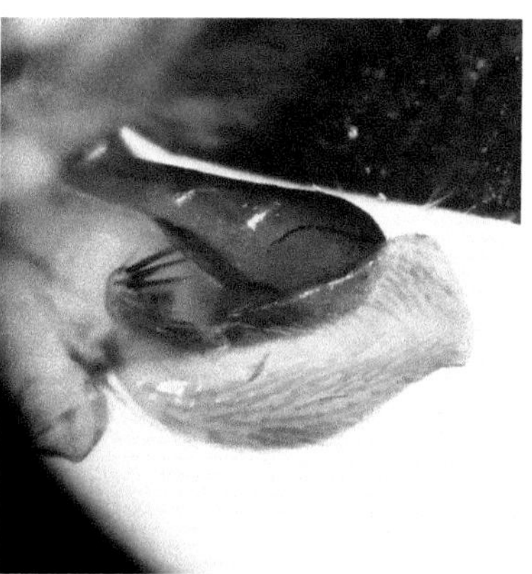

雄虫及生殖刺突（海淀西山，2021.V.25）

雌虫（海淀西山，2021.V.25）

黄腹圆突食虫虻
Machimus aurulentus Becker, 1925

雄虫体长18毫米。体黑色，腹部黄色。口鬃上半部黑色，下半部金黄色。胸部背面可见3条黑色纵纹，中纵纹在端前（近小盾片）变细。足黑色，具黄色和黑色毛。腹部具金黄色毛。上尾铗端部中部具宽“V”形浅缺刻（后面观端缘略呈“S”形）。雌虫产卵器黑色，2节组成，尾须未被包裹。

分布：北京*、台湾；朝鲜半岛。

注：新拟的中文名，从学名。模式标本产地为台湾（Becker, 1925）。与黄腹粗跗食虫虻*Asilella londti* Lehr, 1989相似，均有黄色的腹部，但该种足胫节和跗节以红棕色为主，基跗节较粗大，雄虫上尾铗端部弧形。北京8月见成虫于林缘，可捕食叶蝉，或见于灯下。

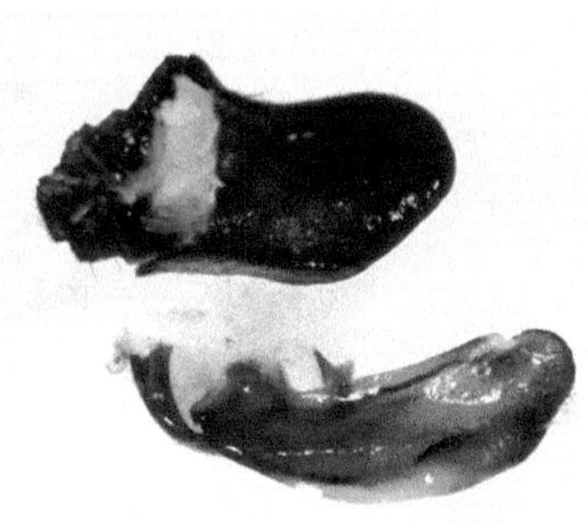

雄虫、生殖突基节（上）和生殖刺突（下）（房山蒲洼，2021.VIII.18）

雌虫（鹅耳枥，房山蒲洼，2021.VIII.17）

槽形圆突食虫虻
Machimus kurzenkoi Lehr, 1999

雄虫体长22.0～24.0毫米。体黑色，略被灰白色粉，足黑色，爪垫黄棕色。口鬃黄白色及黑色（中上部黑鬃居多），眼后具1列黑鬃。中胸背板具中纵黑纹，前端宽，向后收窄，中央具很细的灰白线，在接近小盾片时明显变细，且中内无灰白细线，中纵黑纹的两侧各具4个黑纹，中间2个呈点状。足具黑色粗鬃，另具浅褐色和黑色毛，但前足腿节常常无黑色粗鬃。第9背片较宽大，两侧近于平行。

分布：北京*；俄罗斯，蒙古国。

注：中国新记录种，新拟的中文名，从生殖刺突上缘侧面观呈槽形内凹。过去远东地区误定本种为分布于西亚的*Machimus gratiosus* Loew, 1871（Lehr, 1999）。北京6～8月可见成虫，具趋光性，可捕食丽蝇。

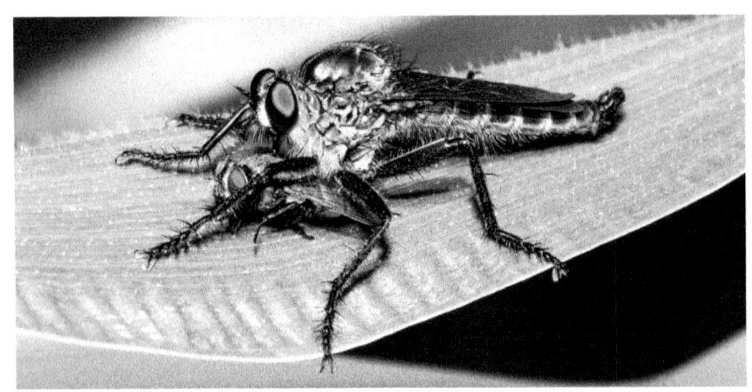

捕食丽蝇的雄虫（房山蒲洼东村，2016.VII.12）

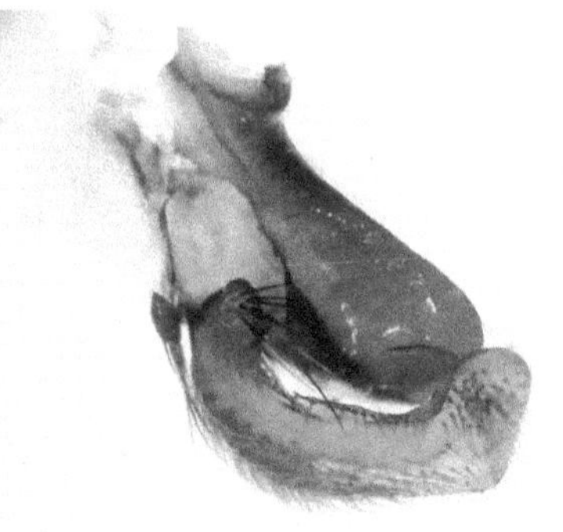

生殖突基节（上）和生殖刺突（下）（密云雾灵山，2021.VII.24）

浅鬃圆突食虫虻
Machimus pastshenkoae (Lehr, 1976)

雄虫体长19.8毫米，翅长11毫米。体黑色，体表被灰黄色粉。胫节浅黄棕色，端稍暗，跗节暗褐色。触角5节，黑色，第3节基部黄棕色，稍短于前2节之和，第4节短小，长宽相近。口鬃黄白色。中胸背板具楔形黑纹，向小盾片处收缩，其两侧具鬃毛列（中胸仅在近翅基处具1根黑鬃，余均为浅色鬃，个别鬃具稍深色的基部）。足上的鬃毛全为浅黄白色。阳茎端半部黑色，端部分3叉。

分布：北京*；朝鲜半岛，俄罗斯，蒙古国，哈萨克斯坦。

注：中国新记录种，新拟的中文名，从体表具黄白色鬃毛。韩国记录了*Machimus* cf. *pastshenkoae* (Lehr, 1976)（Young, 2006），头部除了白色鬃毛外还有黑鬃，腹部具金黄色短毛；日本也记录了该种，但腹部颜色明显不同。北京5月可见成虫。

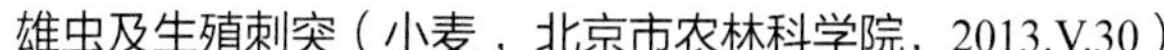
雄虫及生殖刺突（小麦，北京市农林科学院，2013.V.30）

乌苏里银食虫虻
Mercuriana ussuriensis (Lehr, 1981)

体长15.0～17.5毫米。体黑色。颜稍隆起，被白色长毛，其上中及中下两侧具少数黑毛；下颚须和喙被白色毛；腹部被黑色和白色的短毛和长毛，第3～8节后缘具黄褐色窄带。触角5节，第3节长与前2节之和相近，第4节短，长稍大于宽，第5节细长，短于第3节，端部较尖。小盾片具3根缘鬃。翅浅褐色。前足腿节具白色细毛，胫节具白色粗长刺毛以及白色和黑色短毛。雄虫第8腹板后缘突出，端缘具小短刺，无粗长的毛。

分布：北京*；朝鲜半岛，俄罗斯。

注：中国新记录属和种，新拟的中文名，从学名。生殖刺突细长形，稍“S”形，外侧中线具隆脊，阳茎粗壮，端部呈1对丝状毛。北京6～9月可见成虫，捕食蝇类等昆虫。

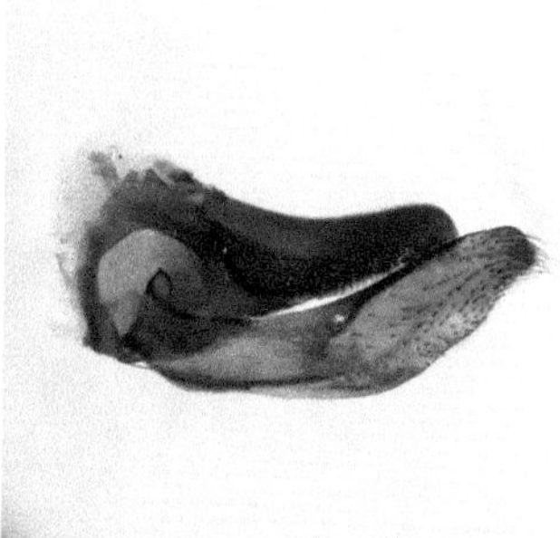
雄虫、生殖突基节（上）和生殖刺突（下）（平谷梨树沟，2021.VII.15）

捕食蝇类的雌虫（房山议合，2019.IX.26）

金绿圆突食虫虻

Machimus sp.

雄虫（平谷白羊，2018.VI.29）

雄虫体长约20毫米。体粗壮，红褐色；复眼金绿色，触角黑色，胸部及腹基部2节带褐色，腹末节及生殖节黑色；各节腿节前缘具黑色纵纹。头、胸、腹及足腿节被金黄色细毛。

分布：北京。

注：本种与分布于欧洲的*Machimus chrysitis* (Meigen, 1820)很接近，但本种触角第2节更短，端节更细长，翅m_3室封闭，柄较长，长于该室外缘的1/2。北京6月见成虫于灯下。

单条弯顶毛食虫虻

Neoitamus cothurnatus univittatus (Loew, 1871)

体长12～14毫米。体黑色。口鬃黄棕色，上部具数根黑鬃。下颚须1节，黑色，具长毛，基半部淡黄色，端半部黑褐色。前足腿节腹面具4～5根黑刺。翅透明，染有烟色，m_3室及臀室封闭，前者的柄比后者的长。腿节黑色，胫节红棕色，端部黑色。雄虫生殖刺突端部呈刀形。雌虫产卵器由5节组成，第4节腹部向后稍突出。

分布：北京*；日本，朝鲜半岛，俄罗斯，蒙古国。

注：中国新记录种，新拟的中文名，从学名。本种与祖氏弯顶毛食虫虻*Neoitamus zouhari* Hradskv, 1960相近，但该种后足腿节基部红棕色，雄虫腹部具纯蓝色闪光。北京6～7月可见成虫，捕食蚊、蚁等昆虫。

雄虫（小花溲疏，门头沟小龙门，2014.VII.8）

雌虫（昌平长峪城，2016.VI.23）

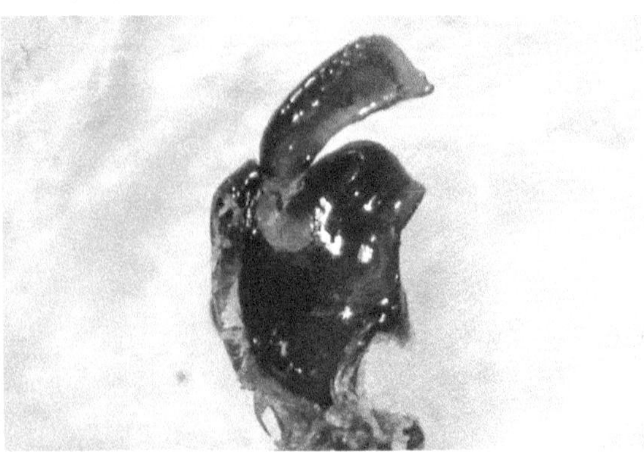

雄虫生殖刺突（小花溲疏，门头沟小龙门，2014.VII.8）

角形弯顶毛食虫虻
Neoitamus sp.

雄虫体长12毫米。体黑色。后头鬃端半部弯向前方。触角黑色，5节，第3节稍短于前2节之和的2倍，基部稍浅色，第4节明显长大于宽（约1.5倍），第5节稍短于第3节，端部尖细。口鬃淡白色，上部朝上，下部（大多数）朝下，仅见1根黑毛。喙基部腹面密被淡白色毛，端节黑色，短小（约为前节的1/4长）。下颚须黑色，细长，密被黑褐色长毛，最长毛与节长相近。足黑色，胫节黄色，端部黑褐色，跗节黑褐色，但基2节基部黄褐色（后足跗节比前2足颜色稍深）；前中足胫节腹面无明显黑刺。翅m_3室及臀室封闭，前者的柄比后者的长。腹部具白色长毛和短毛。

分布：北京。

注：与分布于日本和朝鲜半岛的*Neoitamus ishiharai* Tagawa, 1981很接近，但该种口鬃杂有黑色毛、前后足胫节腹面分别具12根和20多根黑色刺毛而明显不同。本种生殖刺突（gonostylus）近三角形，比较特殊。北京8月可见成虫。

雄虫及生殖刺突（门头沟小龙门，2014.VIII.20）

祖氏弯顶毛食虫虻
Neoitamus zouhari Hradskv, 1960

雄虫体长16毫米。体黑色，后足腿节基部及各足胫节基大部红棕色，腹背从不同方向观察可见纯蓝的闪光。口鬃黄棕色，上部具数根黑鬃；下颚须1节，黑色，具长黑毛，端部几根可与须长相近。足腿节腹面具数根黑刺，以中足为多。腹部腹面具黄棕色长毛，背面具较短的黄白毛。翅透明，染有烟色，m_3室及臀室封闭，前者的柄比后者的长。生殖刺突端部呈钩状。

分布：北京*；朝鲜半岛，俄罗斯。

注：中国新记录种，新拟的中文名，从学名。本种从后头鬃端半部向前方弯曲、后足腿节基部红棕色及雄虫腹部具纯蓝闪光与其他种相区分。北京5月可见成虫，具趋光性。

雄虫及生殖刺突（平谷黑豆峪，2020.V.12）

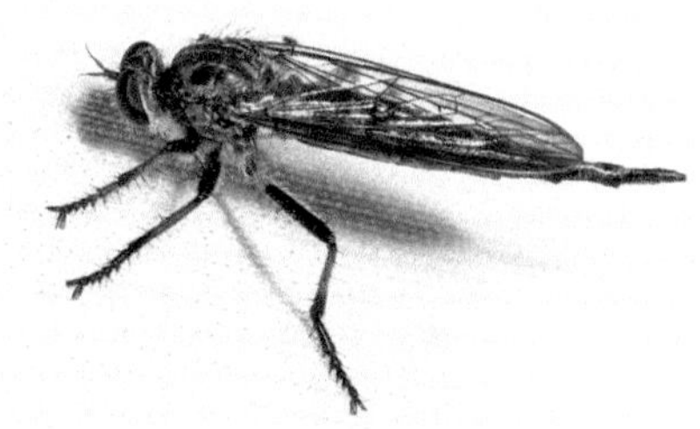

雌虫（门头沟小龙门，2015.V.23）

棕端平胛食虫虻

Neomochtherus yasya Lehr, 1996

雄虫体长18.8毫米。体黑色，足黑色，胫节红褐色（端部黑褐色），基跗节基部红褐色。颜基半部稍隆起，口鬃全黑色（仅有1～2根浅棕色），密，占颜面基部的2/3；触角黑色，基2节密被黑毛，第3节背面具数根黑毛。中胸沟前无中鬃或背中鬃。翅带烟色，一色，无脉间浅色区。前足胫节腹面具6～7根细长黑鬃及更多长度相近的黑毛，背面具5根短粗黑鬃。第9背片黑色，背面观近端部内缘凹入，端部呈卵形，红棕色，其内侧密生黑刚毛。

分布：北京*；俄罗斯。

注：中国新记录种，新拟的中文名，从第9背片端部呈红棕色。外形接近*Asilella karafutonis* (Matsumura, 1911)，该种口鬃以白色为主，翅脉间具较窄的透明区。

生殖刺突及腹末、雄虫（怀柔黄土梁，2021.VIII.24）

黑羽角食虫虻

Ommatius beckeri Yu, 2023, nom. nov.

体长8.0毫米，翅长5.7毫米。体黑色，颜面不隆起，口鬃黑色，分布至触角基部。触角黑色，第3节短卵形，触角芒一侧具细毛12～14根。后头鬃黑色，端半部弯向前方。胸部背面灰黑色，背面具黑色纹，侧片黑色，被灰白色绵毛。小盾片具2根黑色缘鬃。足黑色，胫节内侧端部具金黄毛绒毛。

分布：北京*、河北、浙江、台湾、海南、四川。

注：*Ommatinus nigripes* Becker, 1925的模式标本产地为台北（Becker, 1925），此属被认为是*Ommatius*的异名，本种被归为*Ommatius nigripes* (Becker, 1925)（Hull, 1962），但这是1个次同名；*Ommatius nigripes* de Meijere, 1913记录于印度尼西亚伊里安查亚（Meijere, 1913）。现改为新名，中文名不变。北京6～8月可见成虫；河北记录于灵寿。

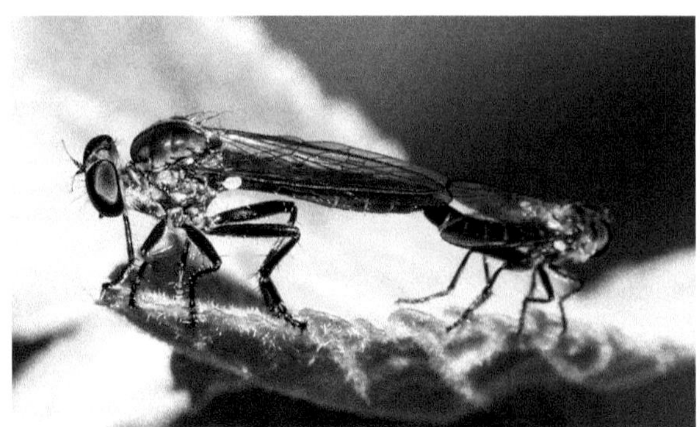

雌雄成虫（孩儿拳头，平谷金海湖，2014.VIII.5）

雄虫（荆条花，平谷东长峪，2018.VII.19）

长羽角食虫虻
Ommatius sp.

雌虫体长约8毫米。体黑色，口鬃白色，上方数根黑色。触角全部黑色，第3节稍长于前2节之和，触角芒仅下方具毛。胸部黑褐色，被锈黄色绵毛。前中足腿节及胫节黄棕色，腿节背面及胫节端部黑褐色，跗节黑色，但第1跗节基大部白色，后足黑色，腿节基部1/4及胫节基部2/3黄白色。

分布：北京。

注：与分布于海南的*Ommatius corolla* Zhang, Zhang et Yang, 2014非常接近，尤其在足的颜色上，但后者触角第3节棕黄色，长稍大于宽，稍长于第2节，胸部被有灰白色绵毛而不同。

雌虫（青檀，房山上方山，2015.VII.2）

端钩巴食虫虻
Pashtshenkoa krutshinae Lehr, 1995

雄虫体长11.5～13.2毫米。颜基半部稍隆起，口鬃白色为主，上部及两侧黑色；触角黑色，第2节两侧稍带棕色，基2节具黑鬃；下颚须黑色，具白长毛；眼后鬃黑色，短，近中部的黑鬃端部稍向前弯；后头具细长白绒毛。中胸黑色，具灰白色粉被，可见3对黑斑，2中纵条被细灰白纹相间，但近小盾片时愈合。足黑色，胫节基部黄棕色，腿节和胫节后侧面黄棕色，以前足的浅色区域为大，足鬃及毛白色，各胫节也具黑毛，但腿节端、胫节端及各跗节具黑鬃。第9背片背缘亚端部具棕色的三角形内突，生殖突基节较短，近三角形。

分布：北京*；俄罗斯。

注：中国新记录种，新拟的中文属名（从首音节）及种名（从第9背片端部下缘具小钩）。被认为是*Pashtshenkoa kaszabi krutshinae* Lehr, 1995，指名亚种体长12.5～14.0毫米，第9背片末端下缘无钩状突（Lehr, 1999），注意依据指名亚种的正模所给出的图是有钩的（Lehr, 1975）。经检标本第9背片末端具钩，但体较小，暂定为本种。北京4～5月可见成虫，具趋光性。

生殖突基节和生殖刺突、第 9 背片末端、雄虫（丰台北宫，2021.IV.16）

拟白须羽角食虫虻
Ommatius sp.

体长约8毫米。体黑色。口鬃白色，上方数根黑色。触角全部黑色，第3节稍长于前节，触角芒仅下方具毛。胸部黑褐色，侧面被灰白色绵毛。足黑色，后足腿节腹面具1列淡白色刺毛。

分布：北京。

注：与国内记录的白须羽角食虫虻 *Ommatius leucopogon*（史永善，1997）相近，但后者后足腿节腹面被黄毛，具1行6根黑鬃和胫节黄色而明显不同。*Ommatius leucopogon* Wiedemann, 1824记录于印度，体长仅4.3毫米，小盾片、后胸背板和前后足胫节锈红色（Joseph and Parui, 1998），与国内的描述并不相同。北京8月可见成虫。

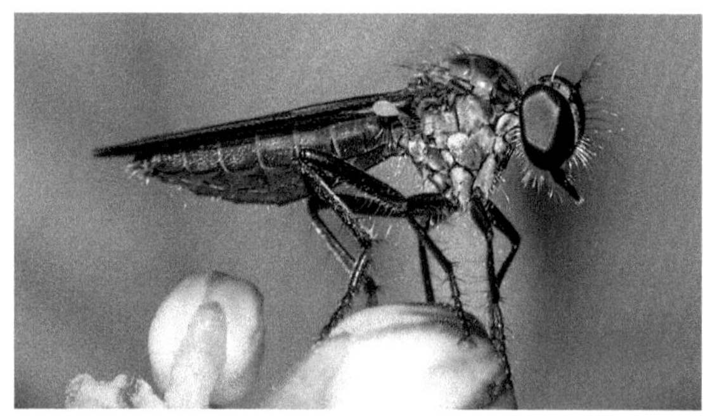

成虫（紫薇，北京市植物园，2007.VIII.17）

大食虫虻
Promachus yesonicus Bigot, 1887

体长25～28毫米。体黑色，足胫节除端部黑褐色外黄棕色；口鬃黄色，浓密；胸侧及腹节（除最后2节）后缘及两侧具浓密黄色毛；小盾片后缘具黄棕色毛。雄虫腹末具白色毛丛。

分布：北京*、山东、河南；日本，朝鲜半岛，俄罗斯。

注：我们并没有在北京拍到本种的照片，但在野外观察到了它的雄虫（腹末白色，很容易辨识），这里也记录一下。文献记录在山东5～10月可见成虫，捕食茶翅蝽、夜蛾等昆虫，幼虫生活在土中，捕食蛴螬。

雄虫（韩国浦项，2004.VII.28）

卡氏窄颌食虫虻
Stenopogon kaltenbachi Engel, 1929

雄虫体长19毫米。体黑色，腹部背红色，两端黑色（其中基部中央红色），腹面黑色。触角黑色，第3节光滑，长稍不及前2节的2倍（64∶38），芒由2节组成，第1节短小，约为后节的1/5，端节端部约1/4变尖细。下颚须2节，淡黄色，端节黑色，均被淡黄褐色毛；喙黑色，端节淡黄色，均被淡黄褐色毛。颜隆鬃黄色为主，杂有数根黑鬃。中胸背板后部具黄棕色鬃毛。翅烟色，基半部白色。第9背片略呈三角形。

分布：北京、陕西、四川；蒙古国，塔吉克斯坦。

注：从雄性外生殖器上接近*Stenopogon macilentus* Loew, 1861，该种颜隆鬃白色，第9背片略近于梯形。天津还记录了*Stenopogon strataegus* Gerstaecker, 1862，该种中胸侧板上部近翅基处具毛。北京5月可见成虫。

雄虫（核桃楸，密云雾灵山，2015.V.12）

朝鲜窄颌食虫虻
Stenopogon koreanus Young, 2005

雄虫体长29毫米。触角红棕色，触角芒褐色。颜明显突出，具淡白色长鬃。胸部黑褐色，两侧及后缘具黄棕色长鬃。足红棕色，基节、转节和后足腿节黑色，但端前红棕色，前中足腿节背面具黑褐色斑。翅透明，稍呈浅褐色。腹部红棕色，或暗褐色，背中具红棕色纵条纹，腹第1节黑色，第6～7节侧后缘黑色，第8节退化。雌虫第7节完全黑色，第8节黑色，两侧红色。

分布： 北京*；朝鲜半岛。

注： 中国新记录种，新拟的中文名，从学名。本种为大型红棕色种类，从体大及腹部具红棕色纵纹区分北京的其他种。可捕食其他食虫虻（Young, 2005）；北京6月可见成虫。

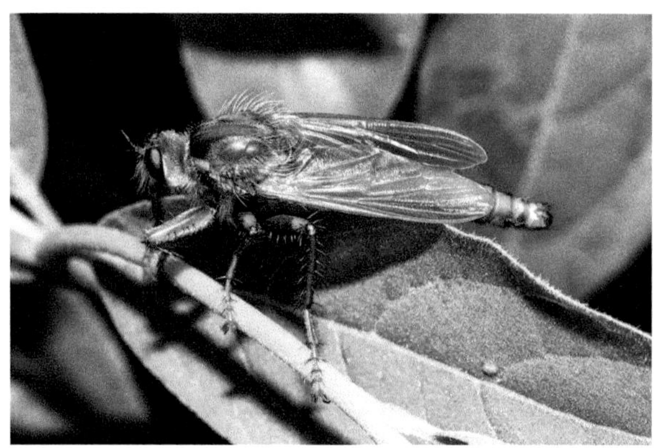

羽化不久的雄虫（海淀西山，2021.VI.8）

雌虫（平谷白羊，2017.VI.29）

窄颌食虫虻
Stenopogon sp.

雌虫体长30毫米。体黑色，头胸部及腹第1～5节具灰黄色绵毛。口鬃淡黄白色。下颚须黑色，具黄白色长毛。

分布： 北京。

注： 北京记录了北京窄颌食虫虻*Stenopogon milvus* Loew, 1847，腹部灰黄色（张莉莉和杨定，2009）。

雌虫（臭椿，昌平王家园，2014.VI.17）

缘粗柄剑虻
Dialineura affinis Lyneborg, 1968

雌虫体长10.5毫米，翅长7.5毫米。体黑褐色，被灰白粉。额被白毛，并从颊延伸至后头，上后头具黑色眼后鬃。触角黑色，基2节具黑鬃，其中柄节上很粗长，第1鞭节几乎无毛，近中部最宽，端刺位于第1鞭节末端，其端部具1根微小刺。前胸背板具3条暗褐色纵纹，其中两侧的条纹在盾沟处似乎被断开，前胸侧板和腹板被浓密的白绒毛。足黑褐色，腿节端部、胫节棕黄色，胫节端部黑褐色，基跗节棕黄色，端部及其余跗节黑褐色。翅透明带黄色，翅痣褐色。

分布：北京*、天津、四川。

注：经检标本为雌虫，过去未记载（杨定等，2016）。本种头及胸部两侧具浓密的白绒毛。北京4～6月可见成虫。

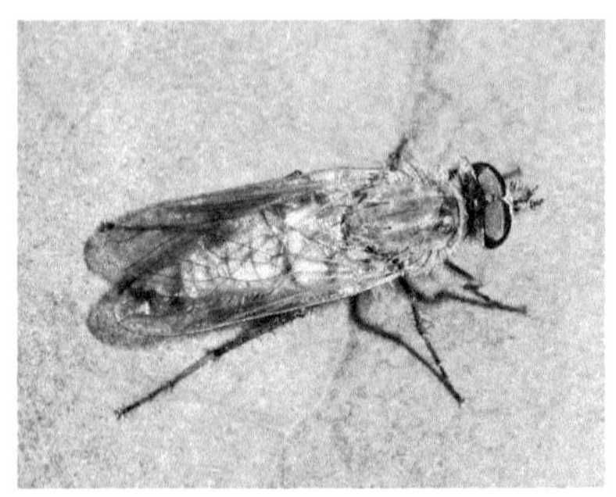

雄虫（门头沟小龙门，2015.IV.17）

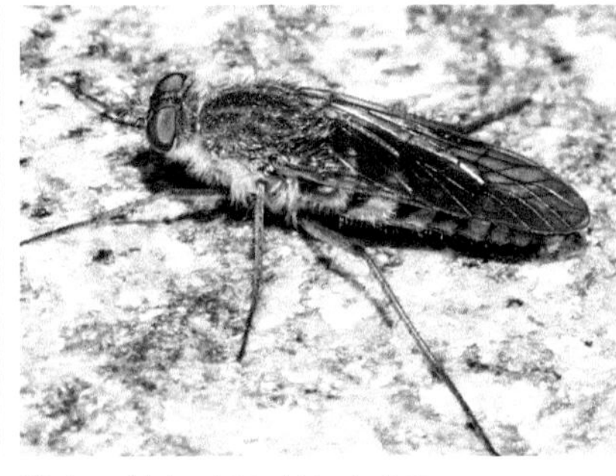

雌虫及触角（门头沟小龙门，2016.VI.16）

河南粗柄剑虻
Dialineura henanensis Yang, 1999

雄虫体长7.8～7.8毫米。头黑色，头下方（从颊延伸至后头）具浓密白毛；触角黑色，柄节粗大，具黑色粗长鬃，梗节上的毛短细，第1鞭节几乎光裸。胸部黑色，被灰白粉，背板可见褐色纵带3条，中央纵条在后端变细，前胸腹板和侧板具浓密白毛。足黑色，但腿节端、胫节和第1跗节（除端部）及第2跗节基部浅黄褐色。翅透明，略带黄色；平衡棒端部白色，其基部具黑褐色纹。

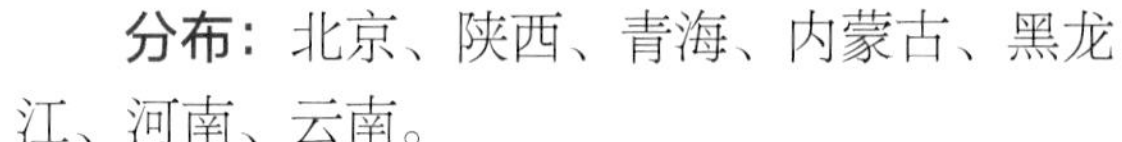

分布：北京、陕西、青海、内蒙古、黑龙江、河南、云南。

注：北京5～6月可见成虫，具趋光性。

雌虫（怀柔黄土梁，2021.V.26）

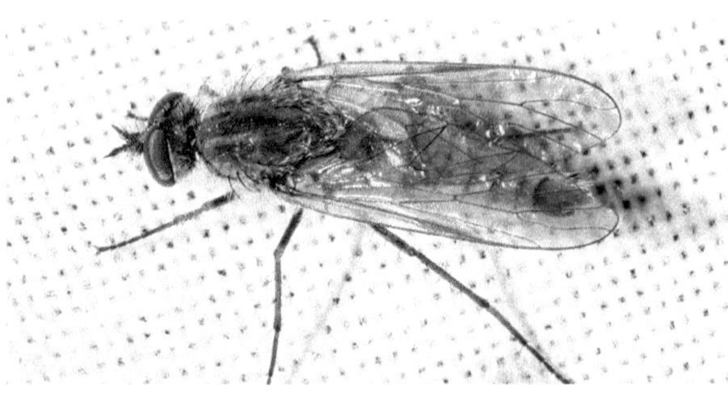

雄虫及腹末腹面观（房山蒲洼东村，2017.V.23）

贝氏长角剑虻

Euphycus beybienkoi Zaitzev, 1979

雄虫体长10.0毫米，翅长6.4毫米。体黑色，被淡黄色粉。触角黑色，有时柄节基大部浅褐色，柄节长，长于头，梗节很短，第1鞭节稍短于柄节，近端部具凹缺，其基部具端刺。胸部被黄毛，中央至小盾片具1条宽的青灰色纵带。腹部第2～4节黄色，其中第2～4节背板中央具大三角形黑斑，有时黄色部分可扩大或缩小，如第4节背板大部黑色，或第5节部分呈黄色。雌虫离眼，腹部黑色，第2～4节后缘两侧白色。

分布：北京、陕西、黑龙江、吉林、辽宁、河北、天津。

注：北京8～9月可见成虫于林下，具趋光性。

雄虫（核桃，延庆水泉沟，2017.VIII.29）

雌虫（蒿，昌平长峪城，2016.VIII.16）

黑色花彩剑虻

Phycus niger Yang, Liu et Dong, 2016

雄虫体长10.1毫米，翅长7.7毫米。体黑色。额被密的白粉，上额中部具1块黑色区域（似有1对长卵形斑组成），后颊具白毛，后头具黑色眼后鬃。触角前3节比例为4.8∶1.4∶8。胸部黑色，背中具淡灰白色粉带，被淡白色细短毛，背中鬃仅1对，位于小盾片前；小盾片后缘具1对小盾鬃，短小，交叉；翅透明，翅端部1/3略带烟色；平衡棒褐色，端部黑褐色。腹部黑色，第2～4节后缘白色（其中第3～4节非常窄），腹前4节被白毛，稍长，后几节被黑毛，短粗。

分布：北京*、陕西、湖南。

注：模式标本产地为湖南和陕西，模式标本为雌虫，触角前3节比例为5∶1∶11和小盾鬃2对（杨定等，2016），与经检标本（雄）有所不同，暂时鉴定为本种。北京7月见成虫于岩石上休息。

雄虫及翅脉（怀柔黄土梁，2021.VII.23）

山鬼华剑虻
Sinothereva shangui Winterton, 2020

雌虫体长9.2～11.2毫米。体黑色，密被直立黄毛。头额部具黑褐色直立毛，后头具黄色毛；触角鞭节鼻形，短于基2节长之和，第1节较粗，密被黑褐色毛，第2节念珠形，被短毛；下颚须黄褐色，端部稍膨大，被褐色毛。胸部及腹部基4节被黄毛（两侧稍浅，具白毛），腹第5节及以后被黑毛。足黑色，胫节端及各跗节端黑褐色至黑色（后足胫节基大部黑褐色），基跗节黄白色。

分布：北京、河北。

注：新拟的中文属名，从学名。模式标本产于门头沟小龙门，为1雄虫，另有拍摄于河北兴隆雾灵山的照片，雌虫未知（Winterton, 2020）。北京4～5月可见成虫，具趋光性。

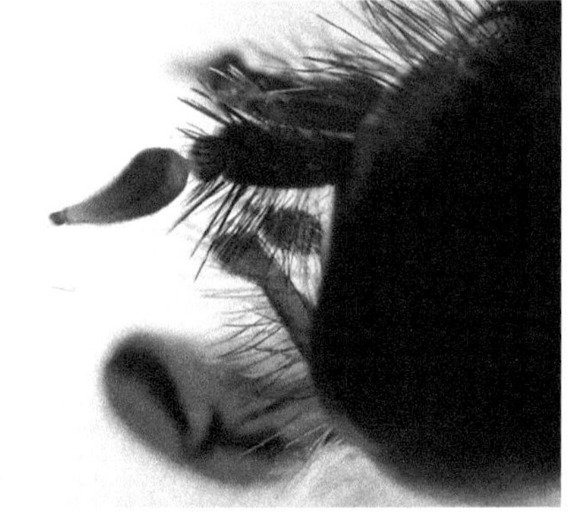

雌虫及头部（桑，平谷东沟，2019.IV.18）

绥芬剑虻
Thereva suifenensis Ôuchi, 1943

雄虫体长8.7毫米，翅长6.0毫米。复眼后具1列黑鬃，头颜面（侧颜、颊及后头）具白色长毛；触角黑色，前3节比例为15∶5∶17，第4节短小（基端具1小刺，浅褐色），与第3节略呈鸟喙形；第1～2节具黑鬃，第1节尤为明显，第3节背面近基部具1短黑鬃。小盾片黑色，具锈黄色短绒毛，具2对黑鬃。翅后部的2个翅室封闭，且不达翅缘；平衡棒褐色，端部黄褐色。足腿节黑色，仅端部两侧呈很窄的浅褐色。雌虫体长10.0毫米，翅长6.8毫米。

分布：北京*、内蒙古、黑龙江。

注：过去未见雄虫的描述，雄性外生殖器的特征与多鬃剑虻*Thereva polychaeta* Yang, Liu et Dong, 2016相近，该种胸部纵带呈灰色（杨定等，2016）而明显不同。北京6～7月（锡林浩特8月）可见成虫，具趋光性。

雄虫及腹末（延庆米家堡，2016.VI.7）

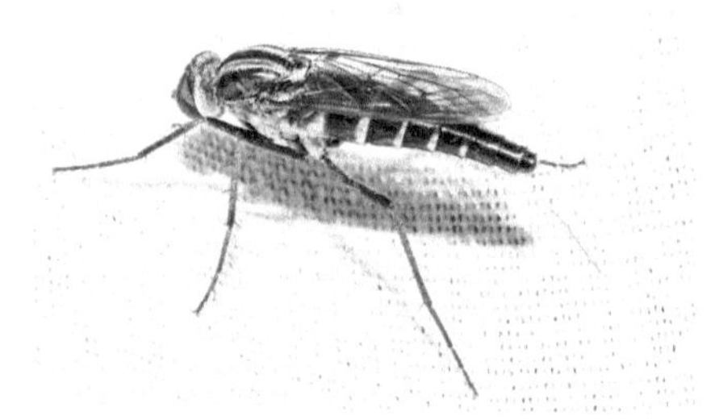

雌虫（延庆米家堡，2015.VII.14）

黑亮剑虻
Thereva sp.

雄虫体长9.0毫米。颜部密布白长毛，杂些黑毛。胸部黑色，被金色粉，中胸背板具3条黑色纵条，被2条较窄的亮黄色纵条分开。翅透明，具黑褐色纹，多位于横脉及翅缘的纵脉，翅前缘黑褐色，M_3脉不闭合；平衡棒褐色。腹部黑色，具金色毛，各节后缘黄色，且向后渐窄，最后2～3节黑色。雌虫体长11.5毫米。头额部具黑色亮斑，翅面黑纹扩大，呈网纹状，腹部多为黑毛，前几节后缘淡白色。

分布：北京。

注：外形上与明亮剑虻*Thereva spelendida* Yang, Liu et Dong, 2016相近，但该种翅上无斑纹、后足胫节棕黄色、m_3室闭合等不同。北京5～6月可见成虫于林下。

雄虫（榆，密云雾灵山，2015.V.11）

雌虫（白屈菜，密云雾灵山，2015.V.12）

北京窗虻
Scenopinus beijingensis Yang, Liu et Dong, 2016

雌虫体长4.1毫米，翅长2.6毫米。体黑色，足黑暗色，中足、后足跗节浅黄褐色。触角3节，鞭节长卵形，长约为宽的2倍。翅透明，稍带烟色，翅脉浅褐色，R_4从翅室r_5中部伸出，直或稍微带“S”形，翅室r_5开放；平衡棒黑褐色，端部黑色。腹部黑褐色，明显比头胸部长。

分布：北京。

注：国内不少文献记录了窗虻*Scenopinus fenestralis* (Linnaeus, 1758)，但杨定等（2016）专著中并没有这一种。窗虻多生活在室内，幼虫活跃，捕食室内其他昆虫的幼虫和蛹，成虫常见于窗户上。

雌虫（房山蒲洼，2021.VI.1）

蒙古顶角小头虻

Acrocera mongolica Pleske, 1930

雄虫体长3.5～4.5毫米。体黑色。触角着生于前单眼下方（几乎挨着），第1节褐色，短于第2节，第2节黄色，梭形，第3节细长，约为第2节的3倍多长。胸背被黄色短毛。腹背板第1节黑色，第2节基部和侧部黑色，中部向后突出呈角形，第3节基部的黑斑相连，或中部两侧断裂，第4、第5节橙黄色为主，中部具半圆形可近五边形黑斑；腹部腹面中央具宽的黄色纵纹，中部更宽大。足（包括基节）黄色、跗节端部黑色；第9背板较窄，与后足腿节宽度相近。

分布：北京*、新疆、内蒙古；蒙古国。

注：模式标本产地为蒙古国，雄虫体长5～5.5毫米（Pleske, 1930），经检的2头雄虫标本个体较小，且腹第4背板中部具较大的半圆形或近五角形而非三角形，暂定为本种。北京8月可见成虫。小头虻属于蛛类的内寄生虻。

雄虫（门头沟小龙门，2014.VIII.20）

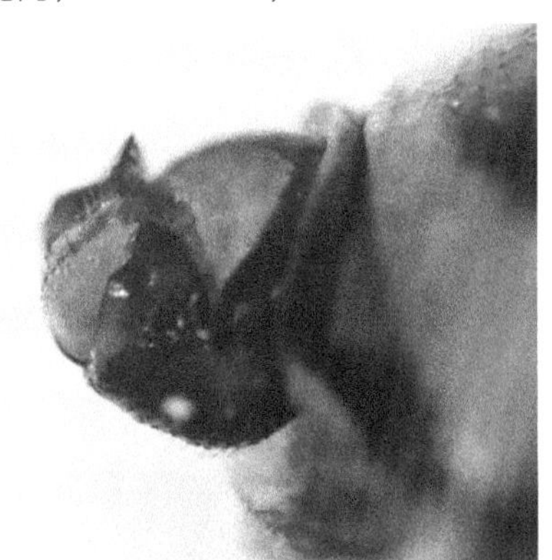

雄虫及腹末侧面观（怀柔孙栅子，2012.VIII.13）

黑蒲寡小头虻

Oligoneura nigroaenea (Motschulsky, 1866)

体长约7毫米。体黑色。两复眼相接，密被浅褐色毛。胸部驼峰状，密被黄褐色毛。足腿节以上黑色（节间稍浅），腿节端、胫节及跗节（1～4节）白色，前中足胫节内侧或暗褐色。翅透明，淡褐色，翅脉多黑褐色。

分布：北京、河北、山西、上海、浙江、台湾、湖南；日本，朝鲜半岛。

注：又名亮黑蛛足小头虻。北京5月可见成虫。

成虫（艾蒿，平谷金海湖，2016.V.11）

鲍氏雅长足虻
Amblypsilopus bouvieri (Parent, 1927)

雄虫体长4.0毫米，翅长3.4毫米。体金绿色。头顶明显凹陷，单眼区隆起；触角黑色，触角芒背端位，长稍短于头宽。足暗褐色，但前中足腿节端、胫节及跗基部浅黄褐色，前足第1跗节端部2/3和第2跗节腹面具厚毛，后足第4～5跗节稍扁宽。翅透明，m-cu脉直，M_1脉呈近于直角形弯曲，M_2脉不明显；平衡棒暗色。

分布：北京、陕西、河南、江苏、福建、贵州。

注：钩突雅长足虻*Amblypsilopus ancistroides* Yang, 1995与本种很接近，主要区别是该种触角芒端生（杨定等, 2011），雄性外生殖器形态也接近，或为同一种。北京7～8月可见成虫于林下叶片上。

雌虫（北京市农林科学院，2011.VIII.6）

雄虫及腹末（北京市农林科学院，2021.VIII.13）

银长足虻
Argyra sp.

雌虫体长约5毫米。体暗褐色，具金绿色光泽。头顶稍凹陷，中部具瘤突；触角黑色，第3节宽大，端部尖，长约为宽的2倍，触角芒亚端位，约位于该节端部的1/3。足黄色，后足腿节端部、胫节两端及跗节暗褐色。翅淡烟色，M_1脉中部稍弯，R_{4+5}脉和M_1脉几乎平行，在翅缘稍接近。

分布：北京。

注：与北京银长足虻*Argyra beijingensis* Wang et Yang, 2004很接近，但该种触角第3节下缘向后延伸，几乎包裹梗节；北京记录的另一种小龙门银长足虻*Argyra xiaolongmensis* Wang et Yang, 2011，其触角第2节短小，前缘宽约为第3节基部宽之半（杨定等，2011）。北京8月见成虫在山区农家院内活动。

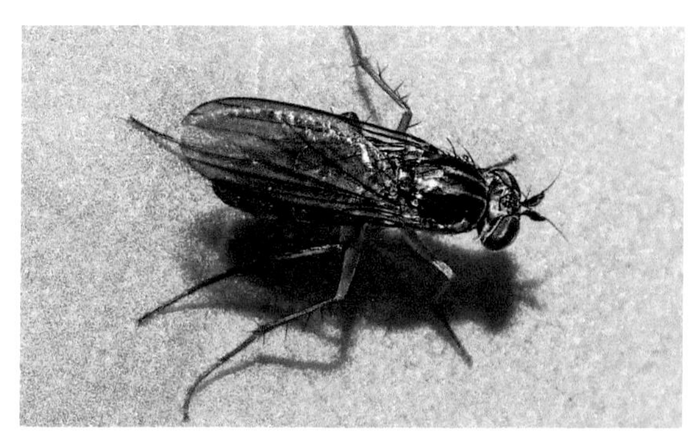

雌虫（红花蓼，房山蒲洼，2021.VIII.18）

雾斑毛瘤长足虻
Condylostylus nebulosus (Matsumura, 1916)

雌虫体长5.2毫米，翅长4.9毫米。体金绿色，光泽强，腹末蓝或紫色。头顶凹陷，中部具瘤突，并着生1对长顶鬃，额具白色短绒毛；触角黑色，鞭节端部尖，触角芒背生，长为触角的4倍多。背中鬃4对，中鬃2对。足黄色，跗节暗褐色（基部略浅色）。翅前缘及近端部烟色，但R_{4+5}脉和M_1脉端部连线之外透明无色，翅中部外侧具近于长方形的透明斑，中部被M_1所分开，其后缘无边界。

分布：北京*、江苏、上海、台湾；日本，南亚，东南亚。

注：又名云纹瘤长足虻。本属一些种类在翅透明窗斑上仅有些微差异，但在雄性外生殖器上差异较大（Li et al., 2012）。北京8月可见成虫，捕食蓟马。

雌虫（红花蓼，房山蒲洼，2021.VIII.17）

尖钩长足虻
Dolichopus bigeniculatus Parent, 1926

体长5.3～5.5毫米。体黑色，具绿色闪光。复眼翠绿色，颜面白色，触角基2节黄色（背面黑褐色），第3节黑色。足浅黄棕色，中足基节黑色，前中足自基跗节端向外褐色或黑褐色，后足胫节端部及跗节黑色。翅脉黑色，翅中的M脉呈直角弯曲。

分布：北京、陕西、河南、山东、江苏、安徽、浙江、四川。

注：世界本属约有600种，我国有68种。北京4月、8月可见成虫，图示的成虫采自室内窗玻璃上，可能出自花盆。

成虫（北京市农林科学院，2012.IV.15）

基黄长足虻
Dolichopus simulator Parent, 1926

雌虫体长5.0毫米。体暗褐色，具金绿色光泽，覆有灰白色粉被。触角淡黄色，第3节端半部黑褐色。足淡黄色，中足基节基半部黑色，端半部淡白色，后足基节基部具黑斑；中足第2跗节后、后足胫节端1/4后黑色，后足基跗节具多根黑鬃。翅稍带淡烟色，M_1和M_2均具附脉。

分布：北京*、陕西、河南、上海、浙江、福建、湖北、湖南、广西、四川、贵州、云南。

注：后足胫节端1/4黑色，与杨定等（2011）描述的端1/3黑色稍有差异。北京8月可见成虫在林下活动。

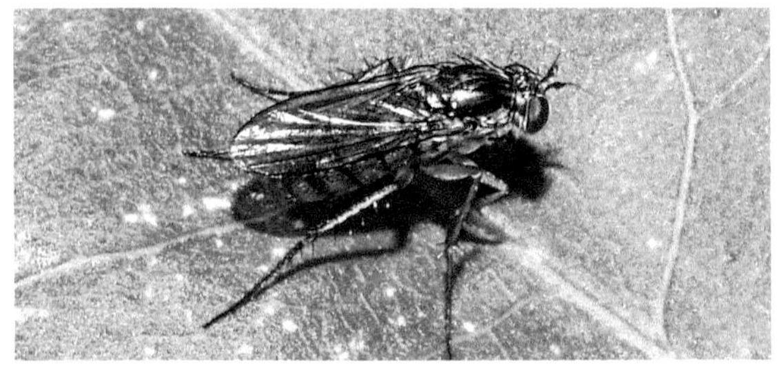
雌虫（杭子梢，怀柔黄土梁，2021.VIII.24）

胫突水长足虻
Hydrophorus praecox (Lehmann, 1822)

雄虫（昌平王家园，2021.VI.17）

雄虫体长3.0～3.4毫米，翅长3.7～4.3毫米，雌虫体长4.0毫米，翅长4.8毫米。体黑色，胸部、腹部及足（胫节以上）暗金绿色。触角黑色，第3节近于圆形，端缘下方稍内凹。胸背略显纵向条纹，具众多毛鬃。前足腿节膨大，基部1/3具1列6根前腹鬃，端部2/3具1列8根后腹鬃，胫节稍膨大，具1列约20根短粗的前腹鬃，胫节末端向腹面膨大，具1根长而粗壮的刺状鬃。翅透明，狭长，中肘横脉（m-cu）明显长于肘脉的端段，两者比值（CuAx）约为1.4。平衡棒黄白色。

分布：北京、新疆、内蒙古、辽宁、河南、山东、台湾、西藏；俄罗斯，蒙古国，印度，西亚，欧洲，非洲，澳大利亚，新西兰。

注：本属长足虻的前足腿节膨大，本种前足胫节端具粗壮的刺状鬃。北京6月、8月可见成虫于灯下。

小龙门脉长足虻
Neurigona xiaolongmensis Wang, Yang et Grootaert, 2007

雄虫翅长3.6毫米。体黄色，腹部黄色，第2～5节背板基部具黑色横带，第5节无腹突。翅透明，前缘稍带褐色，M脉较弱地弯向R_{4+5}。

分布：北京。

注：模式标本产地为门头沟，雄虫体长5.0～5.1毫米，翅长4.4～4.6毫米（Wang et al., 2007）。经检标本的个体明显较小，但雄性外生殖器一致。外形与下种脉长足虻*Neurigona* sp.相近，在M脉端部的弯曲度上，本种明显较浅缓。北京5月、7月可见成虫。

雄虫翅及腹末（延庆米家堡，2014.V.27）

脉长足虻
Neurigona sp.

雌虫（顺义共青林场，2021.IX.7）

雌虫体长3.8毫米，翅长3.8毫米。体浅黄褐色。复眼金绿色，颜被白色短毛；触角黄色，触角芒黑色，长。中胸背中鬃5对，第1对短，渐向后变长；翅侧片（远离翅基处）具小黑斑。翅透明，M脉端部明显呈广角形弯曲。足第1跗节长，与胫节长相近。腹部第2～4节背板基部具黑色横带。

分布：北京。

注：与香山脉长足虻*Neurigona xiangshana* Yang, 1999很接近，该种雄虫前足第4跗节明显短粗，腹缘内凹，雌虫未知（杨定等，2011）。北京9月见成虫被黄板黏住。

肾角水虻
Abiomyia sp.

雄虫体长3.2毫米。体黑色，触角基2节黑褐色，鞭节及触角芒黄褐色；足黑褐色，腿节端部以下浅黄褐色。平衡棒端部褐色，柄黄褐色。翅透明，前缘一些脉黄褐色。复眼裸，离眼。触角梗节向前圆弧形突出，鞭节肾形，长不及宽的1/2。小盾片隆起，后缘无刺。

分布：北京。

注：外形上（如足的颜色）与分布于陕西、云南的褐足肾角水虻*Abiomyia brunnipes* Yang, Zhang et Li, 2014相近，但雄性外生殖器及尾须等并不相同。北京6月见成虫于灯下。水虻科的幼虫多为腐食性，成虫可访花取食花蜜。

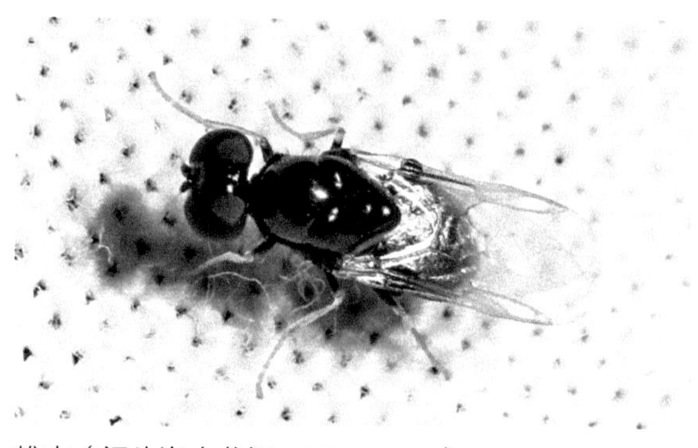
雄虫（门头沟小龙门，2012.VI.25）

变色星水虻
Actina varipes Lindner, 1940

雄虫体长约5毫米。体黑色，具亮金绿色光泽。复眼具毛，额较窄，具金紫色光泽。胸部具淡黄色毛，小盾刺鬃4枚，黄棕色，基部黑褐色。翅透明，仅翅痣黑色。足黑色，腿节端部、胫节基部、中后足第1～2跗节（除端部）淡黄色；后足第1跗节粗大，稍比腿节细，长约为宽的5倍。

分布：北京、甘肃。

注：本种后足第1跗节很粗大，可与其他种区分。北京5月可见成虫于林下。

雄虫（杨，密云雾灵山，2015.V.11）

奇距水虻
Allognosta vagans (Loew, 1873)

雌虫体长4.8毫米。体黑色，触角梗节和鞭节第1～2节黄褐色，足黑褐色，腿节和胫节交接处、前足腿节近端部、中后足跗节基半部黄褐色。翅带烟褐色。复眼裸；触角鞭节8节，明显长于前2节之和，各节宽大于长。小盾片半圆形，后缘无刺。

分布：北京、陕西、浙江、福建、湖南、云南；日本，俄罗斯，欧洲。

注：雄虫复眼为接眼。北京6～7月可见成虫。

雌虫（昌平王家园，2007.VII.12）

特绿水虻
Chloromyia speciosa (Macquart, 1834)

雄虫体长7.5～8.0毫米。体黑色，复眼深绿色，胸腹部具金绿色光泽。触角黑色，鞭节第1～3节黄褐色，基余暗褐色。足黑色，腿节端部和胫节基部、中后足基跗节浅黄褐色，前足跗节和中后足其他跗节褐色至暗褐色。翅黄褐色，翅脉褐色至暗褐色。雌虫离眼，额近复眼内侧具1对小白斑。

分布：北京、辽宁、河南、四川、西藏；俄罗斯，土耳其，欧洲。

注：经检的标本个体较小，国内记录雄虫体长8.7～11.3毫米（杨定等, 2014），但雄性外生殖器等特征一致。北京5～7月可见成虫，不少成虫一起飞舞或休息。

雌虫（房山上方山，2015.VI.15）

雄虫（房山上方山，2015.VI.15）

离眼水虻
Chorisops sp.

雌虫体长约6毫米。体黑色，头部具金紫色光泽，胸部具金绿色光泽。触角黄褐色，基2节和鞭节端半部稍暗。足黄褐色，前足跗节、中足跗节端4节、后足胫节基大部、跗节端3节褐色。触角柄节长稍短于梗节的2倍，鞭节约为前2节长的1.5倍。小盾刺4枚，侧刺不明显短。后足比前中足粗长，基跗节稍长于后4节之和。

分布： 北京。

注： 与分布于陕西的短刺离眼水虻*Chorisops separata* Yang et Nagotomi, 1992相近，该种外侧的小盾刺明显短于中央的小盾刺。北京5月可见成虫。

雌虫（杨，昌平白羊沟，2017.V.11）

直刺鞍腹水虻
Clitellaria bergeri (Pleske, 1925)

体长8.8～11.9毫米。体黑色，复眼、足、胸部等着生黑毛；翅黑褐色。中胸背板具侧刺，朝上着生，尖粗；小盾片具1对朝上着生的粗刺，长约与小盾片等长。平衡棒乳白色。

分布： 北京、辽宁、江苏、浙江、四川；俄罗斯。

注： 本种可从体黑色、垂直朝上着生的小盾刺与其他种区分（杨定等, 2014）。北京5～7月可见成虫。

雌虫（小花溲疏，门头沟小龙门，2015.VI.18）

集昆鞍腹水虻
Clitellaria chikuni Yang et Nagatomi, 1992

雄虫体长约8毫米。体黑色。头额三角的上部具白色倒伏毛；复眼密布直立黑色毛；触角黑色，基部3节的比例为1∶1∶5。小盾片后侧缘各具1刺，基部黑色，端部色稍浅，伸向后侧上方。翅浅褐色，前缘除翅痣及翅脉外近于透明。

分布： 北京、陕西、山西。

注： 与黑色鞍腹水虻*Clitellaria nigra* Yang et Nagatomi, 1992 非常接近， 本种小盾片后侧的2刺指向后侧方，刺长明显小于2刺间距，且翅浅褐色；后者小盾片2刺几乎指向后方（稍侧），刺长与2刺间距相近，翅深褐色。

雄虫（刺槐，海淀西山，2021.VI.8）

黑色鞍腹水虻
Clitellaria nigra Yang et Nagatomi, 1992

体长7.7～8.3毫米。体黑色，头部具白毛，额三角上具1对倒伏小毛簇，复眼雄虫接眼，雌虫离眼，表面具黑色长毛，上部的小眼面大于下部的。中胸背板侧刺小而尖，小盾刺黑色，端部色浅，两刺基部分开较宽，长稍短于小盾片。翅暗褐色，平衡棒淡黄白色。

分布：北京、陕西、甘肃、江苏、上海、浙江、江西、福建、四川、云南、西藏。

注：北京5～6月见成虫于林下。

雄虫（鹅耳枥，密云雾灵山，2015.V.12）

等额水虻
Craspedometopon frontale Kertész, 1909

雄虫体长5.5～6.7毫米，雌虫体长4.6～6.2毫米。体黑色，触角红褐色（触角芒端部黑褐色），口器、前足腿节以下、中后足腿节和胫节的端部、跗节、平衡棒浅黄褐色。翅浅黄褐色，基半部褐色。复眼无毛。小盾刺4枚，黑色，两侧的2枚稍短，均端部不尖，稍上翘。

分布：北京*、陕西、山东、浙江、台湾、四川、贵州、云南；日本，朝鲜半岛，俄罗斯，印度，尼泊尔。

注：北京5～6月见成虫于林下。

雄虫（平谷梨树沟，2021.VI.10）

雌虫（昌平长峪城，2016.VI.1）

中华伽巴水虻

Gabaza sinica (Lindner, 1940)

雌虫体长3.8毫米。黑色，触角棕色，触角芒端大部白色，长于触角其他部分。复眼具紫色花纹，1圆形纹位于顶端内侧，另1“介”字纹位于复眼中部；颜在复眼内侧被银白毛。平衡棒白色，基柄棕色。翅基半部翅脉褐色，端半部淡黄色，盘室分出3支M脉。小盾片两侧各具6枚小刺。

分布：北京、甘肃、辽宁、江苏、上海、台湾。

注：这类水虻多生活在朽烂的木材下，少数会生活在土壤中的腐烂植物。北京5月、7月可见成虫，成虫会跳跃。

雌虫（桃，朝阳南沙滩室内，2012.V.16）

光亮扁角水虻

Hermetia illucens (Linnaeus, 1758)

体长12～18毫米。体暗黑色，具蓝紫色光泽。复眼具紫色斑纹。触角长，10节，端节长，是前7节的1.5倍长。腹基部两侧各具1个白色透明斑。足大部黑色，但跗节及后足胫节基半部白色，平衡棒白色。雌虫触角第1～3鞭节明显膨大，雄虫不膨大。

分布：北京、内蒙古、河北、河南、上海、安徽、台湾、广东、广西、海南、重庆、贵州、云南；世界广布。

注：又称黑水虻。成虫喜访花，是重要的虫媒昆虫；幼虫腐食，可用于畜禽粪便及厨房垃圾的处理。北京10月可见成虫。

雌虫（昌平王家园，2014.X.28）

卵块（房山三座庵，2009.VIII.29）

上海小丽水虻

Microchrysa shanghaiensis Ôuchi, 1940

雄虫体长4.5～4.8毫米。体绿色，具强烈的金属光泽。复眼红色。足淡黄色或黄白色，仅后足腿节中部黑褐色。雄虫接眼式，雌虫离眼式；头稍宽于前胸。触角鞭节4节，第4节小。翅透明，基半部的翅脉淡黄色；平衡棒黄色。腹部黄色，第4、第5背板中部具黑斑。

分布：北京、陕西、上海、浙江、湖北；日本。

注：北京6～8月可见成虫，有时会上灯。

雄虫（鸭跖草，海淀紫竹院，2017.VII.3）

雌虫（顺义汉石桥，2016.VIII.11）

黄腹小丽水虻

Microchrysa flaviventris (Wiedemann, 1824)

雄虫体长3.8～4.8毫米。复眼红褐色，被稀疏黄色短毛。胸部金绿色，腹部黄色（除末端外）。足黄色，后足腿节中部黑褐色，后足胫节端部1/3～1/2（除最末端外）黑褐色。雌虫体长3.5～5.0毫米。头部金绿色，腹部金紫色或金绿色，复眼分离。

分布：北京、陕西、河北、河南、浙江、台湾、湖北、海南、四川、贵州、云南、西藏；日本，俄罗斯，南亚，东南亚，太平洋岛屿，马达加斯加。

注：北京6～9月可见成虫，具趋光性。

雄虫（元宝枫，昌平黄花坡，2016.VII.7）

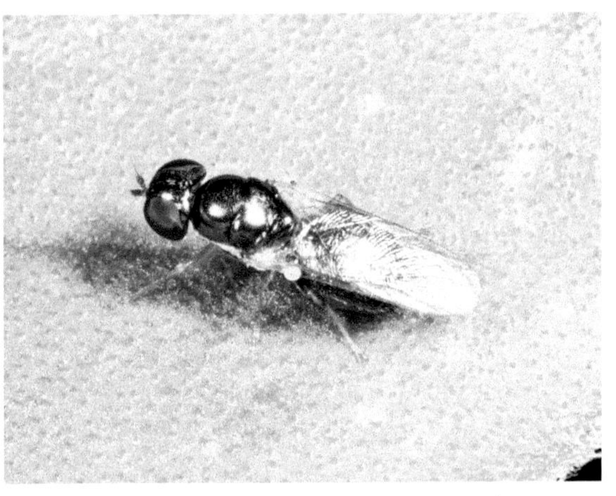

雌虫（丝瓜，北京市农林科学院，2011.IX.1）

排列短角水虻

Odontomyia alini Lindner, 1955

雄虫体长11.3毫米。复眼被白色细毛。触角正下方隆起的上颜中脊褐色。胸部及小盾片黑色。翅盘室分3支，第3支（M_3）很短；平衡棒棕色，球部白色。腹部背板第2～4节后缘和侧缘具棕黄色斑，第5节后缘和侧缘棕黄色；腹面灰褐色。

分布：北京、黑龙江。

注：北京早春见成虫于树枝上休息。

雄虫（枣，朝阳孙河，2015.IV.3）

微毛短角水虻

Odontomyia hirayamae Matsumura, 1916

雌虫体长10毫米。体黑色，被金黄色倒伏毛。触角鞭节长于前2节，由6节组成，端节稍弯折。小盾刺2枚，黄褐色，基部黑褐色，长不及小盾片的1/2。翅浅褐色，盘室仅伸出2支中脉（M脉），其中前支M_1脉很短，M_2脉也远不及翅缘。前中足基跗节黄褐色至褐色、后足基部2节跗节黄褐色。

分布：北京*、陕西、浙江、湖北、福建、云南；日本。

注：经检的标本体长稍短于记录的12～14毫米（杨定等，2014）。雄虫胸背的毛更浓密和更长，复眼接眼。北京4～5月可见成虫，可访李花。

雌虫（李，平谷白羊，2019.IV.17）

金黄指突水虻

Ptecticus aurifer Walker, 1854

体长18毫米。体浅黄褐色至橘黄色，单眼瘤黑褐色，复眼、后头、翅端部2/5黑色，第4腹节背腹面具黑褐色斑，第5～6节黑色。

分布：北京、陕西、辽宁、河北、河南、江苏、安徽、浙江、江西、福建、台湾、湖北、湖南、广东、广西、海南、四川、贵州、云南；日本，俄罗斯，越南，印度，马来西亚，印度尼西亚。

注：腹部黑色部分在不同个体有变异。可见成虫在垃圾（厨余）处飞行和取食；北京7～9月可见成虫，具趋光性。

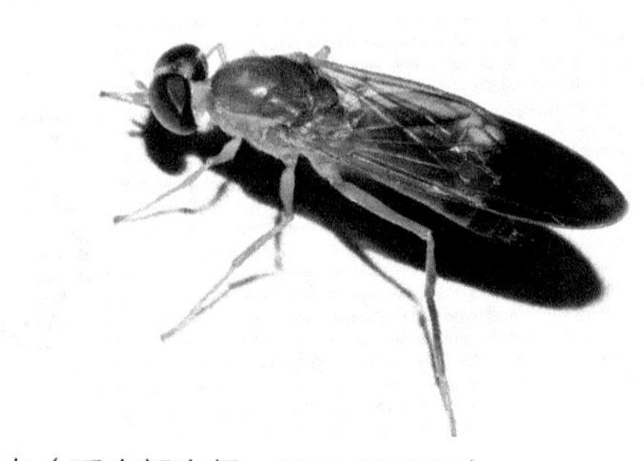

雌虫（延庆祁家堡，2019.VIII.20）

日本指突水虻
Ptecticus japonicus (Thunberg, 1789)

体长11.7～18.8毫米。体黑色。腹部第2节白色，中央具三角形黑斑，有时两侧缘黑色。翅黄褐色。前足胫节基部及中足第1、第2跗节白色。雌虫尾须2节，雄虫1节。

分布：北京、甘肃、内蒙古、黑龙江、辽宁、天津、河北、山西、河南、江苏、上海、安徽、浙江、江西、福建、湖北、湖南、广东、广西、香港、四川、贵州；日本，朝鲜半岛，俄罗斯。

注：又名黑色指突水虻，*Ptecticus tenebrifer* (Walker, 1849)是本种的异名。取食腐烂的有机质；北京7～9月可见成虫，也会上灯，偶见于地铁车厢内。

雌虫（苹果，昌平王家园，2016.VII.26）

新昌指突水虻
Ptecticus sichangensis Ôuchi, 1938

雌虫体长11.6毫米。体淡黄褐色。单眼区、后头、后足胫节及基跗节基部2/5黑色，后足跗节其余部分白色。腹部第2～6节背板具黑色横带。翅浅褐色，透明，翅痣不明显。触角第3节端缘呈斜的弧形。

分布：北京*、浙江；日本，朝鲜半岛。

注：模式标本产地为浙江新昌和天目山，其后足基跗节基部1/3黑色（杨定等, 2014）。北京7月见成虫于灯下。

雌虫（怀柔黄土梁，2021.VII.22）

狡猾指突水虻
Ptecticus vulpianus (Enderlein, 1914)

雌虫体长约10毫米。后头中央黑色。足黄褐色，前中足跗节端部暗褐色，后足胫节和第1跗节基部黑色，后足跗节其余部分白色。

分布：北京*、陕西、吉林、浙江、湖北、广西、云南；印度尼西亚，马来西亚。

注：过去曾鉴定为南方指突水虻*Ptecticus australis* Schiner, 1868（虞国跃等，2016），有误，该种后足基跗节的基半部为黑色。图中腹部第5～6节为浅色，应该是刚羽化不久的缘故，暂定为本种。北京7月可见成虫。

雌虫（苹果，昌平王家园，2007.VII.12）

黄足瘦腹水虻

Sargus flavipes Meigen, 1822

雌虫体长约8毫米。头黑色，额在复眼基部上方具1对亮白色斑；触角黑色，被黑毛。胸部亮金绿色，肩胛及后胛黑褐色。翅透明，稍带褐色；平衡棒黄色。足黄色，基节黑色，后足第2～5跗节背面黑色。腹部亮金绿色。

分布：北京*、黑龙江；朝鲜半岛，俄罗斯，蒙古国，欧洲。

注：本种雄虫两复眼分离，并不相接（杨定等, 2014）。北京6月可见成虫于林下植物的叶片上。

雌虫（蒿，门头沟小龙门，2017.VI.6）

宽额瘦腹水虻

Sargus latifrons Yang, Zhang et Li, 2014

雌虫体长约10毫米。触角褐色，触角芒黑色；后头边缘有1圈白色直立缘毛。中侧片上缘具白色下背侧带。翅透明，翅痣褐色。足基节褐色，前中足腿节端部、后足胫节基部褐色，后足腿节中央具褐斑。

分布：北京*、陕西、甘肃、新疆、福建、广西、四川、西藏。

注：北京8月可见成虫。

雌虫（怀柔孙栅子，2012.VIII.13）

注：体长短于国内描述的9.5～12.1毫米（杨定等, 2014）。北京6～9月可见成虫，具趋光性。

红斑瘦腹水虻

Sargus mactans Walker, 1959

雄虫体长9.0毫米。体具金绿色光泽。复眼裸，几相接。触角黄褐色，触角芒黑色，触角近卵形，梗节前缘圆突，鞭节短，长与梗节相近。中胸中侧片上缘具浅色带。足黄褐色，后足胫节基部黑褐色；后足基跗节长于其余跗节之和，稍短于胫节。

分布：北京、陕西、甘肃、吉林、辽宁、河北、山西、河南、山东、浙江、江西、福建、湖北、湖南、广东、广西、四川、贵州、云南、西藏；日本，巴基斯坦，斯里兰卡，马来西亚至澳大利亚。

雄虫（延庆米家堡，2016.VI.7）

丽瘦腹水虻
Sargus metallinus Fabricius, 1805

雄虫体长9.5毫米。体金绿色。触角、口器及足浅黄褐色，但触角芒、后足基节基部黑褐色。复眼裸，两眼几相接。触角3节长度几乎相近，鞭节稍长于前3节之和，基2节具黑色毛列。后头边缘具直立缘毛。尾须黑褐色，长约为宽的3倍。

分布：北京*、香港、云南；日本，朝鲜半岛，俄罗斯，印度，东南亚。

注：北京8月见成虫于灯下。

雄虫（昌平长峪城，2016.VIII.17）

长角水虻
Stratiomys longicornis (Scopoli, 1763)

雌虫体长13.5毫米。头淡黄白色，复眼、额三角、颜和颊黑色。触角黑色，3节，第2节短，分别为前后节的1/5和1/7。足腿节黑色，胫节基部浅色（后足胫节浅色区较大），前足跗节暗棕色，中后足跗节黄白色。腹部第2～4节背板两侧具白斑。

分布：北京、陕西、宁夏、甘肃、新疆、内蒙古、黑龙江、辽宁、河北、天津、山西、山东、江苏、上海、浙江、江西、福建、湖北、湖南、广东、广西、海南、四川、贵州；古北区。

注：雄虫的复眼为接眼。北京4月、7月可见成虫，可访问梨花。

雌虫（连翘，平谷黄松峪，2020.VII.6）

雌虫（梨，密云庄头峪，2015.IV.21）

短喙蜕蜂虻
Apolysis sp.

雄虫体长4.6毫米。两复眼相接。触角黑色，柄节长大于宽，第3节宽大，略长于前2节之和，背缘端部凹入，着生1细小针状附节，浅色，短小，长不及凹入部分长，其前方具1小黑色节，长度与针状附节相近，但明显粗；喙长，稍不及头长的2倍；下唇稍比喙长，端节扩大明显， 棒形。平衡棒黑色。顶端部黄褐色，端面淡白色。足黑褐色，中足胫节有距。翅盘室封闭。雌虫体长4.7毫米，离眼，翅盘室开放。

分布：北京。

注：蜂虻喜光，常在空地上晒太阳，有访花习性，幼虫寄生性或捕食性。北京记录了北京蜕蜂虻*Apolysis beijingensis* (Yang et Yang, 1994)，该种个体较小，雄虫体长仅2.5毫米，后头被浓密的白毛。从体大小上接近分布于宁夏的黄缘蜕蜂虻*Apolysis galba* Yao, Yang et Evenhuis, 2010，但该种雄虫喙长，约为头长的4倍。经检的2头标本性别不同，翅盘室开放情况不同，暂归为同种。北京5月见成虫于灯下。

雄虫（平谷金海湖，2016.V.11）

雌虫（平谷金海湖，2016.V.10）

朝鲜白斑蜂虻
Bombylella koreanus (Paramonov, 1926)

体长约6毫米。体黑色，被长黑毛。头部近触角基部具银白色鳞片状毛，腹部第2～4节中央、第4～6节两侧具银白色鳞片状毛。翅基半部黑色，黑色部分延伸至翅后缘（即臀室黑色）。

分布：北京、江苏、四川；朝鲜半岛，俄罗斯。

注：国内描述的白斑位置有所不同，为腹背第2～5节中央及第3～5节两侧（杨定等，2012），图示的白斑亦有所不同，第2背板两侧前缘多了个白斑，暂定为本种。北京5月可见成虫访问蒲公英。

雄虫（平谷金海湖，2016.V.11）

丽纹蜂虻
Bombylius callopterus Loew, 1855

雄虫体长及翅长6.0毫米。体暗褐色，被黄色至黄褐色毛。额部具黑色短毛，后头具白毛；触角第3节基部2/3与基2节的宽度相近，但端部1/3较细，约为基部宽的1/2；喙长为头长的4～5倍。中胸翅后胛具白毛。翅透明，基部2/3的前半区域暗褐色（前缘延伸至R_{2+3}端斑），透明区具游离的暗褐斑。足黄褐色，被黑褐色毛，跗节端部3节黑褐色。第2腹节两侧具暗褐色毛。

分布：北京*、内蒙古；朝鲜半岛，俄罗斯，蒙古国，中亚至欧洲。

注：北京标本翅上的斑纹有所变化，如径脉R_4端斑可缩小，略呈线状；前肘脉CuA上的小斑可消失。北京4月可见成虫，在地面上飞行或日光浴。

雄虫（平谷熊儿寨，2019.IV.17）

大蜂虻
Bombylius major Linnaeus, 1758

体长8毫米。体黑色，密被黄褐色至褐色绒毛，并杂有少量黑毛。翅半透明，前半部黑褐色，两者界线分明；前缘脉（C脉）基部具刷状的黑鬃。雄虫两复眼靠近，而雌虫远离。

分布：北京、陕西、辽宁、河北、天津、山东、浙江、江西、福建；古北区，新北区，东洋区。

注：北京4～5月可见成虫。

雄虫（门头沟小龙门，2015.IV.17）

雌虫（密云雾灵山，2015.V.13）

芝川蜂虻
Bombylius shibakawae Matsumura, 1916

体长8.6～12.2毫米。体黑褐色，被长黄色至黄褐色毛，翅基附近的长毛为褐色至黑褐色；腹部第2～3节两侧具黑褐色长毛，背中线点缀白色小毛丛。翅基半部黑色，与透明区分界不明显。

分布：北京；日本，朝鲜半岛。

注：虞国跃（2019）记录于北京；北京4～5月可见成虫访问点地梅、二月兰、丁香等植物的花。

雌虫（北京市植物园，2021.V.14）

臀斑蜂虻
Bombylius sp.

雄虫体长11.0毫米。体暗褐色，体背主要被白色毛，额部具黑色短毛。触角第3节端部1/2较细。喙长约为头长的5倍。翅基部2/3的前半区域暗褐色，其余部分半透明，具游离的暗褐斑，其中臀脉端具暗褐斑。

分布：北京。

注：本种翅面的斑纹与丽纹蜂虻*Bombylius callopterus* Loew, 1855相近，但臀脉及后肘脉端具褐色斑，另外本种体较大，且腹部背面以白色毛为主。北京4月可见成虫，在地面上飞行或日光浴。

雄虫（昌平木厂，2016.IV.18）

中华柱蜂虻
Conophorus chinensis Paramonov, 1929

雄虫体长5.0毫米，翅长4.9毫米。体黑色，头部的毛以黑色为主，后头密被灰褐色毛。触角黑色，柄节膨大，长稍大于宽，密被黑长毛，第3节（鞭节）与柄节长度相近，显著的细，光裸无毛，端部1/3稍弯。翅透明，横脉r-m靠近盘室基部的1/3处，翅脉R_{2+3}和R_4之间无横脉。

分布：北京、新疆。

注：本属昆虫的一个特点是触角柄节显著膨大，宽约是第3节宽的4倍。我国已知4种，本种体长较大，为8毫米（杨定等，2012），经检的标本个体较小，但雄性外生殖器等特征一致。北京4月可见成虫。

雄虫（榆，平谷金海湖，2016.IV.13）

翅斑蜂虻

Bombylius stellatus Yang, Yao et Cui, 2012

雄虫体长及翅长6.0毫米。头黑色，被白粉。喙黑色，约是头长的3倍。体背主要被棕褐色毛。翅半透明，具众多黑褐色斑，近翅端具3个常常相连的斑，或其中的端斑（R_{2+3}端斑）较大，接近下方的斑纹，其外方（R_4端部）尚有1斑。

分布：北京*、辽宁。

注：与丽纹蜂虻*Bombylius callopterus* Loew, 1855相近，但近翅端的斑（R_{2+3}端斑）独立，不与其他斑相连或接近。北京4月见成虫在地面上晒太阳，数量较多。

雄虫（平谷东长峪，2021.IV.14）

雌虫（昌平王家园，2015.IV.10）

中华驼蜂虻

Geron sinensis Yang et Yang, 1992

雌虫体长4.5毫米。体黑色，被金黄色毛和鳞片。离眼式，头额部具白色鳞片；触角黑色，3节，第2节最短，端节最长，基部具黑色刚毛。胸部明显隆凸。

分布：北京。

注：雄虫接眼式。经检查的标本体长稍短，原始描述体长为5.0～5.5毫米；照片上腿节呈现白或灰白色，乙醇浸泡后变黑色。北京7～9月可见成虫，访问荆条、旋覆花、龙牙草等植物的花。

雄虫（蒿，平谷鱼子山，2019.VII.16）

雌虫（黄花蒿，昌平王家园，2015.VII.18）

北京斑翅蜂虻

Hemipenthes beijingensis Yao, Yang et Evenhuis, 2008

体长约9毫米。体黑色，具金黄色毛带。翅黑色，翅外缘透明，r_1室透明部分呈新月形，r_4室透明，m_1室的基部黑色。

分布：北京、陕西、内蒙古、河北、山西、山东、湖北、西藏。

注：模式标本产地为北京和河北（Yao et al., 2008)。北京7～8月可见成虫。

雌虫（昌平黄花坡，2015.VII.1）

雌虫（兴隆雾灵山，2012.VII.18）

暗翅斑蜂虻

Hemipenthes maura (Linnaeus, 1758)

雌虫体长9毫米。体黑色，具金黄色或黄白色毛带。翅基大部黑色，r_4室透明，m_1 室黑色部分延伸至翅外缘。

分布：北京、河北、新疆、内蒙古；欧洲。

注：Yao等（2008）从密云雾灵山记录了此种。河北记录于兴隆。翅臀室（a室）端部几乎没有透明区，或只见很小的三角形的透明区，暂定为此种。北京7～8月可见成虫。

雌虫（门头沟小龙门，2015.VIII.20）

大斑翅蜂虻

Hemipenthes sp.

雌虫体长约10毫米。体黑色。额被紫黑色长毛。中胸背板前缘被成排的棕褐色长毛。翅室r_4完全透明，翅室r_{2+3}端部具黑斑，翅室cu-a_1的透明部分少于翅室的1/3。腹部背板基部4节两侧被黄白色长毛，其余各节被黑色、略杂有黄白色毛。

分布：北京。

注：与云南斑翅蜂虻*Hemipenthes yunnanensis* Yao et Yang, 2008非常接近，但该种翅室r_1中透明部分呈近三角形，翅室cu-a_1的透明部分约为室翅的1/4。北京6月可见成虫。

雌虫（叶下珠，房山议合，2021.VI.24）

浅斑翅蜂虻
Hemipenthes velutina (Meigen, 1820)

体长8～9毫米。体黑色，胸部被黑色和黄色毛，雄虫腹第4、第7节被白色毛，雌虫腹部仅第1节被白色毛。翅基半黑色，端半透明，近翅顶（r_1室端部）具半圆形透明斑。

分布：北京、陕西、宁夏、青海、新疆、内蒙古、山东、江苏；俄罗斯，蒙古国，中亚至欧洲。

注：北京不少个体腹第6节背板也可显现白色横带，是否同种，仍需研究。北京5～6月、8～9月可见成虫。

雄虫（房山上方山，2015.VI.5）

朦坦蜂虻
Phthiria rhomphaea Seguy, 1963

雌虫体长3.9～4.4毫米。头淡黄色，单眼瘤附近黑色，单眼瘤和触角连线的中部两侧及触角基的外侧各有1黑斑；触角黑色。胸部黑色，侧缘及小盾片淡黄色；足黑色。体表具金黄色毛，腹部第1节背板被淡褐色毛。雄虫体长3.6毫米，接眼，小盾片黑色。

分布：北京、河北、辽宁、四川。

注：国内文献记录的雌虫体长为5～6毫米；雄虫过去未见记录（杨定等，2012）；模式标本体长为4.5毫米（Séguy, 1963）。北京5月见成虫访问刺儿菜和苦菜*Ixeris chinensis*的花，也可见于灯下。河北记录于滦平（6月灯下）。

雄虫（平谷金海湖，2016.V.10）

雌虫（苦菜，房山议合，2020.V.19）

中华姬蜂虻
Systropus chinensis Bezzi, 1905

成虫（昌平王家园，2015.VII.28）

体长约20毫米。触角黑色，第1节基部黄色。前胸背板黑色，侧板黄色。中胸背板黑色，两侧具2个独立的黄斑，前斑横向，内缘圆突，后斑三角形；小盾片黑色，后半部分淡黄色。第1腹节背板黑褐色，明显宽于小盾片；第2～5节背中具黑褐色纵条。

分布：北京、河南、山东、浙江、福建、湖南、四川、贵州、云南。

注：箭尾姬蜂虻*Systropus oestrus* Du et Yang, 2009被认为是本种的异名（Cui and Ding, 2010），杨定等（2012）没有列箭尾姬蜂虻为异名，而是列了长刺姬蜂虻*Systropus dolichochaetaus* Dt et Yang, 2009为异名，应是一个误列。北京7～9月可见成虫。

合斑姬蜂虻
Systropus coalitus Cui et Yang, 2010

体长约18毫米。触角柄节淡黄色，端部黑褐色，第2节及第3节黑褐色。中胸背板两侧具3个较小的黄斑，前斑略呈三角形，内端略尖；小盾片黑色。翅浅烟色，r-m横脉位于盘室端部2/5处。前足、中足黄色，跗节第2节端部起黑褐色，中足转节端半部及腿节黑色，后足基节和转节黑色，腿节黄褐色，胫节黑色，基部略浅，端部1/3黄色，跗节黑色。

分布：北京、天津、河南、浙江、福建。

注：模式标本产地为北京怀柔，中胸背板的前斑与中斑可在外侧相连或分离；名称来源于后胸腹板两侧具宽的黑纹，两黑纹在前端相连（Cui and Ding，2010）。北京9月可见成虫访问蓝萼香茶菜。

成虫（蓝萼香茶菜，房山蒲洼，2019.IX.5）

弯斑姬蜂虻
Systropus curvittatus Du et Yang, 2009

体长约25毫米。触角基部2节黄色，第3节黑色。喙黑色，长度与触角长相近。中胸背板两侧具3个较大的黄斑，中斑与前斑在外侧通过短带相连，与后斑在内侧相连。小盾片黑色，端部约1/3黄色。翅浅烟色，r-m横脉位于盘室中央；平衡棒黄色。足黄色，中后足基节黑色，后足转节及腿节褐色，胫节近端部具黑色环，跗节第2节端部起黑色。

分布：北京、河南、四川。

注：本种翅呈褐色不透明，且中胸两侧具3个相连的黄斑，易与北京产的其他种区分。北京8月可见成虫。

成虫（房山议合，2020.VIII.27）

长刺姬蜂虻

Systropus dolichochaetaus Du et Yang, 2009

雌虫体长15.5毫米。触角黑色，第1节基部黄色（乙醇浸泡后仅端部黑褐色）。前胸背板黑色，侧板黄色。中胸背板黑色，两侧具3个独立的黄斑；小盾片黑色，后缘黄褐色；后胸腹板黄色，两侧具黑色纵纹，在端部1/3缩缢，略呈钩形。前足基节淡黄色，中足基节基半部黑色，后足基节和转节黑色。

分布：北京、江苏、湖北。

注：《中国蜂虻志》一书列为中华姬蜂虻 *Systropus chinensis* Bezzi, 1905 的异名，没有标注“新异名”（杨定等，2012），其“以一头雄虫定为新种”说法也不符合事实，应是一个误列，因为长刺姬蜂虻的中胸背板两侧具3个独立的黄斑而明显不同。北京8月可见成虫，访问败酱的花。

成虫（糙叶败酱，怀柔黄土梁，2020.VIII.19）

宽翅姬蜂虻

Systropus eurypterus Du, Yang, Yao et Yang, 2008

雄虫体长约20毫米。触角黑色，第3节约为第2节长的2倍，稍短于第1节。胸部黑色，中胸背板具3个黄色侧斑，前斑、中斑相连，连接处的宽度与中斑相似，后斑独立。前足、中足黄色，基节黑色，转节黄褐色，腿节稍带褐色；后足腿节黄褐色，胫节暗褐色，基部色略浅，端前约1/5黄色，第1跗节黄色，其余跗节黑色。翅烟褐色，宽大。

分布：北京*、河南、江西、湖北。

注：本种的特点是翅烟褐色，很宽大（约占翅长的1/3）。北京8月可见成虫在林下访花。

雄虫（小花风毛菊，怀柔八道河，2021.VIII.25）

长突姬蜂虻

Systropus excisus (Enderlein, 1926)

雄虫体长约14毫米。触角黑色，但第1节基部黄色，后渐暗，至端部黑色。胸部黑色，中胸背板具3个黄色侧斑，均独立，前斑横向，指状，中斑葱头状，后斑小。后足基节和转节黑色，腿节黄褐色，胫节暗褐色，近端部约1/3黄色，端部黑色，跗节黑色。

分布：北京、河南、浙江、江西、福建、湖北、湖南、云南。

注：本种体较小，后足胫节端前黄色，端部及跗节黑色。北京8月可见成虫访花。

雄虫（怀柔黄土梁，2021.VIII.24）

黄边姬蜂虻

Systropus hoppo Matsumura, 1916

体长20～24毫米。触角黑褐色至黑色，柄节基大部淡黄色。胸部黑色，具3对黄斑，前斑横向，长形，中斑点状，后斑略呈三角形；小盾片黑色，端缘黄色。后足腿节红褐色，胫节黄色，中央黑色。腹柄黄色，背面黑褐色，腹面各节具褐色纵条。

分布：北京、河南、山东、浙江、江西、广东、四川、云南。

注：北京本属的种类较多，已记录14种（杨定等，2012）。北京姬蜂虻*Systropus beijinganus* Du et Yang, 2009是本种的异名（Cui and Yang，2010）。北京8～9月可见成虫，多见于访问益母草的花。

成虫（益母草，昌平王家园，2018.IX.4）

黄跗姬蜂虻

Systropus sp.

雄虫体长约15毫米。触角黑色。胸部黑色，但前胸侧板黄色，中胸背板具2对独立的黄斑，前1对黄斑近三角形，在外缘较宽大，后1对黄斑三角形，小。足基节黑色，前足、中足其余部分黄色或浅红黄色，后足腿节红棕色，胫节暗褐色，基部浅褐色，端部约1/8黄色，第1跗节黄色，其余跗节黑色。

分布：北京。

注：与中华姬蜂虻*Systropus chinensis* Bezzi, 1905很接近，该种后足胫节端部大于1/5黄色，第1跗节端部1/3黑色，中胸背板前角的黄斑不呈三角状。北京8月见成虫访问老鹳草的花。

雄虫（老鹳草，房山议合，2021.VIII.17）

斑翅绒蜂虻

Villa aquila Yao, Yang et Evenhuis, 2009

雄虫体长约14毫米。胸部及腹第1～4节两侧被浓密的淡黄色长毛，第5～6腹节两侧被黑色长毛，第7节两侧被白色和黑色长毛；腹部第1、第5和第6节背板后缘具侧卧的白色鳞片，第4节前缘具侧卧的白色鳞片。翅大部分透明，前缘基大部深褐色。

分布：北京、河北、宁夏、云南。

注：模式标本产地为上述的4个省区（Yao et al., 2009）。这是一个次同名，*Villa aquila* Hall, 1976分布于智利，现仍有效。暂用此名。北京6～8月可见成虫。

雄虫（门头沟小龙门，2015.VI.18）

皎磷绒蜂虻
Villa aspros Yao, Yang et Evenhuis, 2009

雄虫体长约12毫米。体黑色。胸部前缘具黄色长毛，胸部两侧及第1～2、第4、第7节两侧具白色毛（或鳞片），第3节两侧前缘有时可见少数白色鳞片。腹部第2、第4节前缘具侧卧的白色鳞片。翅透明，翅基部常具银白色鳞片。

分布：北京、河南。

注：模式标本产地为北京和河南（Yao et al., 2009），杨定等（2012）所附的特征图（除前翅）并不是本种的，而是斑翅绒蜂虻 *Villa aquila* Yao, Yang et Evenhuis, 2009 。本种腹部的白色斑纹似乎有变化，如第5节背板可出现1对白斑。北京7月底至9月初可见成虫。

雄虫（上）和雌虫（下）（怀柔黄土梁，2020.VIII.19）

北方驼舞虻
Hybos arctus Yang et Yang, 1988

雄虫体长3.0毫米，翅长3.0毫米。体黑色，较光亮。复眼接眼；触角黑褐色，第3节长卵形，被黑毛，触角芒细长，2节，被短毛，端部1/4光滑无毛；喙及须暗褐色，喙明显长于须。胸部明显隆突，小盾片具1对小盾鬃。足黑色，中足基跗节暗褐色，后足腿节明显膨大，腹面具2列刺毛，外侧1列粗长，疏，6～7根，内侧1列密（约15根），短，不及前者之半长，胫节仅有细毛，无鬃；第1、第2跗节具短的刺状腹鬃。

分布：北京、黑龙江、河南。

注：本种与武当驼舞虻*Hybos wudonganus* Yang et Yang, 1991接近，该种体稍大，喙较短，后足腿节腹面一侧具10余根刺毛。北京7～8月可见成虫于路边或林下。舞虻的成虫捕食性，捕食蚊、蝇、蚜等小昆虫，幼虫生活在腐木、树皮下等潮湿的环境或水中，捕食小型昆虫等节肢动物。

雄虫（荆条，房山蒲洼东村，2021.VIII.17）

湖北驼舞虻

Hybos hubeiensis Yang et Yang, 1991

雄虫体长及翅长4.5毫米。体黑色。触角暗褐色，第1节端具短鬃，第2节中部具约4根长鬃，第3节只具短毛，无鬃，芒具短毛，长，长于第3节的4倍。须长，端部与喙等长，端部具1根明显长毛。足黑色，前中足胫节暗褐色（略带棕色），第1～2跗节黄色；中足胫节中部前后各具1根长鬃，近基部的1根约为胫节长的2/3，中部的1根约为胫节长之半。后足腿节腹面具30根左右的强刺鬃，不明显成列（端半部具4根背外侧鬃）。

分布：北京*、甘肃、河南、湖北。

雄虫（昌平长峪城，2016.VI.23）

注：本种的特点是中足胫节具2根非常长的鬃，翅淡烟色，基部浅色。北京6月可见成虫。

北京平须舞虻

Platypalpus beijingensis Yang et Yu, 2005

雌虫体长3.5毫米（不包括产卵管2.9毫米），翅长2.8毫米。体黑色。头具灰白色粉被；触角黑色，触角芒细长，约为第3节长的2.5倍。下颚须黄褐色，具淡黄色毛及2根淡黄色端鬃；喙亮黑色，具淡黄色毛。足黄褐色，前中足腿节膨大，中足腿节尤为明显，腹面中央具2排黑色短齿（刺），其前后侧具黄褐色毛列，不甚整齐，10余根，前排短于后排；胫节腹面具1列整齐的短毛，端具明显的刺，其端部黑褐色。中胸腹侧片具大亮黑斑。翅透明，第1基室明显短于第2基室，r-m和m-cu间距大于r-m的长度，R_{4+5}和 M脉在翅缘明显汇聚。

分布：北京。

注：模式标本产地为门头沟，3足腿节粗的比例为1.6∶1.8∶1（Yang and Yu, 2005），经检标本为1.4∶2.5∶1。北京4月、9月可见成虫。

雄虫（房山朱辛庄，2020.IV.30，王山宁摄）

雌虫（碧桃，顺义共青林场，2021.IX.7）

武当驼舞虻
Hybos wudonganus Yang et Yang, 1991

雄虫体长4.7毫米，翅长3.7毫米。体黑色，较光亮。复眼接眼；触角黑褐色，第3节长卵形，被黑毛，触角芒细长，2节，被短毛，端部1/4光滑无毛；喙及须黑色，端部处于同一位置。胸部明显隆突，小盾片具1对小盾鬃。足黑色，后足腿节明显膨大，腹面具2列刺毛，外侧1列粗长，10余根（近基部略乱，或呈2列），内侧1列稍密，但非常短，不及前者之半长，胫节仅有细毛，无鬃；第1、第2跗节具短的刺状腹鬃。

分布：北京*、河南、湖北。

注：模式标本产地为湖北武当山，模式标本为2个雄性，体长4.0～4.3毫米，翅长4.7～5.1毫米，触角及足分别为褐色和浅褐色（杨集昆和杨定，1991），其中翅长大于体长及浅色的触角和足，这与经检的标本不同。雄性外生殖器的细节上亦有些差异，可能是角度的关系。北京7月见于林下，数量较多。

雄虫（龙芽草，密云雾灵山，2021.VII.24）

河北平须舞虻
Platypalpus hebeiensis Yang et Li, 2005

雄虫体长3.1毫米，翅长2.9毫米。体黑色，胸背具土黄色粉被。触角淡黄色，第3节端部及芒暗褐色，触角芒为第3节的2倍长。下颚须黄褐色，粗短；喙亮黑色，具淡黄色毛。足黄褐色，各跗节端部黑色（端跗节黑色部分最长），前足尤其明显，前中足腿节膨大，中足腿节稍大于前足。翅透明，第1基室明显短于第2基室，r-m和m-cu间距大于r-m的长度，与m-cu长度相近，R_{4+5}和 M脉在中部稍弓突。腹部生殖节黑色。

分布：北京*、河北。

注：经检4个雄虫标本其腹近基部具黑斑，实为腹内黑体的透视（可能为寄生物，具通气管）；触角第3节端大部暗褐色，雌虫个体略小，腹端部细小。北京5～6月可见成虫于林下和灯下。

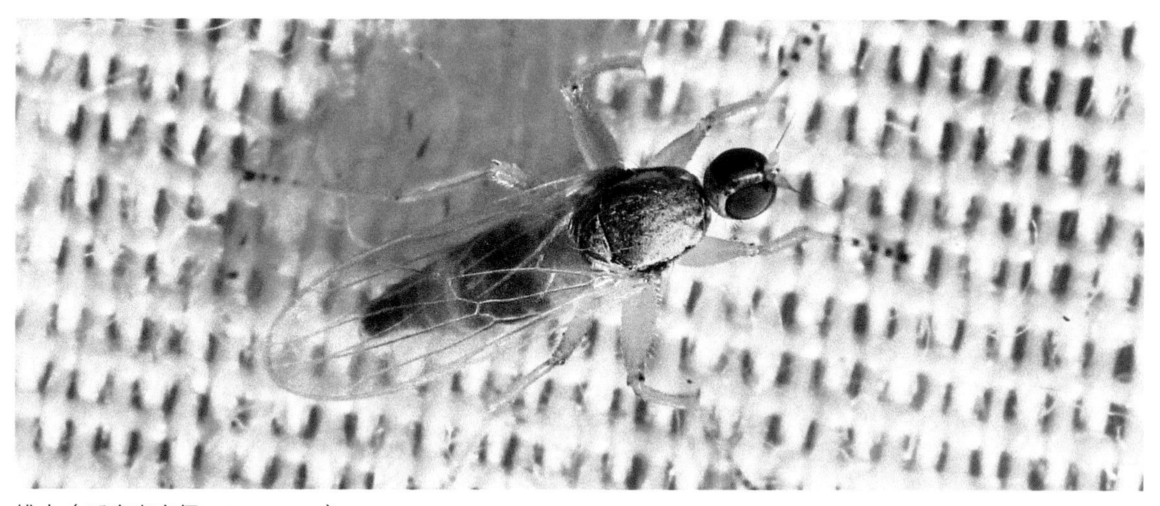

雄虫（延庆米家堡，2014.V.28）

黄褐平须舞虻
Platypalpus sp.

雌虫体长2.8毫米，翅长2.8毫米。体淡黄色。触角淡黄色，第2节端缘具淡白色毛，触角芒细长，约为第2节长的2.5倍；喙黄色，端部暗褐色。足黄褐色，前中足腿节膨大，中足腿节比前足的稍膨大（约为前者的1.2倍粗），腹面中央具2排黑色短刺，其后侧具1列长毛，胫节腹面具1列整齐的短毛，胫节端部的刺较小。翅透明，R_{4+5}和M脉在近中部稍凸，在翅缘近于平行。

分布：北京。

注：本种体色淡黄色，与指突平须舞虻*Platypalpus digitatus* Yang, An et Gao, 2002接近，该种体略大，雄虫体长3.5毫米，翅长3.7毫米，喙黄色，中足腿节粗是前足的1.8倍而不同。北京5～6月可见成虫于栓皮栎叶片上，或见于灯下。

雌虫（栓皮栎，平谷白羊，2018.V.31）

黑盾平须舞虻
Platypalpus sp.

雄虫体长2.7毫米，翅长3.2毫米。体淡白色。头黑色，触角、须及喙淡白色；触角芒约为第3节长的4倍。胸背红棕色，小盾片黑色。足淡白色，端跗节稍暗色。翅透明，R_{4+5}和 M脉近于平行，在翅缘不汇聚。腹部淡白色，背面中部具大黑褐色斑。

分布：北京。

注：与广西平须舞虻*Platypalpus guanxiensis* Yang et Yang, 1992（杨集昆和杨定，1992）很接近，该种体略大，体长3.4毫米，翅长3.9毫米，足红棕色而不同。北京5月见成虫于灯下。

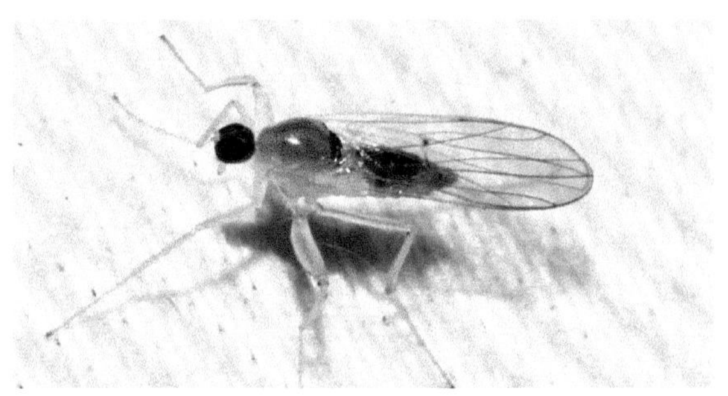

雄虫（密云雾灵山，2015.V.12）

小五台平须舞虻
Platypalpus xiaowutaiensis Yang et Li, 2005

雄虫体连翅长4.4毫米（至腹末2.9毫米），翅长3.4毫米。体黑色。触角黑色，触角芒细长，约为第3节长的2倍。足黄褐色，前中足腿节膨大，中足腿节尤为明显，腹面中央具2排黑色短刺，胫节腹面具1列整齐的短毛，端部的刺不明显。翅透明，r-m和m-cu间距明显短于r-m的长度，R_{4+5}和 M脉近于平行，在翅缘不汇聚。

分布：北京*、河北。

注：与北京平须舞虻*Platypalpus beijingensis* Yang et Yu, 2005相近，最明显的区别是后者R_{4+5}和 M脉在翅缘明显汇聚。北京5月可见成虫。

雄虫（延庆米家堡，2014.V.28）

亮黑猎舞虻

Rhamphomyia sp.

雄虫体长3.2毫米，翅长3.4毫米。体黑色。触角黑色，第3节长，长于其余鞭节的2倍。喙黑色，稍短于头高，须很短小，具明显的鬃，唇瓣淡黄色，宽大。中胸背板具成列的中鬃和背中鬃，小盾鬃2对。足淡黄褐色，胫节（基部淡黄色，且前中足淡黄色较大）及以下黑褐色，前足、后足基跗节稍扁宽。翅透明，翅脉淡褐色，前缘脉终止于R_{4+5}末端，R_{4+5}不分叉。腹部末端扩大，阳茎细长，向背上方弧形弯曲。

分布：北京。

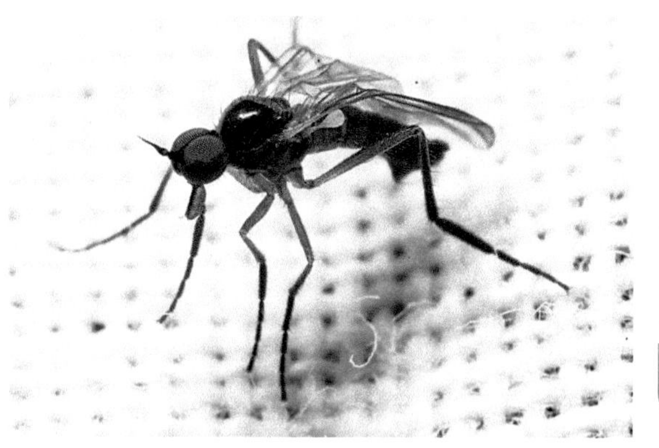

雄虫（房山蒲洼东村，2017.V.23）

注：这是舞虻科的一个大属，世界已知500多种，我国记录的种类不多。北京5月见成虫于灯下。

灰褐猎舞虻

Rhamphomyia sp.

雌虫体长4.7毫米，翅长4.8毫米。体黑色，具灰褐色粉被。触角黑褐色，第3节基半部膨大，长为其余鞭节的1.3倍。喙黑色，长于头高，唇瓣黄褐色；须黄褐色，短，不及喙长之半。胸背具3条暗褐色纵纹。足淡黄褐色，前中足的跗节及后足颜色褐色，后足跗节黑褐色，基跗节扁宽，长约为胫节长之半。翅淡烟色，半透明。腹部末端扩大，阳茎细长，向背上方弧形弯曲。腹部尾须细长，明显长于前节。

分布：北京。

注：与亮黑猎舞虻*Rhamphomyia* sp.相比，本种体较大，体背具厚的灰褐色粉被，仅后足基跗节扁宽。北京9月见成虫于灯下。

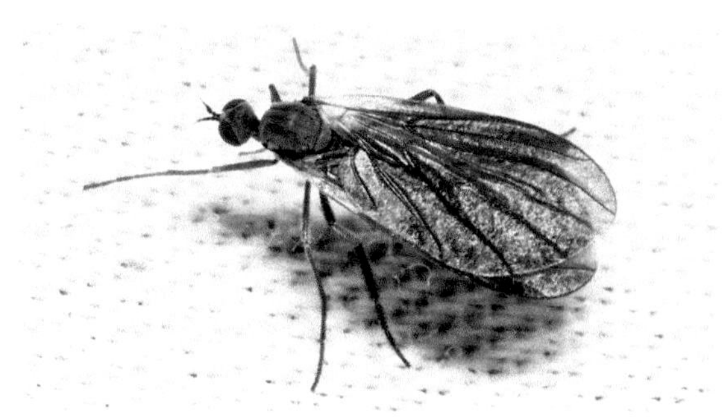

雌虫（昌平王家园，2013.IX.26）

尖突柄驼舞虻

Syneches acutatus Saigusa et Yang, 2002

雄虫体长5.6毫米。体黑色，被灰褐粉。触角、喙、足及平衡棒浅黄褐色，各足基节和转节暗褐色。复眼为接眼，中下部具1横向的浅沟。触角梗节具1圈端鬃，鞭节有1根背鬃，触角芒具微毛或小齿突。胸部隆起，似驼峰；小盾片后缘具一圈长毛及8根鬃。翅稍带灰色，翅痣长，暗褐色。腹部第1～2节腹面中央光亮。

分布：北京*、陕西、河南。

注：北京8月可见成虫，具趋光性。

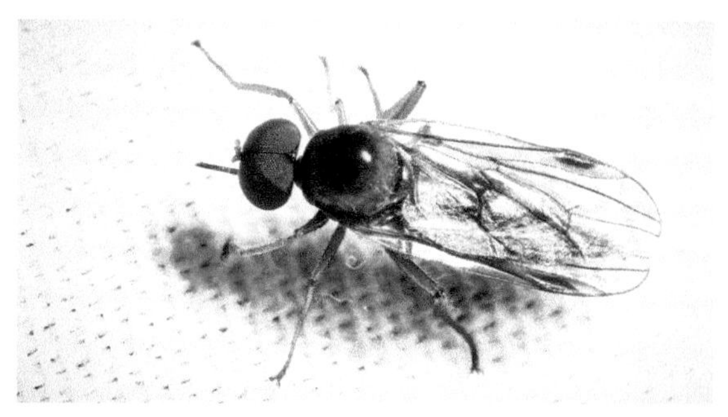

雄虫（怀柔孙栅子，2013.VIII.19）

叉突柄驼舞虻
Syneches furcatus Saigusa et Yang, 2002

雄虫体长5.0毫米，前翅3.8毫米。体黑色。触角基2节浅褐色，第3节暗褐色，第2节近端部具1圈短鬃，第3节背面具1长鬃，触角芒具短毛，长，端部约1/6无毛。须暗褐色，短，不及喙长的1/4，具2根长毛（位于近两端）；喙暗褐色，明显长于头高。足黑色，腿节端部、前足胫节基部、中后足胫节及第1～3（4）跗节黄色。后足腿节粗，腹面具黑色刺毛，2～3列，不整齐，长短不一；基跗节与后3节之和长相近。

分布：北京*、河南。

注：模式标本产地为河南栾川，下生殖板前缘具4个弱齿（杨定和杨集昆，2004），经检标本其雄性下生殖板前缘中央呈浅弧形内凹，其端部各呈小黑齿。北京7月见成虫于灯下。

雄虫（房山蒲洼东村，2016.VII.12）

合室舞虻
Tachydromia sp.

雄虫体长2.7毫米，翅长2.3毫米。体黑色，光亮。头顶亮黑，复眼大，相距较近，在颜处几乎相接。触角黑色，第3节长卵形，芒长，黑色，约为第3节长的9倍。足黑褐色，前中足胫节基部略浅色，各足第1跗节淡黄色，端部及以下黑色。翅透明，具2个不明显的宽横带，淡烟色，翅基及翅端无色。

分布：北京。

注：从体色（足第1跗节除端部外淡黄色，腹第1节背板后半部黑褐色）等与河南合室舞虻*Tachydromia henanensis* Saigusa et Yang, 2002很接近，该种体较小，雄虫体长1.3～1.5毫米而有较大差距，暂定至属。北京9月见成虫于灯下。

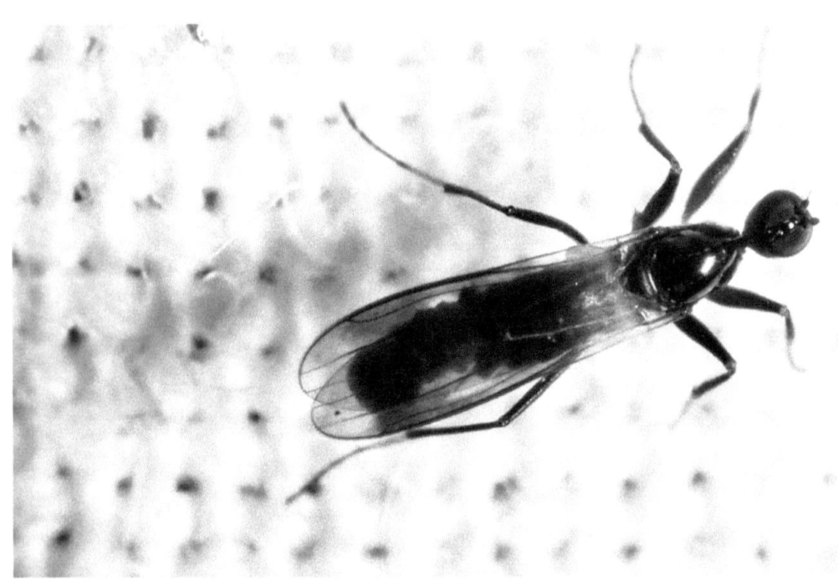

雄虫（怀柔中榆树店，2017.IX.13）

弯钩林扁足蝇

Lindneromyia argyrogyna (de Meijere, 1907)

雄虫体长2.8毫米，翅长2.8毫米；雌虫体长3.6～4.0毫米，翅长3.1～3.4毫米。体黑色，复眼红色（雄接眼，雌离眼），触角褐色，第3节稍浅；下颚须及喙黄褐色；各足黄褐色至褐色，雌虫后足跗节褐色，但第1～2节和第5节浅褐色。翅M叉脉位于中脉（dm-cu 横脉与边缘）的2/3处，dm-cu 横脉明显短于横脉后的CuA_1。雄虫后足跗节1～3节大小相近，长稍大于宽，雌虫第2节宽明显大于长，且第3～4节（内侧）具无毛区。

分布： 北京*、河北、台湾、香港、云南；日本，俄罗斯，南亚，东南亚，大洋洲。

注： 本种可从伞菌中育出，后足跗节颜色有变化。北京6～8月见于庭园植物的叶片上，常见于湿润水边的植物上。

雄虫（芦苇，怀柔黄土梁，2021.VII.23）

雌虫（早园竹，北京市农林科学院，2020.VIII.24）

丝扁足蝇

Seri obscuripennis (Oldenberg, 1916)

雄虫体长3.1毫米，翅长2.8毫米。体黑色，腹部无浅色斑纹，前中足跗节颜色较浅。复眼暗红色，下部约1/3小眼明显的小，且颜色更暗。翅透明，略带浅褐色，M_{1+2}在端部分叉，分叉后的M_1明显长于分叉处至dm-cu的距离。

分布： 北京*；俄罗斯，欧洲。

注： 中国新记录属和种，新拟的中文名。本属仅2种，分别分布于古北区和新北区；雌虫离眼，体色常灰色（Cumming and Cumming, 2011）。与弯钩林扁足蝇*Lindneromyia argyrogyna* (de Meijere, 1907) 相像，该种dm-cu横脉明显短于横脉后的CuA_1，本种dm-cu 横脉明显长于横脉后的CuA_1。记载幼虫取食多孔菌科猪苓属*Polyporus*；北京7月见成虫于林间。

雄虫（海淀西山，2021.VII.6）

紫额异巴蚜蝇
Allobaccha apicalis (Loew, 1858)

雄虫体长12.0毫米。触角橘黄色，第3节卵形，触角芒短，无毛；颜具光裸的黑色中突。中胸背板和小盾片亮黑色，具紫铜色光泽，被黄色竖毛。翅前缘具暗色带，翅顶具暗色斑。腹部细长，第3节背板中部和第4节基部两侧各具斜生的黄斑。

分布：北京*、陕西、甘肃、江苏、安徽、浙江、江西、福建、台湾、湖北、湖南、广东、广西、香港、四川、云南；日本，朝鲜半岛，俄罗斯，东洋区。

注：北京10月见成虫于油松上，幼虫可能捕食其上的长足大蚜。

雄虫（油松，门头沟小龙门，2011.X.19）

异食蚜蝇
Allograpta sp.

雄虫体长约9毫米。体嫩黄色，具黑斑。头额部前端具三角形小斑；触角橘黄色，端节背侧暗褐色。中胸背板亮黑色，两侧嫩黄色，小盾片被黑色长毛，基缘毛稀少。腹部第1背板后缘黑色，很窄，第2节具“工”字形黑斑，第3、第4节前后缘黑色。足黄色，后足腿节端及胫节端部黑色。

分布：北京。

注：与黑胫食异蚜蝇*Allograpta nigritibia* Huo, Ren et Zheng, 2007很相近，该种后足胫节黑色。北京6月可见成虫。

雄虫（苹果，昌平王家园，2006.VI.25）

切黑狭口食蚜蝇
Asarkina ericetorum (Fabricius, 1781)

雌虫体长15.5毫米。头顶暗褐色，具紫色光泽。中胸背板大部黑褐色，被黄色毛，两侧及侧板黄色；小盾片具黄色和黑色毛，端缘的毛多为黑色。翅黄色，略带褐色。腹部第1节中基部黑色，第2～5节后缘具略宽的黑色横带，第2节具不明显的褐色细中线，第3～5节前缘具很窄的黑色横带。

分布：北京、陕西、甘肃、内蒙古、河北、江苏、浙江、江西、福建、台湾、湖北、湖南、广东、广西、海南、四川、贵州、云南；东洋区，非洲区，大洋洲区。

注：北京的分布由廖波（2015）记录。北京9月见成虫于灯下。

雌虫（顺义共青林场，2021.IX.7）

狭带贝食蚜蝇

Betasyrphus serarius (Wiedemann, 1830)

体长7～11毫米。体黑色。复眼被密毛，触角第3节大，长约为宽的2倍。小盾片棕黄色，被黄白色长毛，少数毛黑色。腹部第1节背板蓝黑色，第2～4节背板近前缘各具灰白色至黄白色的狭横带，有时第2背板横带中部断裂。

分布：北京、陕西、甘肃、内蒙古、黑龙江、吉林、辽宁、河北、江苏、浙江、江西、福建、台湾、湖北、湖南、广东、香港、广西、海南、四川、贵州、云南、西藏；日本，朝鲜半岛，俄罗斯，东南亚至澳大利亚。

注：幼虫可捕食绣线菊蚜、豆蚜等多种蚜虫，成虫访花。

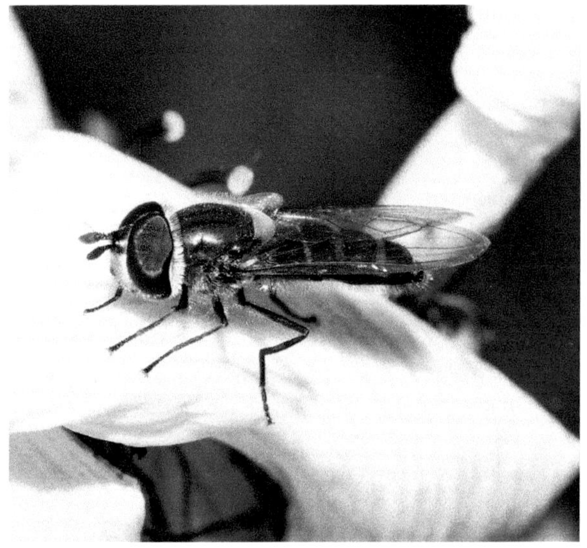

雄虫（红旱莲，昌平黄花坡，2016.VII.7）

幼虫（甘菊，北京市植物园，2013.V.14）

短腹蚜蝇

Brachyopa sp.

雄虫体长7.6毫米，翅长6.4毫米。复眼裸，复眼接缝稍短于头顶长的1/2；触角黑褐色，第3节橘黄色，高明显大于长（27∶19），面部下半部明显前凸。中胸背板和小盾片黑色，具淡黄色毛，无粗鬃。腹部暗褐色，第2～4节各具不明显浅色毛斑。翅近于透明，翅脉棕色，脉M_1与脉R_{4+5}的夹角呈锐角。足黑色，腿节端和胫节基部棕色，基跗节明显长于其他节，后足尤其如此。

分布：北京。

注：短腹蚜蝇属种类不少，俄罗斯远东记录了9种，与树创流液有关。我国仅1种：分布于甘肃的天祝短腹蚜蝇*Brachyopa tianzuensis* Li et Li, 1990。该种中胸背板在侧沟前具3根粗鬃，小盾片后缘具6根黑鬃，足黑色。北京4月可见成虫。

雄虫（核桃，平谷金海湖，2016.IV.13）

日本脊木蚜蝇
Brachypalpus nipponicus Shiraki, 1952

雌虫体长约13毫米。体暗褐色。头正面观三角形，颜面暗褐色，在触角着生处下方具灰白色细横带；触角暗褐色，基节及触角芒褐色。中胸背板覆黄褐色粉被，密布黄褐色直立长毛。足暗褐色，中足、后足基节、转节及腿节基部黄白色（中足腿节基大部浅色），后足腿节近端腹面具脊状突起，其上方具1列短黑刺。

分布：北京、吉林、河北、山西；日本，朝鲜半岛，俄罗斯。

注：雄虫两复眼相接，接触线较短。幼虫腐食性，在树创流液中生活。北京4月可见成虫。

雌虫及头部（柳，北京市植物园，2019.IV.12，周达康摄）

幼虫（柳，北京市植物园，2021.II.11，周达康摄）

蛹（柳，北京市植物园，2021.II.15，周达康摄）

斑额突角蚜蝇
Ceriana grahami (Shannon, 1925)

雄虫体长约13毫米。体黑色。头顶具 1 对黄斑，额具 2 对黄斑，颜具1对黄色大斑，中央黑色；触角黑色，长，着生于明显突出的额突上。中胸背板的肩胛黄色，小盾片中部具黄色横带。翅棕褐色，翅后侧部透明。腹部第 1 节前角及侧缘黄色，第2～4节背板后缘黄色，但第4节黄带很狭。

分布：北京、陕西、河北、江苏、浙江、四川。

注：这类食蚜蝇外形像蜾蠃，但仅1对翅；幼虫取食腐烂的植物或树创流液。北京5月可见成虫。

雄虫（叶下珠，昌平羊台子，2019.V.22）

红突突角蚜蝇

Ceriana hungkingi (Shannon, 1927)

雌虫体长约12毫米。外形似蜂，体黑色。额黑色，前方具1对横向黄斑，后头具1对黄斑，颜黑色，两侧具大黄斑；触角着生在长柄状的额突上，黑色。中胸背板黑色，两侧具3对黄斑，其中后1对纵向，稍细长；小盾片黄色，前后缘黑色。足以红褐色为主，跗节稍暗。

分布：北京、陕西、宁夏、甘肃、黑龙江、河北、山东、江苏。

注：本属幼虫腐食性。本种幼虫可能在树创流液中生活。北京5～7月可见成虫。

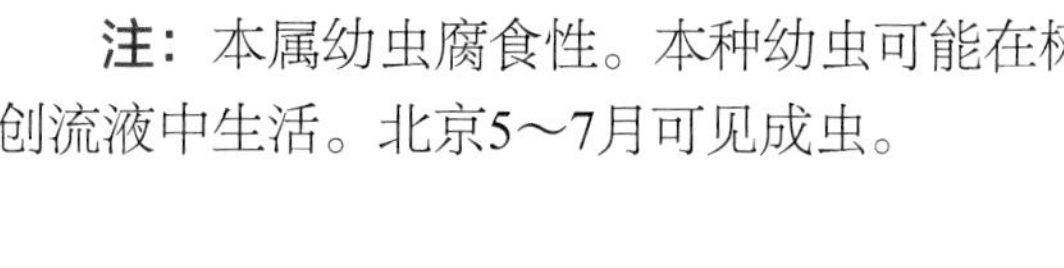

雌虫（杨，北京市植物园，2021.VI.13，周达康摄）

白黑蚜蝇

Cheilosia illustrata (Harris, 1780)

雌虫体长11.6毫米。体黑色，具白毛。头黑色，额、颜覆灰白色粉被；复眼密被灰白色毛。中胸背板及小盾片黑色，沟前缘、后缘及小盾片大部被红褐色毛，小盾片后缘具淡黄色长毛，中胸盾片沟后大部分被黑毛，中胸侧板、足腿节和胫节、腹基部及两侧被长白色毛。翅透明，翅痣及下方（至翅中部）具褐色大斑。

分布：北京*；日本，朝鲜半岛，俄罗斯，欧洲。

注：中国新记录种，新拟的中文名，从体具明显的白毛（有时毛可略带黄色，雄虫腹末常具黄色至金黄色毛）。体态似熊蜂，受惊时也能发出类似的警戒声。幼虫钻蛀独活和防风的茎。北京7月可见成虫访问短毛独活。

雄虫（短毛独活，密云雾灵山，2021.VII.25）

雌虫（短毛独活，密云雾灵山，2021.VII.25）

条纹黑蚜蝇

Cheilosia shanhaica Barkalov et Cheng, 2004

雄虫体长9.4毫米。体黑色，具光泽。复眼被毛；头顶被黑色直立长毛，单眼三角区为等边三角形；新月片暗褐色，密被黑色长毛；触角褐色，第3节背缘暗褐色。中胸背板略带紫色光泽，密被黄色直立毛，两侧混杂黑毛，小盾片后缘具黑色长鬃。足腿节黑色，端部黄色；胫节黄色，中部外侧略呈褐色；跗节黄色，端节黑色。

雄虫（华北前胡，房山蒲洼东村，2021.VIII.17）

分布：北京、陕西、四川。

注：黑蚜蝇属*Cheilosia*是一个大属，已知480多种，大多分布于古北区。它们的幼虫是植食性的，钻蛀植物的茎或根。北京8月可见成虫，访问植物的花。

小龙门黑蚜蝇

Cheilosia sp.

雌虫体长6.1毫米，翅长6.7毫米。体黑色，稍具铜色光泽。眼具稀疏短毛；触角第3节宽大，长稍大于宽，触角芒膨大，仅端部细；额在触角上方明显凹陷（无纵沟）；颜明显向前突出，侧颜具黑褐色毛，近颜脊处光滑无毛。小盾片黄褐色，被细长的淡黄色毛，无鬃。翅透明，无褐纹，M_{1+2}和R_{4+5}脉间内角为直角；平衡棒黄白色。胸腹具白毛。

分布：北京。

注：与白毛黑蚜蝇*Cheilosia albopubifera* Huo, Ren et Zheng, 2007相像，该种雌虫前足跗节1～2节和中足跗节1～3节褐色。北京4月可见成虫在地面上日光浴。

雌虫及头部（门头沟小龙门，2016.IV.7）

维多利亚黑蚜蝇
Cheilosia victoria Hervé-Bazin, 1930

雄虫体长9.0毫米，翅长8.1毫米。体黑色。触角黄色，基部2节稍暗，触角芒具短毛，基半部黄色，端半部稍暗。足黄色，后足基节、各足跗节端节、后足基跗节黑褐色，后足腿节端半部具宽大的黑环，腹面着生众多黑色短刺，胫节近端部具不明显褐环，中足胫节端具1圈黑刺（前后足无）。翅浅烟色。

分布：北京*、陕西、甘肃、河北、江苏、江西、四川。

注：北京7月可见成虫访问短毛独活的花。

雄虫（短毛独活，密云雾灵山，2021.VII.25）

丽纹长角蚜蝇
Chrysotoxum elegans Loew, 1841

体长10～15毫米。触角黑色，3节的比例为1∶1∶1.2。胸部两侧具亮黄色纵条，在中部前断裂。小盾片黄色，中部黑色。足红黄色，胫节黄色。翅淡黄色，无明显褐纹。腹部2～5节具中间断开的黄色横带，这些横带各自在侧面与黄色后缘相连，黄色后缘以第2腹节最窄；腹部具黄色长毛，尤其以腹基部两侧最为明显。

分布：北京、陕西、新疆、黑龙江、吉林、辽宁、河北、浙江、江西、福建、湖南；俄罗斯，欧洲。

注：幼虫捕食地下根部上的蚜虫。北京4～5月可见成虫，具趋光性。

雌虫（蒲公英，门头沟小龙门，2014.V.16）

黄股长角蚜蝇
Chrysotoxum festivum (Linnaeus, 1758)

雌虫体长11.0～12.7毫米。触角黑色，细长，第3节和触角芒均短于基部2节之和；颜柠檬黄色，中纵条及侧纵条黑色。小盾片柠檬黄色，中央黑色，被黑色短毛。腹部宽卵形，第2～4节背板具1对柠檬黄色横斑，各斑宽度相近；腹部第1、第2节两侧被灰白色长毛，黄斑上被黄毛，其余被黑毛（部分黑毛分布在黄斑的边缘），外侧不达侧缘，第5节基部及两侧黑色，余黄色，中部具倒“Y”形黑纹。

分布：北京、陕西、宁夏、新疆、黑龙江、辽宁、河北、湖南；日本，朝鲜半岛，俄罗斯，蒙古国，印度，欧洲等。

注：北京5～6月可见成虫。

雌虫（怀柔帽山，2015.VI.11）

八斑长角蚜蝇

Chrysotoxum octomaculatum Cutris, 1837

体长13.0～13.2毫米。触角黑色，细长，第3节和触角芒均短于基部2节之和；颜亮黄色，具较粗的黑色中纵条和略细的侧纵条。小盾片黄色，中央黑色，毛黄色。腹部宽卵形，第2～5节背板具1对黄色横斑，其中第2、第5节上的呈“八”字形，第5节以黄色为主；腹部第1、第2节基部及黄斑上被黄毛，其余被黑毛。

分布：北京、陕西、甘肃、内蒙古、黑龙江、河北、浙江、江西、湖北、湖南、四川；俄罗斯，欧洲。

注：经检标本小盾片中央具黄色毛，这与李兆华和李亚哲（1990）的记述不同。成虫访花，幼虫捕食蚜虫。北京6月可见成虫。

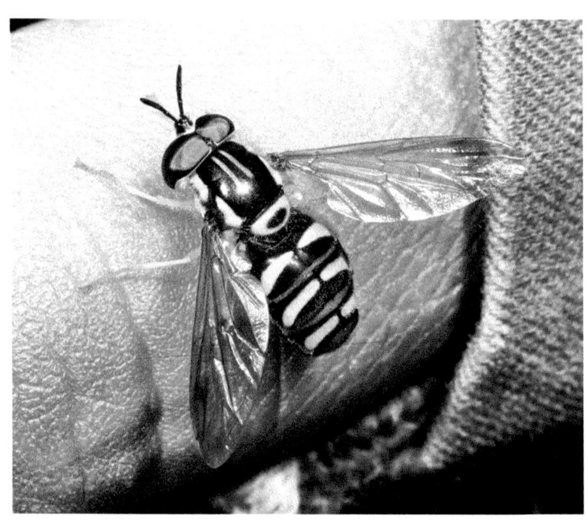

雄虫（门头沟小龙门，2012.VI.4）

雌虫（门头沟小龙门，2016.VI.16）

双线毛食蚜蝇

Dasysyrphus bilineatus (Matsumura, 1917)

雌虫体长14毫米。头顶及额黑色，被金黄色粉被，单眼区及额前端背面无粉被。中胸背板具2对灰白色粉被；小盾片黄色，被黑毛。足黄色，基节、转节、前中足腿节基部1/3、后足腿节基部2/3黑色。腹背第2～4节近前缘各具1对黄色斑，两端圆钝，外侧达侧缘。雄虫接眼，腹部第2～4节的黄斑较粗，后缘中央凹入不明显。

分布：北京、陕西、吉林、辽宁、台湾；日本，朝鲜半岛，俄罗斯。

注：幼虫捕食性。北京8月见成虫访问黄花乌头的花朵。

雌虫（黄花乌头，门头沟小龙门，2015.VIII.20）

布氏毛食蚜蝇
Dasysyrphus brunettii (Hervé-Bazin, 1924)

雌虫体长11.0毫米，翅长9.8毫米。复眼密被白色短毛；额黑色，近中部具宽大的灰白色毛带；颜面具黑色中条及淡黄色毛；触角黑色。中胸背板具灰黄色粉被纵条；小盾片黄色，具黄色毛和黑色毛（后缘具长的黄毛，黑毛位于中央）。腹部第2节具1对黄色斑，第3～4节具黄色横带，不达前缘和侧缘，第5背板前侧角具小黄斑，不达侧缘。足基节和转节黑色，前足腿节基半部黑色，后足腿节仅端部黄色。

分布：北京*、陕西、甘肃、四川；印度，尼泊尔。

注：又名具带毛食蚜蝇。腹部斑纹的大小有变化，尤其是第2背板上的斑纹，可缩短呈横向的卵圆形（Brunetti, 1923；用名：*Syrphus albostriatus*）。幼虫捕食蚜虫。北京9月见成虫于林下。

雌虫（房山史家营，2021.IX.3）

新月毛食蚜蝇
Dasysyrphus lunulatus (Meigen, 1822)

雌虫体长9.5毫米。体黑色。颜面黄色，以黑色毛为主，黑色中条及口缘相连呈倒“Y”形。触角暗褐色。中胸盾片具不明显的纵向粉条，被淡黄色柔毛，小盾片毛以黑色为主。腹背具黄色斑纹，后缘直，均不伸达侧缘，第4～5节后缘黄色及第5节前侧角具独立黄斑。足黄褐色，基节、转节和腿节基半部（中后足深色部分渐大）黑褐色，后足胫节中部具不明显褐纹。

分布：北京、新疆、河北、四川、云南、西藏；日本，俄罗斯，蒙古国，欧洲，北美洲。

注：幼虫捕食性。北京9～10月可见成虫。

雄虫（房山蒲洼东村，2021.X.13）

雌虫（房山史家营，2021.IX.2）

暗突毛食蚜蝇
Dasysyrphus venustus (Meigen, 1822)

雌虫体长8.6毫米，翅长8.0毫米。体黑色。颜面黄色，具黑色和黄色毛，黑色中条及口缘相连呈倒“Y”形。触角黄色，基2节暗褐色。中胸盾片无纵向粉条，被毛黄色，小盾片具黄毛。腹背具黄色斑纹，均伸达侧缘，第4～5节后缘及第5节前侧角黄色。足黄褐色，基节、转节和腿节基半部（后足基大部）黑褐色，后足胫节中部具黑褐色环。

分布： 北京、宁夏、吉林、四川、西藏；俄罗斯，蒙古国，欧洲，北美洲。

注： 经检标本其腹部第3～4节上的斑纹较细。北京6月可见成虫。

雌虫（门头沟小龙门，2014.VI.9）

宽带直脉食蚜蝇
Dideoides coquilletti (van der Goot, 1964)

雌虫体长约17毫米。体黑色。头宽于胸，复眼被密毛，单眼三角区黑褐色，额和颜红黄色，额密被黑毛，颜被黄毛，后头密生黄毛。中胸背板具3条黑褐色纵条，两侧缘略带棕色，被黑色长毛。足腿节（除端部）以上黑色。腹部黑色，第3背板中部具红褐色弓形横带，第4、第5节红棕色，第4节基部黑色，近基部具1黑色弓形横带。

分布： 北京*、陕西、甘肃、浙江、江西、福建、台湾、四川；日本，朝鲜半岛。

注： 雄虫两复眼相接，且腹部红褐色区域更大，第2节背板具1对不明显小黄斑。幼虫捕食扣绵蚜（*Colophina* sp.），北京10月见成虫于灯下。

雌虫及头部（北京市植物园，2021.X.8，周达康摄）

棕翅囊食蚜蝇
Doros profuges (Harris, 1780)

雄虫体长约15毫米。体黑色。头额两侧具黄色狭条；触角红棕色，基节黑色。中胸背板前部中央具1对不明显的淡色粉被纵条，两侧具黄色纵条；小盾片红棕色。腹基部两侧（第2节）各具1黄斑，第3～4节前缘及第4节后缘具黄色横带。足黑色，但腿节端及胫节呈红棕色。

分布：北京、辽宁、河北、山西；日本，俄罗斯，蒙古国，欧洲。

注：又名大腰细花蚜蝇，国内多用学名*Doros conopseus*，其实这是误用（Thompson et al., 1982）。本种的习性尚未清楚，多认为幼虫在地下捕食蚜虫。北京6月可见成虫。

雄虫（昌平长峪城，2016.VI.1）

黑带食蚜蝇
Episyrphus balteata (De Geer, 1776)

体长6～10毫米。浅棕黄色，腹部具黑横带。复眼红色。前胸背板黑色，具铜色光泽，中央及两侧具灰色纵条，两侧的较宽。第2腹节背板基部中央具黑斑，第2～3节背板后缘具黑带，第4节近后缘具黑带，第3、第4节（有时包括第2节）亚基曾具1较短的黑横带；第5背板黑斑较小，“^”形，或扩大，呈“工”字形。

分布：中国广布；亚洲，欧洲，北非，大洋洲。

注：腹部斑纹多变，冬季的个体常常黑纹扩大（霍科科和郑哲民, 2003），各虫态描述可见张君明等（2019）。最常见的食蚜蝇，成虫访花，幼虫捕食多种蚜虫，如麦长管蚜、桃蚜、桃粉大尾蚜等。

雌（左）雄成虫（白屈菜，海淀紫竹院，2016.IV.12）

幼虫（枸杞，北京市农林科学院，2016.VI.12）

亮胸垂边食蚜蝇
Epistrophe nitidicollis (Meigen, 1822)

雌虫体长8.7毫米，翅长7.0毫米。复眼裸，头顶黑色，光亮，其前方具“Y”形黑纹；额其他部分及颜面黄色；触角黄棕色，触角芒黑褐色。中胸背板黑褐色，小盾片褐色，后缘黄色，胸背及小盾片被黄白色毛，胸侧具白色毛；腹背第1节黑色，两侧黄色，第2节具1对大黄色斑，伸达侧缘，第3、第4节具黄色横带，第3节后缘的黑带中部角形前凸，第4背板更明显，其后缘黄色；第5背板黄色，具大黑斑，中部伸达前缘；腹部腹面无黑斑。足（包括基节和转节）黄色。

分布：北京*；全北区。

注：中国新记录种，新拟的中文名，从学名。垂边食蚜蝇属*Epistrophe*是一个大属，我国已知约31种，秦岭地区13种（霍科科和张魁艳，2017）。本属的种类在外形上较为接近。经检标本的小盾片具黄白色毛，仅少数黑褐色毛，暂定为本种。北京4月见成虫于灯下。

雌虫（门头沟小龙门，2014.IV.9）

黑色斑眼食蚜蝇
Eristalinus aeneus (Scopoli, 1763)

体长11～12毫米。体黑色，有时很光亮。复眼黄色至黄白色，具许多红褐色至褐色斑，上半部常常相连成片，复眼仅上部被稀疏白毛；雄虫接眼，雌性离眼。雌虫中胸背板具5条灰色纵条，较细，有时不甚明显；雄虫中胸背板黑色，有时可现5条细浅色纵纹。腹部无斑纹，密被红黄色至棕色毛。

分布：北京、甘肃、新疆、内蒙古、黑龙江、河北、河南、山东、江苏、浙江、福建、湖南、广东、广西、海南、云南；世界广布（除南美洲）。

注：与钝黑离眼蚜蝇*Eristalinus sepulchralis* (Linnaeus, 1758)相近，该种后足腿节和胫节明显弯曲，且雄虫复眼分离。成虫访花，幼虫腐食性，生活在粪便、污水及腐烂的有机质中。

雄虫（月季，北京市农林科学院，2016.V.23）

雌虫（油葵，昌平王家园，2015.VII.14）

钝黑离眼食蚜蝇
Eristalinus sepulchralis (Linnaeus, 1758)

体长8～9毫米。雌虫、雄虫复眼均分离，复眼普遍被毛。雌虫中胸背板具5条灰色纵条，较宽，中央的3条在端部（近小盾片处）常常相连。后足腿节和胫节黑色。腹部可见不明显的毛斑，被白毛。

分布：北京、甘肃、新疆、内蒙古、黑龙江、吉林、辽宁、河北、山西、山东、江苏、浙江、江西、湖北、湖南、广东、四川、西藏；日本，俄罗斯，蒙古国，印度，欧洲，北非。

注：成虫可访蒲公英、旋覆花等的花朵，幼虫腐食性。

雄虫（蒲公英，北京市农林科学院，2003.IV.19）

雌虫（旋覆花，海淀瑞王坟，2011.VII.12）

亮黑斑眼食蚜蝇
Eristalinus tarsalis (Macquart, 1855)

体长9～13毫米。雌虫离眼，中胸背板具5条灰白色纵纹，中央条纹细，不达后缘；腹部第2～4节背板具灰白色横带，其中第2背板上的横带中间断裂，较宽地分开。雄虫两复眼相接，两眼连线等于或略长于头顶三角，中胸背板光亮，无任何斑纹；腹部仅具不明显的暗红色侧斑。

分布：北京、陕西、甘肃、河北、河南、江苏、上海、浙江、江西、福建、台湾、湖南、广东、香港、广西、四川、云南、西藏；日本，朝鲜半岛，印度，尼泊尔。

注：《我的家园，昆虫图记》（虞国跃，2017）一书中连斑条胸食蚜蝇和亮黑斑眼食蚜蝇的图应互换。幼虫腐食性，成虫访花，如皱叶一枝黄花、泽兰等。

雄虫（皱叶一枝黄花，北京市植物园，2017.IX.29）

雌虫（皱叶一枝黄花，北京市植物园，2017.IX.29）

短腹管食蚜蝇

Eristalis arbustorum (Linnaeus, 1758)

体长11～13毫米。复眼被棕色短毛。中胸背板黑色，隐约可见5个黑褐色斑，中间1个，大，两侧各有2个；小盾片黄棕色，被同色毛。雄虫腹第2节具近于“工”字形黑斑，达前缘而不达后缘，第3节黑色，前后缘黄白色，前缘带常波形，两侧稍宽大；雌虫第2节黑斑较大，第3节黑色，前后缘黄白色，前缘窄；两性第4、第5节黑色，第4节后缘黄白色；或腹部无黄斑，仅各节后缘黄白色。

分布：北京、陕西、甘肃、宁夏、青海、新疆、内蒙古、黑龙江、辽宁、河北、山西、河南、山东、浙江、福建、湖北、湖南、四川、云南、西藏；朝鲜半岛，俄罗斯，中亚至欧洲，印度，北非，北美洲。

注：成虫可访问三裂绣线菊、抱茎苦荬、芍药、菊等的花，幼虫腐食性。北京常见种。

雄虫（翠菊，北京市农林科学院，2016.X.2）

雌虫（韭，顺义小曹庄，2017.IX.22）

灰带管食蚜蝇

Eristalis cerealis Fabricius, 1805

体长12～13毫米。复眼密被短毛。中胸灰黑色，中前部及后缘各具1条灰粉色横带。腹部第2节背板具“工”字形黑斑，第3节具倒“T”形黑斑，第4、第5节黑色，第2～4节后缘橙黄色，第3～5节中间具光亮的横带。前足胫节基半部黄色。翅透明，翅痣下无明显烟斑。

分布：北京、陕西、甘肃、青海、新疆、内蒙古、黑龙江、辽宁、河北、山东、江苏、浙江、安徽、江西、福建、湖北、湖南、广东、四川、云南、西藏；日本，朝鲜半岛，俄罗斯，东洋区。

注：成虫访花，幼虫腐食性。可访问油菜、三裂绣线菊、黄栌、砂狗娃花等的花。

雄虫（狗娃花，密云雾灵山，2014.IX.17）

雌虫（鹅耳枥，门头沟上大水，2020.IX.23）

长尾管食蚜蝇
Eristalis tenax (Linnaeus, 1758)

体长12～15毫米。复眼被棕色短毛。中胸背板黑色，被淡棕色毛，小盾片黄色至黄棕色，被同色的毛。腹部第2节具“工”字形黑斑，前部宽，达前缘，后端不达后缘，第3节具倒“T”形黑斑，不达后缘（雌虫第3节“工”字形，不达前后缘），第4、第5节黑色。翅透明，翅痣下方具棕褐色至黑褐色斑（个别不明显）。

分布：中国广布；世界广布。

注：成虫可访油菜、葱、韭、抱茎苦荬、三裂绣线菊、蒲公英、海棠、串叶松香草、华北蓝盆花、照山白、醉鱼草等的花，幼虫腐食性。

雄虫（狗娃花，房山史家营，2014.IX.17）

雌虫（葱，昌平王家园，2015.V.4）

宽带优食蚜蝇
Eupeodes confrater (Wiedemann, 1830)

雌虫体长12.9毫米，翅长11.3毫米。额黑色，端部1/3黄色，中部两侧被黄粉，中间具狭窄的黑条纹。中胸背板黑色，具青铜色光泽，背板两侧具不明显的黄棕色纵条，背板被黄毛；小盾片黄色，被黑毛，周缘混有黄毛。足棕黄色，仅基节、转节和跗节中部3节棕褐色至褐色，后足腿节中部显暗棕色。腹部第2～4背板各具棕黄色宽横带，均达侧缘，且第3、第4节两侧黄斑弯向前侧缘。

分布：北京、陕西、甘肃、河南、江苏、江西、湖南、四川、贵州、云南、西藏；日本，东洋区，新几内亚岛。

注：作为北京的新记录种由廖波（2015）记录（小龙门）；图上雌虫刚羽化不久，黄色翅痣尚未显现。幼虫捕食杏叶上的桃粉大尾蚜。

雌虫（密云梨树沟饲养，2019.VI.22）

幼虫（杏，密云梨树沟，2019.VI.11）

大灰优食蚜蝇

Eupeodes corollae (Fabricius, 1794)

体长8.5～9.7毫米。胸背黑色，具铜色光泽，被黄毛；小盾片暗黄色，被黄毛。腹部第2节具1对黄斑，第3、第4节黄斑分离（雌）或通过稍暗的黄斑相连；这些斑均伸达侧缘；第4节后缘黄色，第5节黄色，雌虫中央具大黑斑，雄虫无黑斑或仅具小黑点。

分布：北京、陕西、甘肃、新疆、内蒙古、黑龙江、吉林、辽宁、河北、河南、浙江、江西、福建、台湾、湖北、湖南、广西、四川、贵州、云南、西藏；全北区。

注：幼虫捕食多种蚜虫，如桃蚜、棉蚜、麦长管蚜等。成虫访花，如芍药、枸杞、丝瓜、茴茴蒜、刺儿菜、黄瓜菜等。

雌雄成虫（怀柔喇叭沟门，2015.VI.11）

幼虫（樱桃，昌平王家园，2014.X.28）

宽条优食蚜蝇

Eupeodes latifasciatus (Macquart, 1829)

雌虫体长8.2毫米。复眼裸，头顶三角区黑色，头其余部分黄色，密覆黄白色粉被，额中部具黑毛；触角暗红色，第3节基部及下侧黄红色。中胸背板亮黑色，略具金绿色光泽，两侧密被黄色毛长；小盾片黄色，中部可具黑色毛。后足腿节基大部黑色。翅透明。腹背第2节具1对近三角形大黄斑，几达背板侧缘，第3、第4节各具黄色宽横带，其后缘正中向前凹入，第4背板后缘具较宽的黄色横带，第5背板棕黄色，基部黑色。

分布：北京*、新疆、内蒙古、河北、天津、四川、云南；俄罗斯，蒙古国，印度，阿富汗，叙利亚，欧洲，北美洲。

注：在国内描述中，小盾片具黄色毛（黄春梅和成新跃，2012）。北京5～6月可见成虫，捕食鸡树条上的荚蒾蚜*Viburnaphis viburnicola* (Sorin 1983)。

雄虫（沙梨，怀柔邓各庄，2018.VI.8）

幼虫（鸡树条，海淀紫竹院，2017.IV.27）

新月斑优食蚜蝇
Eupeodes luniger (Meigen, 1822)

体长9～11毫米。雌虫离眼，雄虫接眼；头顶黑色，被黑毛，额基部约1/3黑色。小盾片中部具黑色毛。腹部背面的3对黄斑均分离，外缘变细，不与腹侧相连，或仅前端相接。

分布：北京、陕西、甘肃、新疆、河北、江苏、四川、云南；日本，俄罗斯，蒙古国，印度，阿富汗，欧洲，北非，北美洲。

注：外形与大灰优食蚜蝇*Eupeodes corollae* (Fabricius, 1794)的雌虫接近，本种腹部的3对黄斑均分离，且不与腹侧相连。幼虫捕食多种蚜虫；成虫访花，如桃、荠菜等的花。

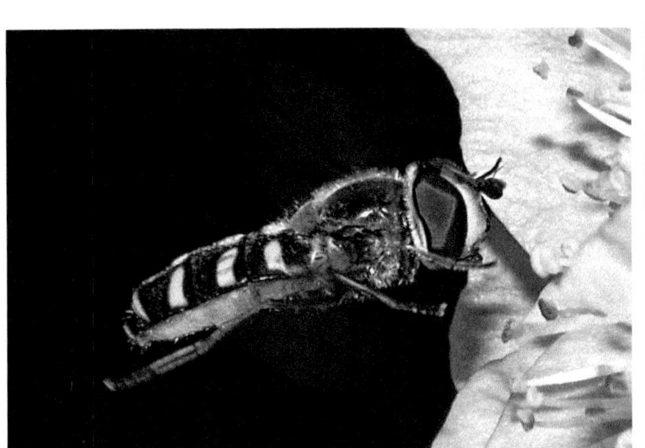

雌虫（桃，北京市植物园，2007.IV.15）

雌虫（荠，昌平王家园，2007.IV.17）

凹带优食蚜蝇
Eupeodes nitens (Zetterstedt, 1843)

体长10～11毫米。雄虫两复眼相接，中胸背板蓝黑色，被黄毛，小盾片黄色，大部分被黑毛，仅边缘黄色。腹部黑色，第2背板具1对近三角形黄斑，达腹板侧缘，第3、第4背板具波形黄色横带，中央前缘浅凹，后缘深凹。前中足腿节基部1/3黑色，基跗节和端跗节色浅，后足腿节基大部黑色，仅基跗节色浅。雌虫复眼分离，额正中具倒“Y”形黑斑，触角基部上方具1对棕色斑。

分布：北京、陕西、甘肃、宁夏、新疆、内蒙古、黑龙江、吉林、河北、江苏、浙江、江西、福建、四川、云南、西藏；日本，朝鲜半岛，俄罗斯，蒙古国，阿富汗，欧洲。

注：成虫访花（如荠、山楂、葱），幼虫捕食多种蚜虫。

雄虫（小麦，北京市农林科学院，2010.VI.7）

雌虫（小麦，北京市农林科学院，2010.VI.4）

连斑条胸食蚜蝇
Helophilus continuus Loew, 1854

体长11～13毫米。触角黑色，第3节近圆形。中胸盾片黑色，具4条黄灰色纵宽纹，均匀地伸达后缘，被黄毛；小盾片黄色，透明，被黄毛。前足、中足腿节基半黑色，端半黄色，前足、后足胫节基半黄色，端半黑色，中足胫节黄色。腹部背板第2、第3节中央具相连的灰白色短粉斑，第4节具弯曲的近“W”形灰白纹。

分布： 北京、甘肃、新疆、内蒙古、吉林、河北、江苏、四川、西藏；俄罗斯，蒙古国，阿富汗。

注： 《我的家园，昆虫图记》中本种与亮黑斑眼食蚜蝇的图应互换。幼虫并不食蚜，在富含有机物的水中生活。成虫访花，如蒲公英、三裂绣线菊、风毛菊、菊等。

雄虫（菊，北京市农林科学院，2018.IX.24）

雌虫（蒲公英，西城景山，2009.IV.29）

狭带条胸食蚜蝇
Helophilus eristaloideus (Bigot, 1882)

体长12～16毫米。黑色。胸背密被黄毛，中部具2条细纵黄色粉条，胸侧的2条较宽。腹部第2节背板两侧具黄色三角形斑，中间以黄粉带相连，或黄色斑相连通，第3、第4节中部具灰色横带。后足胫节较弯曲。雄虫两复眼相距较近，而雌虫两复眼相距较远。

分布： 北京、陕西、黑龙江、吉林、辽宁、河北、江苏、浙江、江西、福建、湖北、湖南、四川、云南、西藏；日本，俄罗斯。

注： *Helophilus virgatus* Coquillett, 1898为本种异名。幼虫取食腐殖质，成虫访花（菊、甘菊等）。

雄虫（山楂叶悬钩子，平谷熊儿寨，2016.V.10）

雌虫（甘菊，颐和园，2018.X.13）

黄条条胸蚜蝇
Helophilus trivittatus (Fabricius, 1775)

体长10～13毫米。雌雄均离眼；头部颜正中具棕黄色纵条。中胸背板棕黄色，具3条黑色纵条。腹部第2、第3背板各具1对黄色侧斑，第3节中央黄黑交界处具灰白色粉被；雌虫第4、第5节具灰白色粉被斑，雄虫仅第4节具近"W"形粉被斑。后足黑色，腿节端部及胫节基部红黄色。

分布：北京、新疆、内蒙古、河北、浙江；日本，俄罗斯，蒙古国，阿富汗，欧洲。

注：*Helophilus parallelus* (Harris, 1776)为本种异名。幼虫腐生，成虫可访问多种植物的花。

雌虫（灌丛紫菀，海淀北坞，2018.X.3）

暗颊美蓝蚜蝇
Melangyna lasiophthalma (Zetterstedt, 1843)

雌虫体长约9毫米。复眼密被短毛，头顶黑色，触角黑色。中胸背板黑色，具铜色金属光泽，两侧横沟之前具白粉被，被白色毛；小盾片淡黄色，基部两侧黑褐色，被毛黑褐色。腹部黑色，第2～4背板前中部各具1对黄色侧斑，不达背板前缘和侧缘。第4～5背板后缘具黄边。雄虫接眼，腹部背板具宽大的黄色斑。

分布：北京*、陕西、宁夏、甘肃、内蒙古、黑龙江、吉林、河北、四川、云南、西藏；日本，朝鲜半岛，俄罗斯，蒙古国，欧洲。

注：北京9月见成虫访问伞形科植物（如白芷和辽藁本）。

雄虫（白芷，房山史家营，2021.IX.3）

雌虫（白芷，房山史家营，2021.IX.2）

横带壮蚜蝇

Ischyrosyrphus transifasciatus Huo et Ren, 2007

雌虫体长13.0毫米。复眼密被毛；头黄色，额部被黑毛。中胸背板黑色，覆金黄色粉被，两侧具黄色毛；小盾片黄色，具淡黄色毛。腹部第2背板具黄白色横带，中央稍断开，第3、第4节近前缘具黄色横带，伸达侧缘，第4节后缘黄色，窄。足黄色，但前足、中足腿节基部1/3以上黑色，后足腿节仅端部黄色，胫节中部略带暗色。

分布：北京*、陕西、宁夏、河北、河南。

注：雄虫腹部黄色斑纹明显宽大（霍科科和任国栋，2007）。北京8月可见成虫访花。

雌虫及头部（白芷，门头沟东灵山，2014.VIII.21）

方斑墨蚜蝇

Melanostoma mellinum (Linnaeus, 1758)

体长6.8～8.0毫米。体狭长，触角第3节暗褐色，下方及基部黄褐色。雄虫头顶及额亮黑色，腹部长约为宽的4倍，腹部第2～4节背板各具1对橘黄色斑，其中第2节斑内侧圆弧形。雌虫额中两侧具1对三角形灰色粉斑，腹部第2～4节背板各具1对橘黄色斑，第2节斑斜生，第3～4节斑近三角形，内缘较直，第5节具1对横向的窄斑。

分布：北京、陕西、甘肃、青海、新疆、内蒙古、黑龙江、辽宁、吉林、河北、上海、浙江、江西、福建、湖北、湖南、广西、海南、四川、贵州、云南、西藏；日本，朝鲜半岛，俄罗斯，蒙古国，伊朗，阿富汗，欧洲，北非，新北区。

注：本属昆虫的鉴定常常有误，过去我们鉴定的东方墨食蚜蝇*Melanostoma orientale* (Wiedemann, 1824) 和梯斑黑食蚜蝇*Melanostoma scalare* (Fabricius, 1794)（虞国跃等，2016；虞国跃，2017）为本种的误定。成虫访花，有时会上灯，幼虫捕食棉蚜等多种蚜虫。

雄虫（小麦，北京市农林科学院，2013.V.30）

雌虫（红花蓼，房山蒲洼，2021.VIII.18）

宽条粉眼蚜蝇
Mesembrius peregrinus (Loew, 1846)

雄虫（海淀苏家坨，2009.V.1）

雌虫体长约10毫米。头部仅单眼区域黑褐色，有时扩大。眼小，离眼。小盾片基部暗褐色。后足腿节、胫节黑色，仅胫节基部黄色。腹背第2节中部具“工”字形黑斑，第3节具倒“T”形黑斑，上接1对灰白斑。雄性复眼大，向前收窄，几乎接触。

分布：北京、甘肃、河北、江苏、上海、浙江、湖北、湖南、四川、贵州；日本，朝鲜半岛，俄罗斯，中亚，欧洲。

注：又名奇异墨管蚜蝇。*Mesembrius flaviceps* (Matsumura, 1905)及记录于我国的*Tropidia sinensis* Macquart, 1855为本种异名。与连斑条胸食蚜蝇*Helophilus continuus* Loew, 1854相近，该种雄虫两复眼分开，未有接触点。成虫常见于湿地，可访花，幼虫在水中取食腐殖质。

四条小食蚜蝇
Paragus quadrifasciatus Meigen, 1822

体长5～6毫米。体黑色，具黄色、棕色斑纹。复眼具2条纵向的白色毛带。中胸背板前部具2条浅色粉被纵带；小盾片基半部黑色，端缘黄棕色。雌虫腹背以黑色为主，具4条黄棕色横带；雄虫色浅，第4、第5节背中两侧具1条白色粉被狭横带。

分布：北京、甘肃、青海、新疆、黑龙江、吉林、辽宁、河北、河南、山东、江苏、浙江、湖北、四川、云南、西藏；日本，朝鲜半岛，俄罗斯，阿富汗，伊朗，欧洲，北非。

注：《王家园昆虫》（虞国跃等，2016）一书中的“双色小蚜蝇”为本种的误定。幼虫捕食棉蚜、桃粉大尾蚜、禾缢管蚜、槐蚜等。成虫5～11月可见，可访问丝瓜等的花。

雌雄虫（辣椒，北京市农林科学院，2007.VIII.10）

幼虫（玉米，北京市农林科学院，2011.VIII.7）

无刺巢穴食蚜蝇
Microdon auricomus Coquillett, 1898

雌虫体长12～14毫米。体稍带绿色，被黄色长毛。触角黑色，第2节端部褐色，第1节与后2节之和长相近。小盾片后缘中央浅弧形内凹。足黑色，跗节稍浅（尤其端跗节及腹面），胫节外侧被淡黄色毛。

分布： 北京、陕西、甘肃、辽宁、江苏、浙江、江西、福建、湖北、广西、四川、贵州；日本，朝鲜半岛。

注： 经检标本腹部第4～5节两侧的黄毛稍短和稀；霍科科和张魁艳（2017）所述的触角比例（1.50∶0.70∶1.50）与原始描述（Coquillett, 1898）不同。此属食蚜蝇的幼虫生活在蚁巢中，捕食蚂蚁幼虫。北京6月可见成虫。

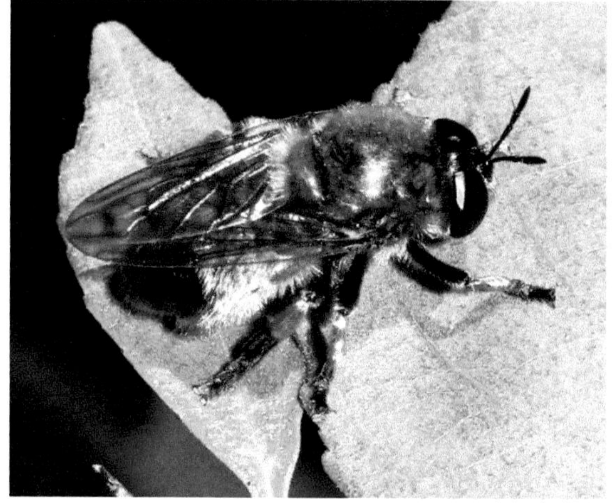

雌虫（北京丁香，门头沟小龙门，2015.VI.18）

刻点小食蚜蝇
Paragus tibialis (Fallén, 1817)

体长4.5～5.5毫米。体黑色。额及颜面淡黄色；触角第3节长于前2节之和，触角芒与第3节长度相近。足大部棕色，腿节基部1/3以上黑色（后足腿节黑色区较大，可达3/4长），腿节端部和胫节基部淡黄色。雄性腹部第3节以后棕红色（个别第4节大部黑色），雌性黑色。

分布： 北京、陕西、甘肃、新疆、内蒙古、吉林、河北、江苏、浙江、湖北、湖南、福建、台湾、广东、海南、广西、四川、贵州、云南、西藏；欧亚，非洲，北美洲。

注： 幼虫捕食多种蚜虫；4～9月可见成虫，访问旋覆花、抱茎苦荬、紫菀、蛇莓等的花。

雌雄虫（旋覆花，北京市农林科学院，2011.IX.12）

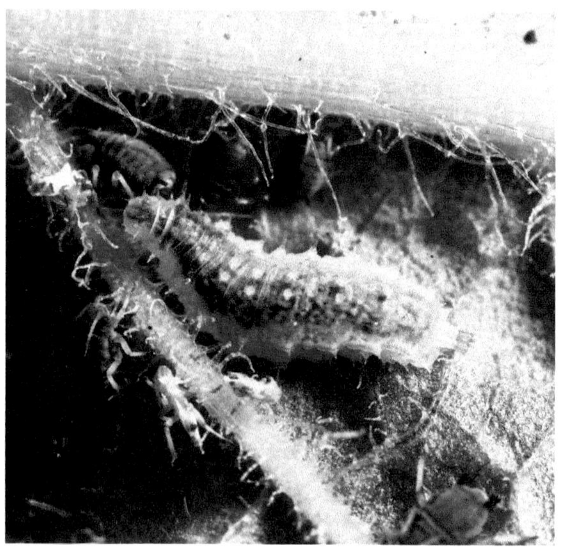

幼虫（反枝苋，昌平王家园，2015.VIII.11）

红毛羽食蚜蝇
Pararctophila oberthueri Hervé-Bazin, 1914

体长15～17毫米。体黑色，似熊蜂，被长毛：胸部包括小盾片被嫩黄色毛，中足胫节及跗节1～3节浅色，腹部第1～2节基部两侧具淡黄白色毛，第2～4节被黑色短毛，第4节后缘及后几节被棕红色毛。两性均离眼，触角基部2节黑色，第3节棕褐色，芒棕黄色，具长羽毛。翅透明，前缘中部具1个近圆形黑纹。

分布：北京、宁夏、甘肃、黑龙江、吉林、辽宁、河北、山西、江苏、浙江、福建、湖北、四川、云南、西藏；日本，朝鲜半岛，俄罗斯，蒙古国，印度。

雌虫（小叶朴，颐和园，2018.X.13）

注：幼虫取食腐殖质（如烂菜叶）；北京4月、10月见成虫访问二月兰、甘菊等的花。

羽芒宽盾食蚜蝇
Phytomia zonata (Fabricius, 1787)

体长12～15毫米。体粗壮，黑色。复眼具浅灰色条纹，雄虫接眼，雌虫离眼；头部覆淡色粉被及黄毛。第1腹板黑色，第2背板大，红黄色，端部棕黑色，有时正中具稍暗纵条纹；第3、第4腹板黑色，前缘具窄棕黄色横带。

分布：北京、陕西、甘肃、内蒙古、黑龙江、吉林、辽宁、河北、河南、山东、江苏、浙江、福建、湖北、湖南、广东、广西、海南、四川、云南；日本，朝鲜半岛，俄罗斯，东南亚。

注：幼虫取食腐殖质。成虫6～10月可见，访紫菀、皱叶一枝黄花、醉鱼草、菊、日本菟丝子、柽柳等的花。

雄虫（山楂叶悬钩子，平谷东长峪，2019.VI.21）

雌虫（紫菀，北京市农林科学院，2007.IX.8）

属模角首蚜蝇
Primocerioides petri (Hervé-Bazin, 1914)

体长12～13毫米。体黑色，具黄色斑。雄性复眼相接，雌性离眼；颜面黄色，中部具1近于菱形的黑斑；触角红色，但第3节端大部黑色，端刺淡黄色，基部棕色或黑色。小盾片基部黑色，中部黄色，端部棕色。腹第4节背板中央具“八”字形细黄斑。

分布： 北京、甘肃、河北、山东、江苏、浙江；日本，朝鲜半岛，俄罗斯。

注： 记载幼虫腐食性，生活在树木的溃疡组织中吸取汁液；北京3月底可见成虫停在杨树杆上。

雌虫及头部（杨，昌平四家庄，2013.III.29）

月斑鼓额食蚜蝇
Scaeva selenitica (Meigen, 1822)

体长11～13毫米。体黑色。小盾片黄褐色，具黑毛。腹部背面具3对黄色至黄绿色斑，呈新月形，腹背板第4、第5节后缘及第5节两侧黄白色。

分布： 北京、陕西、甘肃、黑龙江、吉林、河北、江苏、浙江、江西、湖南、广西、四川、云南；俄罗斯，蒙古国，越南，印度，阿富汗，欧洲。

注： 与斜斑鼓额食蚜蝇*Scaeva pyrastri* (Linnaeus, 1758)相像，该种腹部的3对斑呈奶白色或白色。北京4月、9月可见成虫，具趋光性。

雄虫（榆，密云雾灵山，2014.IX.17）

斜斑鼓额食蚜蝇

Scaeva pyrastri (Linnaeus, 1758)

体长12.3～14.8毫米。体黑色。额黄色，触角褐色，各节腹面基部色淡。眼部具密毛，雄虫接眼，雌虫离眼。中胸盾片黑绿色，具有金属光泽。小盾片浅棕色，密生黑色长毛。腹部黑色，具奶白色斑纹：第2～4节背板各有1对，第1对平置，第2、第3对稍斜置呈新月形，前缘凹入明显，第4、第5节背板后缘白色。足为黄色，前足、中足腿节基部1/3及后足腿节基部4/5黑色，跗节黑色。

分布：北京、陕西、甘肃、青海、新疆、内蒙古、黑龙江、吉林、辽宁、河北、山东、江苏、江西、四川、云南、西藏；日本，朝鲜半岛，俄罗斯，蒙古国至欧洲，北非，北美洲。

注：幼虫捕食多种蚜虫，如麦长管蚜、月季长尾蚜、棉蚜等；各虫态描述可见张君明等（2019）。成虫可访问多种植物的花，如桃、二月兰、白玉兰、假龙头花、抱茎苦荬、甘菊等。

幼虫（小麦，北京市农林科学院，2011.V.23）

雄虫（甘菊，颐和园，2018.X.13）

雌虫（小麦，北京市农林科学院，2010.VI.3）

印度细腹食蚜蝇

Sphaerophoria indiana Bigot, 1884

体长8～9毫米。头黄白色，雄虫头部仅单眼三角区黑色，雌虫头顶具黑色纵斑，不达触角基部；触角橙黄色，端节背面略暗。中胸背板黑亮，具铜紫色光泽，中央具1对灰色条纹，两侧具鲜黄色条纹，伸达小盾片基部。腹部细长，第1节背面黑色，第2～4节前后缘黑色，但雄虫第3～4节的黑斑常常不明显。

分布：北京、陕西、甘肃、黑龙江、河北、江苏、浙江、湖北、湖南、广东、四川、贵州、云南、西藏；日本，朝鲜半岛，俄罗斯，蒙古国，阿富汗，印度。

注：幼虫捕食麦长管蚜等多种蚜虫。成虫可访问二月兰、旋覆花、枣、山桃、紫菀、菊、翠菊、茴茴蒜、益母草等植物的花。

雌雄成虫（牛筋草，北京市农林科学院，2008.IX.13）

宽尾细腹食蚜蝇
Sphaerophoria rueppelli (Wiedemann, 1830)

体长5～8毫米。头顶黑色，雄蝇额黄白色，雌虫额基部具1黑色纵斑。中胸盾片黑色，两侧黄纹中部缺失；小盾片黄色，被黄毛。腹部末端宽扁，斑纹有变化，第2节黑色，近中部具黄色横带；第3节及以后有黑纹，或不明显。

分布： 北京、甘肃、新疆、辽宁、河北、江苏、浙江、福建、四川；朝鲜半岛，俄罗斯，蒙古国，阿富汗，叙利亚，欧洲，北非。

注： 北京3～7月、10月可见成虫，可访问荠菜、菊、藜等的花；幼虫捕食麦长管蚜等蚜虫。

雌雄成虫（萱草，北京市农林科学院，2017.IV.16）

丽颜腰角蚜蝇
Sphiximorpha rachmaninovi (Violovitsh, 1981)

雌虫体长约12毫米。头前部突出，成为触角柄，其长明显不及触角第1节长之半；触角第1、第2节红褐色，第3节红黄色。中胸背板黑褐色，肩胛、盾沟外侧各具1个黄斑，背板前后各具1对黄色纵斑；小盾片中央黄色。腹部第2节收缩，前缘两侧具三角形黄斑，第2～4节后缘黄色，第3、第4节两侧各具1倒“八”字形黄色粉斑。

分布： 北京、陕西、河北、河南、江苏；朝鲜半岛，俄罗斯。

注： *Sphiximorpha bellifacialis* Yang et Cheng, 1996的模式标本产地为北京（黄春梅等，1996），应是本种的异名syn. nov.，保留原中文名。幼虫生活在树创流液或溃疡组织中，北京4月可见成虫。

雌虫（杨，北京市植物园，2019.IV.12，周达康摄）

双齿斑胸蚜蝇

Spilomyia bidentica Huo, 2013

雌虫体长约15毫米。体黑褐色，具黄斑。头顶黑色，额黄色，正中具楔形黑纹，前宽后尖；颜黄色，具正中黑纵条。中胸背板具以下黄斑：肩胛、肩胛内侧近前缘及盾沟两端，此3斑略呈倒“品”字形排列，盾沟后方两侧具纵纹，小盾片前方具“^”形纹；小盾片黑色，后缘黄色；侧板具7个黄斑。腹部第2～4节背板中部及后缘具1黄色横带，侧缘黄色。

分布：北京*、辽宁、山西、河南。

注：本属外形似胡蜂，但复眼具斑纹；幼虫在腐烂的树洞或心材中生活。我国已知9种，从后足腿节端前腹侧具2枚齿突，可与其他种区分（Huo, 2013）。北京7月见雌虫在油松树皮上产卵。

雌虫侧面和前侧观（孩儿拳头，昌平溜石港，2017.VII.19）

黄环粗股食蚜蝇

Syritta pipiens (Linnaeus, 1758)

体长7～8毫米。体较细长，黑色，具淡棕、灰白斑。雌虫离眼，雄虫接眼。后足腿节粗大，内缘端半部具短刺6～7枚，黑色，腿节基部红棕色或黑色，中部具大小不等的红棕色斑。腹部背面具3对灰白斑或灰黄斑，前2对较大。

分布：北京、陕西、甘肃、新疆、黑龙江、辽宁、河北、山西、湖北、湖南、福建、四川、云南；全北区，尼泊尔。

注：北京4～10月可见成虫，可访问多种植物的花朵，如芫荽、叶下珠、二月兰、三裂绣线菊、旋覆花、薄荷、柽柳、茜草、麦冬、紫苏、菊花等。幼虫捕食多种蚜虫。

雌虫（薄荷，北京市农林科学院，2018.VII.25）

黄颜食蚜蝇
Syrphus ribesii (Linnaeus, 1758)

雌虫（门头沟东灵山，2014.VIII.21）

雌虫体长约10毫米。复眼无毛；头顶黑色，额淡黄色，在触角上方具黑斑。小盾片黄色，被黑色长毛。腹部第2节背板具1对黄斑，第3～4节具黄色横带，约为背板长的1/3，后缘中部凹入，两侧达背板侧缘，第4后缘黄色，第5节中部黑色。足棕黄色，基节、转节、腿节基部及后足跗节背面黑褐色，前中足跗节的端半褐色。

分布：北京*、陕西、宁夏、甘肃、新疆、黑龙江、吉林、辽宁、河北、浙江、福建、台湾、四川、贵州、云南、西藏；日本，朝鲜半岛，俄罗斯，蒙古国，阿富汗，欧洲，北美洲。

注：北京8月可见成虫，访问华北蓝盆花。

黑足食蚜蝇
Syrphus vitripennis Meigen, 1822

体长9.5～10.5毫米。复眼裸。中胸背板黑色，覆黄色粉被和黄毛，小盾片黄色，毛大部分为黑色。腹背第2节具1对大的卵形黄斑，第3、第4节近前缘各具1黄色横带，第4节后缘黄色，第5节背板黑色，前侧角和后缘黄色。前中足黄色，腿节基部1/3黑色，跗节2～4节背面稍暗；后足以黑色为主，腿节端1/3黄色，胫节暗黄色，中部具黑褐色斑。

分布：北京、陕西、甘肃、河北、浙江、福建、台湾、湖南、四川、贵州、云南；日本，朝鲜半岛，俄罗斯，蒙古国，伊朗，阿富汗，欧洲，北美洲。

注：又名黑腿食蚜蝇；北京的分布由廖波（2015）记录。北京4～8月可见成虫，幼虫捕食杏、杨上多种蚜虫。密云大城子林下栽培的木耳上发现大量幼虫，由树上落下，可见当时幼虫的发生量很大。

幼虫（木耳，密云后甸，2020.V.27）

雌虫（怀柔孙栅子，2012.VIII.13）

雄虫（艾蒿，昌平禾子涧，2016.VI.23）

野食蚜蝇

Syrphus torvus Osten-Sacken, 1875

雄虫体长约11毫米。复眼具灰色短毛；头顶黑色，具黑毛；小盾片黄色，被黑色长毛。腹部第2节背板具1对黄斑，第3～4节具黄色横带，中部稍向前弯折，两侧达背板侧缘，第4～5节后缘黄色。足黄色，但基节、转节、前中足腿节基部1/4及后足腿节基部2/3、后足跗节背面黑色。

分布：北京*、陕西、甘肃、黑龙江、吉林、辽宁、河北、山西、上海、浙江、福建、台湾、湖南、四川、贵州、云南、西藏；日本，朝鲜半岛，俄罗斯，蒙古国，印度，尼泊尔，泰国，欧洲，北美洲。

注：本种与近缘种的主要区别在于复眼具短毛，且腹部的黄色横带较粗（约为腹节长之半）。北京5月、7月可见成虫，幼虫捕食蚜虫。

雄虫（绣线菊，昌平黄花坡，2015.VII.1）

黄跗黑毛蚜蝇

Trichopsomyia flavitarsis (Meigen, 1822)

雌虫体长5.3毫米，翅长4.0毫米。体黑色。头具黑色长毛，较密，后头两侧毛白色，额在近复眼处具白色毛带。触角较长，第3节是宽的2倍多。中胸背板及小盾片具白毛和黑毛。翅透明，脉M_1弧形，与脉R_{4+5}的夹角几乎垂直。腹部第2节具1对橘黄色圆形斑。足黑色，被白色毛，后足腿节和胫节具黑毛，后足基跗节粗长；前中足腿节端和胫节基部、前足跗节基2节、中足跗节基3节和后足第2～3跗节浅色。

分布：北京；俄罗斯，蒙古国，哈萨克斯坦，伊朗，欧洲。

注：图中个体略小。记载幼虫捕食小花灯芯草*Juncus articulatus*上成瘿的木虱*Livia juncorum*。北京9月可见成虫，具趋光性。

雌虫（延庆潭四沟，2020.IX.3）

长翅寡节蚜蝇

Triglyphus primus Loew, 1840

雌虫体长6.6毫米，翅长5.7毫米。体黑色。额宽为头宽的1/3；触角黑色，端节腹面淡褐色。足黑色，前足、中足腿节端和胫节基黄褐色，中足跗节基2节淡黄褐色，前足基跗节褐色。腹部第2～4节长度相近。

分布：北京、陕西、甘肃、河北、山东、浙江、四川、西藏；日本，朝鲜半岛，俄罗斯，欧洲。

注：雄虫触角第3节黑色；记录可捕食艾蒿隐管蚜*Cryptosiphum artemisiae*。北京9月可见成虫。

雌虫（房山史家营，2021.IX.2）

双带蜂蚜蝇
Volucella bivitta Huo, Ren et Zheng, 2007

雌虫体长18.3毫米。头全部黄色（略带棕色），被橘黄色短毛，喙暗棕色。中胸背板浅褐色，中央具黑色纵条，不达后缘，两侧各具黑条，伸达后缘，在盾沟处断裂。翅淡黄褐色，近翅端具较为明显的暗斑。腹部橘黄色，第1节背板及第2、第3节后半部黑褐色。

分布：北京、陕西、甘肃、河北、四川、辽宁；朝鲜半岛，俄罗斯。

注：北京的分布由廖波（2015）记录。外形似胡蜂，腹基部具2条黑条，且第2腹节背板基半部淡黄白色，可与其他种区分。北京7～8月可见成虫，访问荆条花。

雌虫及头部（荆条，平谷白羊，2018.VIII.2）

短腹蜂蚜蝇
Volucella jeddona Bigot, 1875

雌虫体长约17毫米。体黄色，具黑纹。头黑色，复眼裸；触角黄褐色，第2节黑褐色，触角芒长，长于第3节。中胸背板中央及两侧各具2对橘红色纵纹，两侧及小盾片密被金黄色毛，胸部两侧被黑毛。足黑褐色，被黑毛。翅中部具暗褐色纹，近端部沿翅脉处颜色较深。腹部宽于胸，黑色，被金黄色毛，第2腹部黄色（中部具黑斑），第3腹板两侧具黄色小斑。

分布：北京、内蒙古、黑龙江、吉林、河北、山西、安徽、云南；日本，朝鲜半岛，俄罗斯，蒙古国。

注：雄虫中胸背板中大部黑色。北京8月见成虫访问异叶败酱。蜂蚜蝇通常生活在胡蜂或熊蜂的巢内，腐食性，个别种类可捕食（或寄生）蜂类幼虫，有些种类则生活在树创流液中。

雌虫（异叶败酱，房山蒲洼，2021.VIII.18）

黄蜂盾食蚜蝇
Volucella pellucens tabanoides Motschulsky, 1859

雄虫体长约17毫米。体黑色，被毛短。头棕黄色，颜中突大，颊黑色；复眼密被短棕色毛；触角短小，橘黄色，芒长羽状。中胸背板肩胛棕黄色，小盾片后缘具黑色长鬃。腹部黑色，第2背板黄白色，中央及后缘黑褐色。雌虫中胸背板两侧、后缘及小盾片棕黄色。

分布：北京、陕西、宁夏、青海、新疆、黑龙江、吉林、辽宁、河北、山西、湖北、四川、云南；日本，朝鲜半岛，俄罗斯，蒙古国。

注：指名亚种*Volucella pellucens pellucens*其雌虫中胸盾片后缘具半圆形黄褐色大斑。幼虫生活在细黄胡蜂的巢中，取食有机质及胡蜂的幼虫。北京8月可见成虫于林下或访花。

雄虫（华北前胡，房山蒲洼东村，2021.VIII.17）

雌虫（怀柔孙栅子，2012.VIII.13）

云南木蚜蝇
Xylota fo Hull, 1944

雄虫体长约10毫米。体黑褐色。头黑色，颜、额覆黄色粉被。中胸背板和小盾片黑色，密布刻点和黄色毛。腹部长于头胸部之和，中部略收缩，第2～4节具不明显暗褐斑。足黑褐色，前足、中足腿节端、胫节及跗节基部3节黄色，后足胫节基部1/3黄色，跗节基部3节褐色；后足腿节粗大，腹面具成排的黑刺，胫节稍弯曲，基部1/3腹面具短刺列。

分布：北京*、陕西、甘肃、吉林、河北、江苏、上海、安徽、浙江、江西、福建、四川、云南；朝鲜半岛，俄罗斯。

注：本属昆虫腐食性，常与腐木有关，成虫访花。本种与*Xylota coquilletti* Hervé-Bazin, 1914和肖普通木蚜蝇*Xylota spurivulgaris* Yang et Cheng, 1998很接近，与前一种的区分为单眼三角区的前方无毛，与后者仅在雄虫上可见差异（本种在后足基节具长刺状突起，后者仅瘤状突起）（Jeong and Han，2019）。北京8月可见成虫。

雄虫（反枝苋，房山蒲洼，2021.VIII.17）

圆斑宽扁蚜蝇

Xanthandrus comtus (Harris, 1780)

雄虫体长10.1毫米，翅长9.1毫米。体黑色。头顶三角区黑色；触角暗褐色，第3节明显长大于宽，上侧及端部稍深色。中胸背板及小盾片黑色，具暗绿色光泽，毛黄棕色。足暗褐色，前足、中足腿节端部和胫节基部棕黄色。翅透明。腹部第2背板具1对圆形黄色斑，两斑相距较远；第3～4节背板具黄色大斑，其后缘中央“V”形内凹。

分布：北京、内蒙古、吉林、山西、江苏、浙江、福建、台湾、广东、四川；日本，朝鲜半岛，俄罗斯，蒙古国，欧洲。

注：腹部第2背板上有斑纹可扩大或缩小，通常雌虫此斑及后2斑均较小。幼虫捕食蚜虫，或蛾类幼虫（如葡萄花翅小卷蛾）。北京9月可见成虫于灯下。

雄虫（顺义共青林场，2021.IX.8）

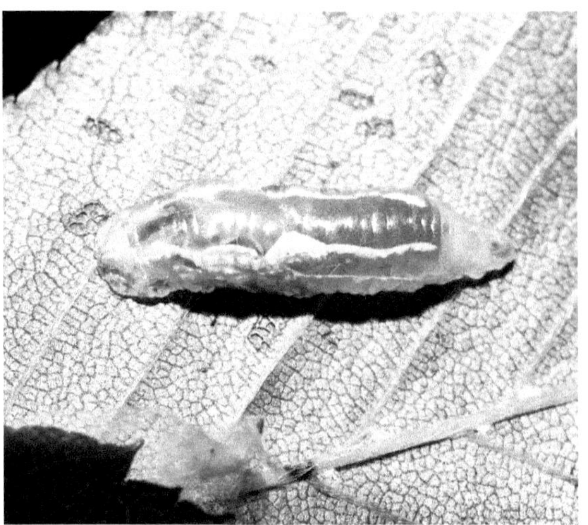

幼虫（鹅耳枥，房山议合，2019.IX.5）

角喙栓蚤蝇

Dohrniphora cornuta (Bigot, 1857)

雄虫体长2.4毫米，翅长2.0毫米。额暗褐色，无光泽；触角及须黄色，但触角第3节暗褐色，触角芒被微毛。胸部背板黑褐色，侧板上部2/3褐色或暗褐色，其余黄色。足黄色，后足胫节及跗节黑褐色。腹部腹面黄色，第1背板黄褐色，端部呈狭窄的暗褐色横带，第2背板基部黄色，端大部暗褐色，第3～5节黑色，中央常具三角形黄色小斑，第6节基部黄色，端部暗褐色。雌虫体稍大，腹部背板的暗色区较大。

分布：北京、陕西、辽宁、台湾、广东、广西；世界广布。

注：本种的色泽在不同地区有差异，并有不少异名（刘广纯，2001）。本种幼虫腐食性，可取食多种腐烂的动植物或动物粪便，也可取食蛾蠓的幼虫。

雌雄成虫（桃，海淀魏公村，2014.VI.29）

东亚异蚤蝇
Megaselia spiracularis Schmitz, 1938

体长2.0～2.9毫米。体浅褐色。腹背具褐色至黑褐色横纹。后足腿节宽大，末端黑褐色。触角上鬃2对，上对明显长于下对，上对间距小于上额间鬃间距。小盾片鬃2对。

分布：北京、陕西、辽宁、河北、河南、江苏、浙江、江西、台湾、湖北、湖南、广东、广西；日本。

注：在北京，如果室内垃圾桶内厨余物放置时间长了，可能会产生大量的蚤蝇幼虫和蛹，有时可见成虫在玻璃窗上快速爬行。经检的标本个体稍大，触角上鬃中的下对鬃较长，长于上对鬃的1/2，暂定为本种。

幼虫及蛹（北京市农林科学院室内，2016.VI.16）

雌虫（北京市农林科学院室内，2011.IX.13）

横带伐蚤蝇
Phalacrotophora fasciata (Fallén, 1823)

雄虫体长2.3毫米，翅长1.9毫米。体黄棕色。头顶三角区及后头暗褐色，第2～4节（其中第2节仅后部）背板两侧黑色；须长卵形，具数根黑毛；额高大于宽。触角黄色，第3节大半圆形，长宽相近，触角芒着生于第3节背面近中部，芒具细短毛。触角上鬃1对，短小，下额间鬃1对，粗大，稍强于眶鬃，其位置低于前眶鬃；眶鬃2对，上额眶鬃与内顶鬃的距离小于与下额眶鬃的距离。翅具R_{2+3}脉，前缘第1段2倍于第2段，平衡棒黄色。足黄色，但密被黑毛（有时看上去似褐色），后足基跗节黑褐色。

分布：北京*、黑龙江；土耳其，伊朗，欧洲。

注：新拟的中文名，从学名。Lengyel (2011)从哈尔滨记录了在中国的分布。经检雄虫的腹部斑纹与四斑伐蚤蝇*Phalacrotophora quadrimaculata* Schmitz, 1926相近，但尾须长方形、宽大于肛下片而明显不同。本种幼虫寄生多种瓢虫的幼虫或蛹（如异色瓢虫、二星瓢虫、七星瓢虫、菱斑巧瓢虫等），通常从瓢虫蛹中钻出化蛹。

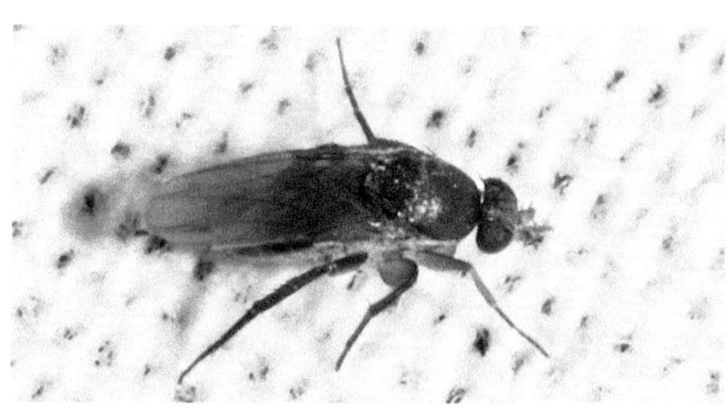

雄虫（延庆米家堡，2016.VI.8）

雌虫（平谷金海湖，2015.V.27）

全绒蚤蝇

Phora holosericea Schmitz, 1920

雄虫体长2.3毫米，翅长2.1毫米。体绒黑色。额窄，为头宽的0.28倍，两侧几乎平行。足黑色，前足腿节端、胫节和跗节暗褐色，基跗节长，为第2跗节的2倍多；后足胫节具1根前背鬃。翅前缘脉稍长于翅长之半，前缘脉第1、第2段约等长，前缘脉黑色，其他脉黄褐色或淡褐色。雌虫体稍小，额宽，大于头宽的1/3；翅前缘脉较短，不及翅长之半。

分布：北京、陕西、内蒙古、黑龙江、吉林、河北、浙江；日本，朝鲜半岛，以色列，欧洲，美国。

雄虫（海棠，昌平黄土洼，2016.IV.19）

注：蚤蝇生性活泼，多生活于潮湿的环境中，食性多样。有近缘种，需要核对生殖器特征（本种未镜检）。北京4月见成虫在树干上休息或取食鸟粪。

浓毛蟹头蝇

Verrallia pilosa (Zetterstedt, 1838)

雄虫体长4.5毫米。体黑色。头复眼大，触角黑色，第3节卵形，约为前节长的1.5倍。小盾片具2对鬃。足黑褐色，腿节端、胫节基部黄褐色，腿节和胫节具成排的毛。（乙醇泡后）腹部橙黄色，被黑毛，各节后缘黑色，第5腹板中央两侧具3～4齿状刺。翅透明，稍带烟色，翅脉缺M_2。

分布：北京*、内蒙古；日本，欧洲，北美洲。

注：头蝇科种类的幼虫寄生同翅类昆虫，如叶蝉、沫蝉等，成虫活跃，发现寄主后飞冲上去，抱住寄主即用粗尖的产卵器产卵。北京6月见成虫于灯下。

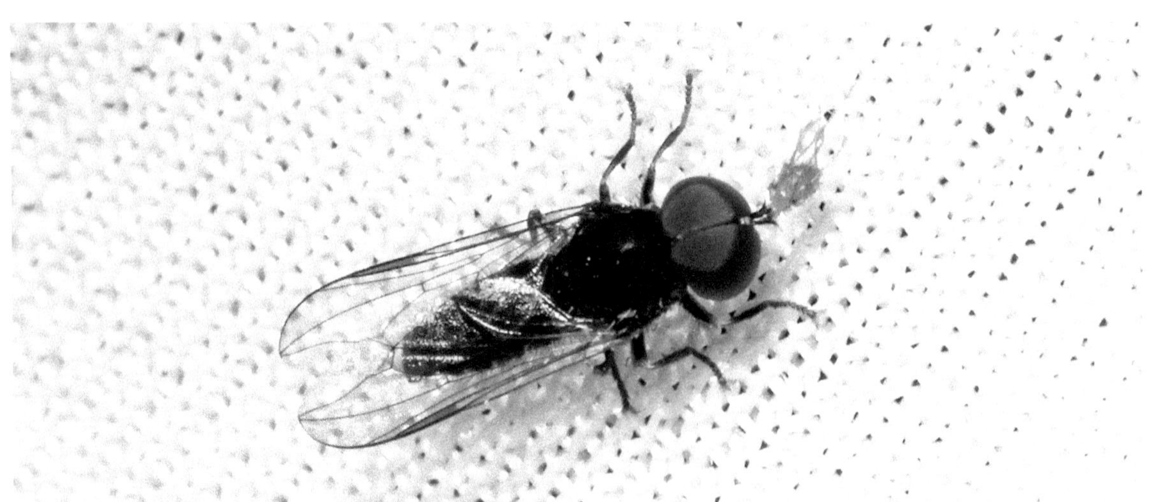

雄虫（门头沟小龙门，2014.VI.9）

荨麻角斑蝇
Ceroxys urticae (Linnaeus, 1758)

体长6～8毫米。体黑色，光亮，略带蓝色闪光。触角、间额、复眼及足腿节端部红褐色。第3节端部常尖锐。颊较窄，为眼高的1/6～1/4。小盾鬃2对。翅R_1脉具小鬃，R_{4+5}脉和M脉在翅端缘处略靠近；翅面具3条黑色横纹，其中翅端的纹沿着翅端缘弯曲。

分布： 北京*、内蒙古、天津、新疆；日本，朝鲜半岛，俄罗斯，土耳其，沙特阿拉伯，欧洲，埃及。

注： 又称弯带赛斑蝇。幼虫取食腐烂的植物。北京7月、9月见成虫于灯下。本科又名小金蝇科。

成虫（延庆八达岭，2022.IX.1）

东北斑蝇
Myennis mandschurica Hering, 1956

雄虫体长4.3毫米，翅长4.3毫米。体具青灰色粉被。中胸背板两侧暗褐色，沟前两侧各具1条黑褐色细纵条，小盾片及后背片黑褐色。腹板后缘常具黑褐色横带。翅透明，略带浅褐色，具4条黄色带纹，其中基部2条在近前缘处相接，端带略呈纵向。

分布： 北京*、河北、黑龙江。

注： 模式标本产于哈尔滨（Hering, 1956），但未能找到这一文献，依据Krivosheina 和 Krivosheina（1997）鉴定，与*Myennis octopunctata* (Coquebert, 1798)相近，但后者中胸沟前无纵纹，翅顶角处的纵纹内侧具1小斑。河北记录于兴隆雾灵山。北京7～9月可见成虫，取食树干革菌、树液。

雄虫（杨，大兴青云，2012.VII.24）

雌虫（北京杨，怀柔椴树岭，2014.VIII.25）

奥梅斑蝇
Melieria omissa (Meigen 1826)

体长7.0毫米，翅长6.0毫米。头淡黄色，额稍宽于复眼。触角第3节颜色稍深，红褐色，端部尖，背缘稍内凹，触角芒长约为第3节的2倍。中胸具缝前背中鬃、缝合背中鬃4对。腹部灰白色（乙醇泡后腹两侧具褐斑）。翅透明，具点状黑斑。

分布：北京*、新疆、内蒙古、西藏；日本，朝鲜半岛，蒙古国，以色列，欧洲。

注：河北记录了同色蜜斑蝇*Melieria unicolor* Loew, 1854（陈小琳和汪兴鉴，2009），触角芒长，约为触角第3节的3倍。本种翅端有时具明显的黑斑。北京7～8月见成虫于灯下。

成虫（延庆米家堡，2015.VII.14）

藜麦直斑蝇
Tetanops sintenisi Becker, 1909

雌虫体长6.9毫米（至产卵管末为8.1毫米），翅长5.7毫米。体黑色。头黄色，单眼三角区、近头顶及复眼区、额中部和后头大部暗褐色或黑色；触角黄棕色，第1、第2节长度相近，第3节端缘弧形。中胸背板黑色，具灰白色薄粉被，并具多众黑点；小盾片黑色，具2对鬃。翅透明，在第2、第3纵脉交叉处具晕斑。腹部光亮，无粉被和刻点。足黑褐色，腿节端部黄褐色。

分布：北京*、山西；欧洲。

注：足的颜色有变化，原记述跗节基部锈黄色（Becker, 1909）。新拟的中文名，从寄主，又称藜麦根蛆（邢鲲等，2018），幼虫取食藜麦的根，曾在山西静乐县大发生，蛆的数量平均达1461条/m^2。北京6～7月可见成虫，可见于灯下。

雌虫（门头沟小龙门，2011.VII.6）

雌虫（蒿，怀柔帽山，2015.VI.11）

小金蝇
Physiphora alceae (Preyssler, 1791)

雌虫体长4.5～5.1毫米，翅长3.4～3.9毫米。体黑色或金绿色（胸背尤其明显）。头额部棕红色，单眼区黑褐色，头顶两侧及喙黑色，复眼具彩带。翅透明无色，翅脉黄色，翅室r_{4+5}开放。足黑色，前足的基跗节大部分和中足、后足跗节黄白色（端部黑褐色）。

分布：北京、新疆、河北、江苏、台湾；日本，俄罗斯，南亚，中亚至欧洲，非洲，美洲，澳大利亚。

注：*Physiphora demandata* (Fabricius, 1798)为其异名。成虫在玉米、芝麻、杨等植物叶片上，停息时常常轮流举前足；幼虫取食动物粪便、腐烂的有机质等。北京4～10月可见成虫。

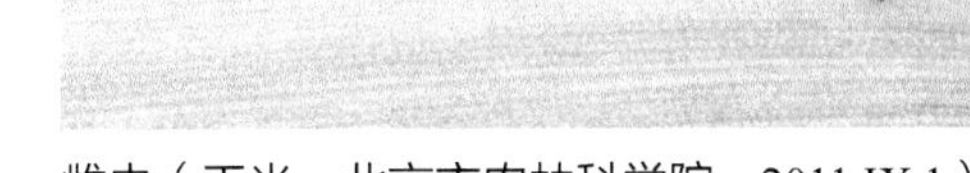

雌虫（玉米，北京市农林科学院，2011.IX.1）

黄缘小金蝇
Timia sp.

雌虫体长6.2毫米。体黑色为主。头浅黄棕色，仅后头（复眼后）具黑斑。中胸盾片具白色微绒毛（显示白色的地方），小盾片后缘黄棕色，无白色微绒毛（仅前侧角有），小盾鬃2对；翅透明，脉黄色，翅面无褐色斑点。

分布：北京。

注：与*Timia xanthaspis* (Loew, 1868)相近，该种小盾片全黄色，中胸盾片具大面积无绒毛区域。北京6月见成虫于灯下。

雌虫（昌平王家园，2014.VI.3）

斑顶茎蝇
Chamaepsila maculatala Wang et Yang, 1996

体长约7毫米。体浅黄褐色，腹部略深，呈黄褐色。头部单眼三角区黑褐色，触角黄褐色，第2节黑褐色。头部具2对顶鬃，胸部具1对背中鬃和1对小盾鬃。翅透明，顶端及2横脉处具黑褐色雾斑；平衡棒浅黄褐色。足同体色，跗节颜色稍深。

分布：北京*、甘肃、河北、山西。

注：原始描述中腹部为深褐色（王心丽和杨集昆, 1996），暂定为此种。北京7月可见成虫于林下。

成虫（门头沟小龙门，2014.VII.8）

胡萝卜顶茎蝇
Chamaepsila rosae (Fabricius, 1794)

体长约4毫米。体黑色，光亮，但头部红褐色，单眼区及后头大部分为黑褐色，足浅黄褐色。触角黄褐色，第3节暗褐色。毛序浅褐色，头顶鬃3对，后顶鬃1对，背中鬃2对，小盾鬃1对。翅透明，翅脉淡黄色。足基跗节明显长于其他跗节。

分布：北京*、宁夏；日本，俄罗斯，蒙古国，欧洲，北美洲，新西兰。

注：本种取食胡萝卜等伞形科植物，有时成为害虫；有近缘种（如*Chamaepsila nigricornis* Meigen, 1826），需要核对外生殖器（未核对，暂鉴定为本种）。北京5月和9月可见成虫于灯下。

成虫（怀柔中榆树店，2017.IX.13）

黑体绒茎蝇
Chyliza atricorpa Wang et Yang, 1996

体长4.5毫米。体黑色。头红黄色，额区具“M”形黑斑，后头区黑色；触角淡黄色，触角芒具绒毛。胸背具金色绒毛，略排列成行。翅透明，基部色浅，其余部分浅褐色；平衡棒乳白色。足黄色，后足腿节端部具黑色环斑。

分布：北京、陕西、辽宁、山西。

注：北京有几个近似种，多在后足斑纹的有无及大小上有所不同。北京香山是模式标本产地之一（王心丽和杨集昆, 1996），如图片上后足腿节上的黑环较大，约占腿节长的1/3，与原描述还是有些差异。北京6月可见成虫。

成虫（萝藦，延庆米家堡，2016.VI.7）

回绒茎蝇
Chyliza huiana Wang et Yang, 1996

体长约5毫米。体黑色。头红黄色，颜面具黑斑，额区具“M”形黑斑，其中中央的尖斑较长，后头区黑色；触角淡黄色，触角芒具绒毛。胸背具金色绒毛，略排列成行。翅透明，基部色浅，其余部分浅褐色。足黄色，腿节具斑纹，前足端部的1/3、中足端大部及后足的端半部呈红褐色至黑褐色，后足胫节端半部黑褐色。

分布：北京*、宁夏。

注：模式标本产地为宁夏固原和泾河源（王心丽和杨集昆, 1996），本种的特点是3足的腿节均有深色斑纹，且后足胫节端半部黑褐色。北京7月可见成虫。

成虫（延庆四海，2015.VII.15）

优斑茎蝇

Psila nemoralis arbustorum Shatalkin, 1986

体长4.5毫米。体浅黄棕色，腹部黑色。头额中内具长形暗褐纹，触角淡褐色，第3节基半部淡黄色，端半部暗褐色。胸背两侧具黑褐色纵纹，纵纹在近中部断开，两纵纹在基部相连，略呈“U”形；中侧片上缘、腹侧片前缘及翅侧片前缘暗褐色。背中鬃1对，小盾鬃2对。翅透明，平衡棒淡黄色。

分布：北京*；日本，俄罗斯。

注：中国新记录种，新拟的中文名，从中胸背板具“U”形斑。本亚种的中胸中侧片浅黄棕色，其上半部为褐色，而区分于全为浅色的指名亚种（Iwasa, 1991）。北京7月见成虫待在白桦叶上。

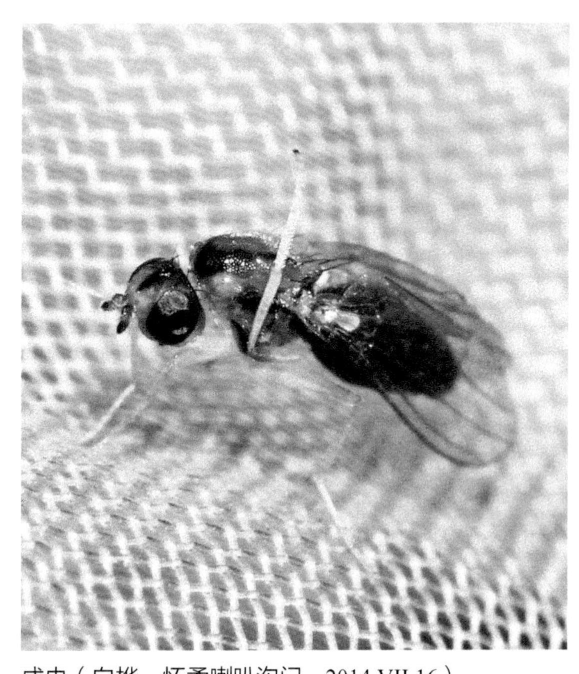

成虫（白桦，怀柔喇叭沟门，2014.VII.16）

黑须茎蝇

Psila nigripalpis Shatalkin, 1983

体长5.7毫米，翅长5.5毫米。体淡橙黄色，腹部略深。触角黄褐色，第2节黑色，第3节长形，约为第2节的2倍长，触角芒着生于背面近基部，短羽状，柔毛达端部；须细长，端半黑色；颊高接近于眼高的1/2。复眼后侧各具1对顶鬃，中胸具背侧鬃1根，1对背中鬃，1对小盾鬃。翅透明，前缘脉达M_1脉，CuA_1脉不达翅缘。足仅中足胫节具1黑色长距；爪黑色。

分布：北京*、陕西；日本，俄罗斯。

注：中国新记录种，新拟的中文名，从学名。本种整体橙黄色，头部的鬃毛稀疏，且触角第2节和须端部黑色，可与其他种区分。陕西7月记录于眉县。北京8月见成虫于林下。

成虫（榛，门头沟东灵山，2014.VIII.21）

加七峰尖尾蝇

Lonchaea gachilbong MacGowan, 2007

翅长3.5毫米。体黑色，光亮。复眼具稀疏短毛（不易被看到），额宽约为复眼宽的0.4倍，向头顶稍扩大。小盾片具2对缘鬃。足黑色，但跗节基部3节黄色。翅透明，翅脉淡黄色。

分布：北京*；朝鲜半岛。

注：中国新记录种，新拟的中文名，从学名；模式标本产地为韩国（MacGowan, 2007）。幼虫腐生于油松树皮下，油松多遭受天牛等危害，蛀道及附近已腐烂，蛹期约2周。

成虫（密云石马峪室内，2016.IV.14）

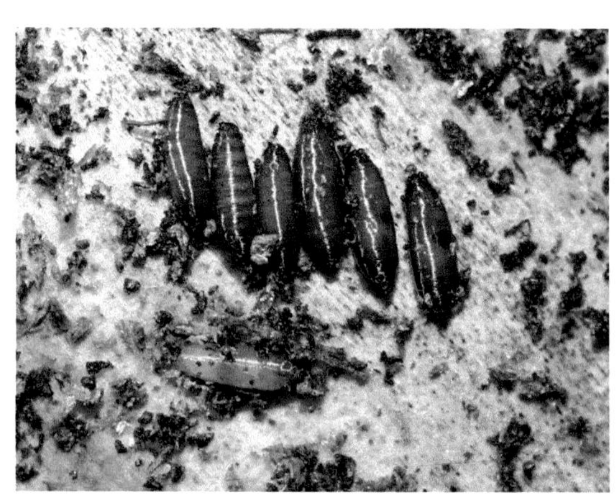

蛹（油松，密云石马峪，2016.III.30）

二鬃适蜣蝇

Adapsilia biseta Shi, 1996

雌虫体长8.5～11.0毫米，雄虫体长9.5毫米。体黑色。头浅黄褐色，触角、须红黄色，触角第2节及须被黑毛。胸部淡白色，具3对黑褐色斑，有时中间的1对纵斑颜色较浅；小盾片淡白色，被黑毛，具2根黑色缘鬃，其前侧方各有2根黑鬃。翅淡灰色，透明，具黑褐色斑；平衡棒淡白色。腹部黑色，被黑毛，腹第1节短于后4节长之和；产卵管红黄色，其基部和端部黑色，腹面中部具指形突起。

分布：北京、河北。

注：过去未见有雄虫记录；雄虫小盾片上的黑毛很稀疏，仅数根。河北记录于兴隆雾灵山。北京7月见成虫于灯下。

雄虫（平谷梨树沟，2021.VII.15）

雌虫（门头沟小龙门，2013.VII.30）

北方适蜣蝇

Adapsilia coarctata Waga, 1842

雄虫体长7.2～7.7毫米。体浅黄棕色，具浅褐色斑。触角梗节稍长于第3节，触角芒由2节组成，全长被毛。复眼下方具褐斑。翅R_{2+3}脉、R_{4+5}脉、M脉端及m-cu横脉具黑斑。小盾片仅具零星短刚毛，缘鬃4根。腹部腹板第2～3节相连处中央两侧具长刚毛簇。

分布：北京*、吉林；日本，朝鲜半岛，俄罗斯，蒙古国，欧洲。

注：描述于哈尔滨的*Adapsilia alini* Hering, 1940为本种的异名（Korneyev, 2004）。北京6～8月灯下可见成虫。

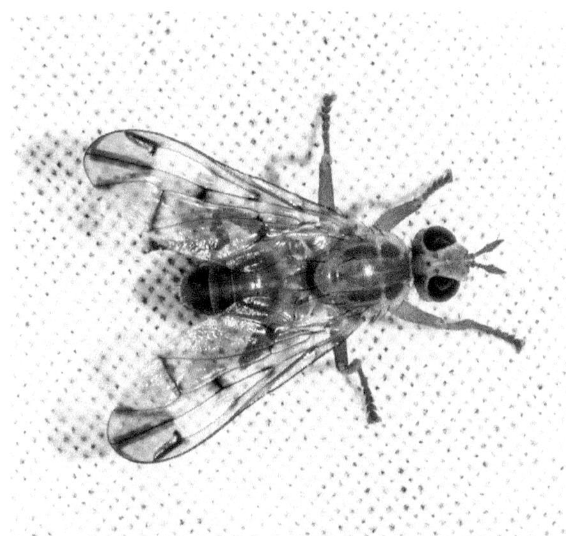

雄虫（平谷白羊，2018.VI.28）

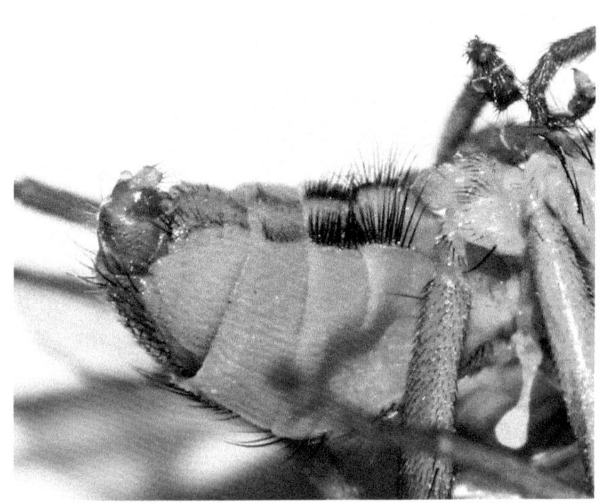

雄虫腹部（昌平王家园，2015.VIII.1）

淡黄适蜣蝇

Adapsilia ochrosoma Kim et Han, 2001

雌虫体长10.0毫米。体淡黄色，体毛黑色，胸背具3对黄褐色斑纹（其中中间1对愈合），足浅褐色。颊高为眼高的1/3；额部无黑斑；触角第2节稍长于第3节，但背面观明显长于第3节，触角芒2节，具短毛，基部1/3处具褐环。前足基节的端具黑毛丛；各足腿节近基部各具1根长鬃，中足腿节中部具无毛区，椭圆形，长稍不及腿节长的1/3。腹第1节长与端宽相近，基部两侧及后部具黑毛丛，明显长于后4节之和，各节渐向端部变短，背面具黑毛丛，两侧无黑毛，但具淡黄色微毛；背面观生殖节稍长于前5节之和，稍弯向下，两侧具较明显的黑毛，其他部分不显或很稀。

分布：北京*；朝鲜半岛。

注：新记录种，新拟的中文名，从学名。模式标本产地为韩国（Kim and Han, 2001）。北京6月见于灯下。

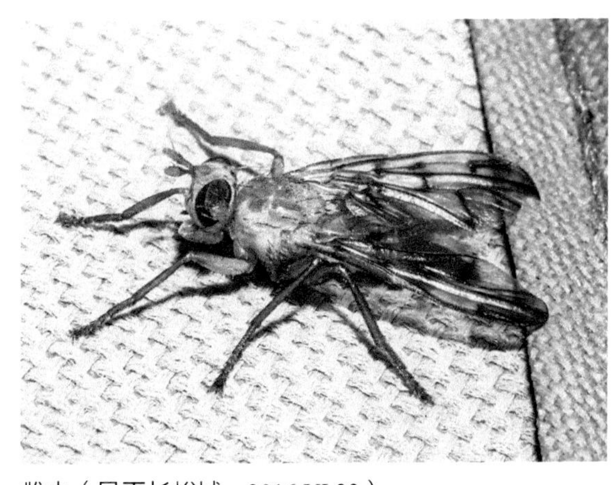

雌虫（昌平长峪城，2016.VI.23）

黑须适蜣蝇
Adapsilia sp.

体长8～9毫米。体淡黄色，具黑斑。触角第2和第3节长度相近，前者具小黑刚毛，触角芒2节，端半部光滑。复眼下方的颊约为复眼长的0.35倍，复眼下方无斑纹。小盾片具4根缘鬃，外被细黑毛。翅透明，具烟斑，有变化（尤其是翅端部斑纹）。雌腹部第6节长大，第2～5节缩在一起；雄各节正常。

分布：北京。

注：虞国跃等（2016）曾鉴定为东北适蜣蝇*Adapsilia mandschurica* (nec. Hering, 1940)，这是误定，该种下颚须的端部与基部同色，不为黑色，雌虫腹部第1+2节明显长于其他腹节（不包括生殖节）；雄腹第1+2节长于后2节，且第5节亮黑褐色。成虫具趋光性，白天在树干上休息，或交配。北京4～6月可见成虫。不少蜣蝇雌虫产卵于金龟子。

雄虫（昌平王家园，2013.V.21）

雌虫（昌平王家园，2013.V.21）

胸脉叉蜣蝇
Campylocera thoracalis Hendel, 1914

雌虫体长5.5～6.0毫米。体淡褐色，体毛黑色，胸背具3对黑褐色至黑色斑纹，后小盾片、生殖节基部黑褐色至黑色。触角第2、第3节长度相近，较短，第3节向端部不变窄，触角芒稍长于触角主体，具短毛。颜高不及眼高的1/4。中胸盾片多毛，前胸腹板两叶具6根毛。各足腿节毛较乱，近基部无1根强毛，中足腿节无光滑区。腹第1+2节短宽，稍短于后4节长之和。生殖节短，稍向下弯，侧面观稍短于基5节之和；生殖节端节近基部腹面具1对平置相接的钩状物，其前方（即生殖节主体）两侧具黑毛丛，强大。

分布：北京*；日本，菲律宾。

注：中国新记录种，新拟的中文名，从学名。模式标本产地为菲律宾（Hendel, 1914）。与杂色适蜣蝇*Adapsilia myopoides* Chen, 1947在外形上相近，但该种中足腿节具无毛区。北京5～7月可见成虫，具趋光性。

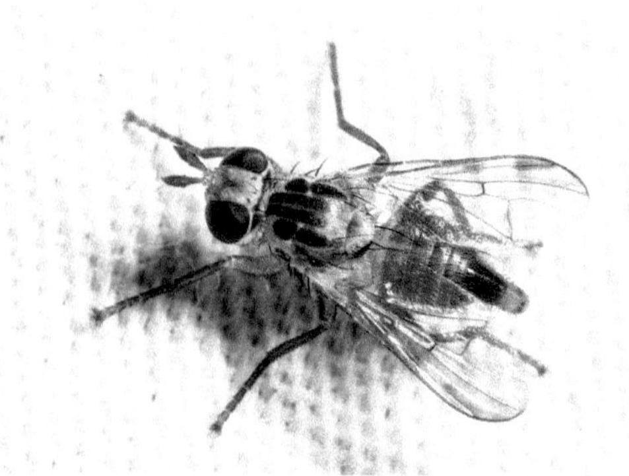
雌虫（昌平王家园，2014.VI.16）

台湾蜣蝇

Eupyrgota formosana (Hennig, 1936)

雌虫体长6.4～7.0毫米。体黄色，具棕色或黑色斑，体毛黑色。触角细长，梗节与第3节长度相近，触角芒2节组成，光滑。复眼下方具褐斑。小盾片具1长1短2对鬃。翅R_{2+3}脉端部具黑斑，此外具不完整横脉。腹部腹板第2～4节具众多短粗黑色刚毛。

分布： 北京*、台湾。

注： 原组合为*Apyrgota formosana* Hennig, 1936，模式标本产地为台湾，现归于*Eupyrgota*属*Taeniomastix*亚属（Korneyev, 2014）；虞国跃等（2016）记录的丽真蜣蝇*Eupyrgota* sp.即为本种。北京6～9月可见成虫于灯下，未见雄虫。

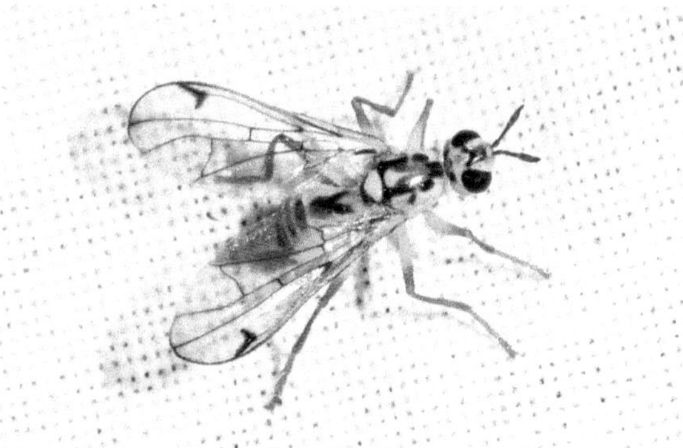

雌虫（平谷白羊，2018.VI.28）

黑颜近硬蜣蝇

Parageloemyia nigrofasciata (Hendel, 1933)

雌虫体长约6.5毫米。体淡黄色，胸部背面淡红褐色，具不明显的纵纹，腹部后几节两侧黑褐色，产卵管端部黑色。小盾片具2对小盾缘鬃，长。翅近于透明，翅面具4条黑褐色横带，其中端部的2条在前缘相连，中间2条直达翅后缘。产卵管接近或稍长于腹部其余部分。

分布： 北京*、四川；俄罗斯。

注： 国内（Chen, 1947）记录的*Parageloemyia nigrofasciata*应是四带近硬蜣蝇*Parageloemyia quadriseta* (Hendel, 1933)，源于原始文献中上述2种图的混淆（Korneyev, 2004）。中文名来自史永善（1996），其中“黑颜”可能并不确切，且未更正上述的失误。这2种或有可能为同一种（Korneyev, 2004），按目前的材料看，本种产卵管较短，翅基前方（翅上鬃与翅基之间）没有黑褐色圆斑。文献记载可从绢金龟养出。北京8月见成虫于灯下。

雌虫（门头沟小龙门，2014.VIII.19）

红鬃真蜣蝇

Eupyrgota rufosetosa Chen, 1947

雄虫体长8.9～9.5毫米，雌虫体长7.3～13.5毫米（翅长可达15毫米）。体以红褐色为主，头胸部具黄色区域，有时胸侧具黑褐色纹；小盾片黄色，两侧红褐色，或小盾片全为红褐色。体表的刚毛、鬃等均为红黄色或红棕色。触角沟较短，约为颜长的2/3；颊高约为复眼长的1/3。触角下方基部中位具1黑点，口缘处有2条黑线（有时不明显）；颊在复眼的下方具1黑褐色斑。触角第3节长于第2节，向端部稍收窄。前胸腹板中央具1对指形叶突。腿节下方具2列短鬃，雌虫中足腿节没有无毛的区域。体背的毛列有变化，如小盾片缘鬃3～4对（甚至9根）。雌虫腹部第1+2节与后4节长度之和相近，生殖节端前腹面两侧各具1黑色钩状突。雄虫腹部第1+2节与后3节长度之和相近。

分布：北京、河北、江苏、浙江、四川、云南；朝鲜半岛。

注：Chen（1947）在研究中国和日本的蜣蝇时，描述了*Eupyrgota pekinensis* Chen, 1947（北京真蜣蝇），模式种为1雄虫，其特点是体毛（鬃）为浅色（红色或黄色），体小，长9毫米；而把个体大（雄虫体长15～16毫米）描述为*Eupyrgota rufosetosa* Chen, 1947。我们见到的个体多属于中间类型，认为它们是同一种，并把*Eupyrgota pekinensis* Chen, 1947作为*Eupyrgota rufosetosa* Chen, 1947的新异名，syn. nov.。本种颜色、体大小及毛序变化较大，其详细描述可参见Kim 和 Han（2000, 2009）（注意干标本腹部第3～6节可收缩）。河北记录于兴隆和灵寿。北京6～7月可见成虫于灯下。

雌虫（门头沟小龙门，2011.VII.5）

雄虫（昌平王家园，2013.VII.18）

四带近硬蜣蝇
Parageloemyia quadriseta (Hendel, 1933)

体长5.9～7.1毫米。

分布： 北京*、吉林、四川、云南；朝鲜半岛。

注： 与黑颜近硬蜣蝇*Parageloemyia nigrofasciata* (Hendel, 1933)很接近（见黑颜近硬蜣蝇的注）。这2种蜣蝇的明显区别在于本种翅前缘在2条横纹之间具1方形黑褐色斑，这样看上去本种翅上的横带数较多。北京7月可见成虫于灯下。

雌虫（密云雾灵山，2021.VII.24）

三点三节芒蜣蝇
Porpomastix fasciolata Enderlein, 1942

雌虫体长（至生殖节末）9.5～9.7毫米。体浅黄褐色，体毛黑色。颜具3个黑点，1个位于两触角节间的中部下方，另1对位于口缘上侧方，或者3个黑点消失。触角芒3节，黑褐色（基部2节颜色稍浅）。小盾片仅1对鬃，无其他毛或鬃。腹部第6节具1个盘状平台，两侧具黑毛丛；生殖节长于腹部其他节之和，弯曲，末端简单，无钩状结构。

分布： 北京*、湖南；日本，朝鲜半岛，俄罗斯。

注： 中文名来自史永善（1996），模式标本产于日本的*Paradapsilia trinotata* Chen, 1947被认为是本种的异名（Korneyev, 2004），其详细描述可参见Kim和Han（2000）。本属仅知1种，其特点是触角芒由3节组成，雌虫第6腹节具1个盘状结构，表面光滑，犹如铜镜。北京5月见成虫于灯下。

雌虫及腹部（延庆松山，2018.V.23）

长须枝芒丛蝇

Ramuliseta palpifera Keiser, 1951

雌虫头胸长（到小盾片末端）3.1毫米，翅长4.5毫米。体棕红色。头宽稍大于长（110∶97），复眼内缘两侧平行，无单眼；触角芒呈树枝状（雄虫简单）。（标本）中胸背板具3对浅褐斑，中央具1对纵斑，长，其两侧沟前后各具1对斑，后斑稍长。翅透明，具黑褐色斑，翅前缘具3个透明斑，其前缘的翅脉呈淡黄色：基部的1个位于前缘室，近方形；r_1室具2个透明斑，内侧1个呈三角形，伸达R_{2+3}脉；外侧斑长三角形，越过R_{2+3}脉，伸达R_{4+5}脉，R_{2+3}脉、R_{4+5}脉和M脉几乎平行。后足跗节黑褐色。第5腹节背板两侧前缘各具圆形黑斑，直径约为背板长的1/2。

分布：北京*；印度尼西亚，非洲。

注：这是1中国新记录属和中国新记录种，中文名自张书杰等（2018）。经检2头标本中的1头与Korneyen（2015）描述有差异，即翅外侧黑斑中R_{4+5}脉和M脉之间具浅色纵纹，另1头中没有这个细纹。本种的重要特征是前缘脉在亚前缘脉前明显隆出。本种被认为可能广泛分布于东半球热带地区（Barraclough, 1998）。北京9月见成虫于灯下。

雌虫（北京市植物园，2020.IX.11，周达康摄）

触角芒（北京市植物园，2020.IX.11）

中华丛蝇

Sinolochmostylia sinica Yang, 1995

体长4.0～5.6毫米，翅长4.1～5.3毫米。体红褐色，具暗褐色区域。头较大，大小与胸部相近。雄虫复眼间距小，小于复眼宽度，雌虫其间距明显大于复眼宽度；无单眼。中胸盾具3对暗褐斑，中间1对细长，其两侧前后各具1对短粗斑；有时斑的分界不明显。翅褐色，中后部具透明区域，有时褐色区会减少或大幅减退；前缘脉无明显的断裂处，胫脉R_{2+3}短，仅达约翅长的一半处，r-m横脉位于中室的基部1/3处。腹基部第1+2节收缩，红褐色，第3～5节的基大部暗褐色。

分布：北京*、浙江；朝鲜半岛。

注：本种雌虫的触角芒淡白色，形态特殊，具很多分枝，外形似扇子（Han, 2006）。目前对此科昆虫的生物学所知甚少。北京7月可见成虫于灯下（当晚数量不少）。

雌虫头部及翅（密云雾灵山，2021.VII.24）

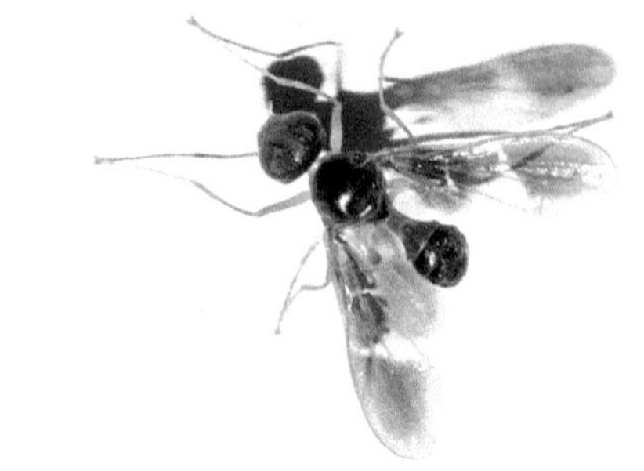
雄虫（密云雾灵山，2021.VII.24）

丝翅粪蝇
Scathophaga scybalaria (Linnaeus, 1758)

雌虫翅长9.0毫米。体灰黄色。头额区红褐色，在单眼区前呈“M”形，具3根眶鬃和5～7根额鬃；触角红褐色，触角芒羽状。胸部具2条浅褐色纵条，其外侧尚有不明显纵纹；翅侧片无毛。翅及翅脉黄色，但2横脉稍显暗色，翅脉R_{4+5}和M_{1+2}在翅端部稍靠近。

分布： 北京*、青海、新疆、内蒙古、黑龙江、福建、四川、贵州、云南；俄罗斯，蒙古国，欧洲。

注： 雄虫体比雌虫稍大，各足腿节及腹部被厚密的黄色绒毛。成虫捕食性，幼虫粪食性（牲畜粪便）。北京4月、9月可见成虫。

雌虫（千屈菜，海淀紫竹院，2020.IX.13）

小黄粪蝇
Scathophaga stercoraria (Linnaeus, 1758)

雌虫翅长约9毫米。体灰黄色。触角暗褐色，触角芒仅基半部羽状。胸部具2条浅褐色纵条，其外侧尚有不明显纵纹；翅侧片具细毛。翅及翅脉黄色，但2横脉稍显暗色，翅脉R_{4+5} 和M_{1+2}在翅端部几乎平行。后足胫节具8～12根前、后背鬃。

分布： 中国广布；亚洲，欧洲，非洲，北美洲。

注： 与丝翅粪蝇*Scathophaga scybalaria* (Linnaeus, 1758)相近，本种触角暗褐色，各足胫节具明显多的黑鬃，且翅侧片无毛。雄虫体色鲜艳，足、腹等处具浓密的金黄色毛。这2种粪蝇的习性相近。北京5月可见成虫。

雌虫（门头沟小龙门，2014.V.16）

钩斑小实蝇
Acidiella sp.

雄虫体长6.4毫米（翅末8.8毫米），翅长6.0毫米。头黄色，后头橙黄色。胸部橙黄色，腹末无黑斑。翅透明，具褐色至黑色斑纹，翅端的黑斑呈钩形，其内缘伸达翅后缘，R_1室外侧具2个透明斑，内侧1个伸达R_{4+5}脉，另一个穿过R_{4+5}脉。

分布：北京。

注：与*Acidiella issikii* (Shiraki, 1933)很接近，或为同一种。北京6月林下可见成虫。

雄虫（门头沟小龙门，2014.VI.10）

橘小实蝇
Bactrocera dorsalis (Hendel , 1912)

体长6～8毫米。中胸背板红棕色至大部黑色，缝后两侧具黄条；小盾片黄色，基缘黑色，具端鬃1对。翅透明，具烟褐色而窄的前缘带，几乎伸达翅端。腹部红褐色，后半部具“T”形黑斑。

分布：陕西、江苏、上海、浙江、江西、福建、台湾、湖北、湖南、广东、香港、广西、海南、四川、云南；日本，东南亚，南亚，非洲。

注：橘小实蝇分布于南方，幼虫可取食番石榴、杧果、杨桃、番木瓜、香蕉等46个科250多种的果实。可随水果被携带到北方。在北京可繁殖3代，为害李、桃、枣、苹果等，水果品种多的果园为害较重。在北京蛹不能越冬。

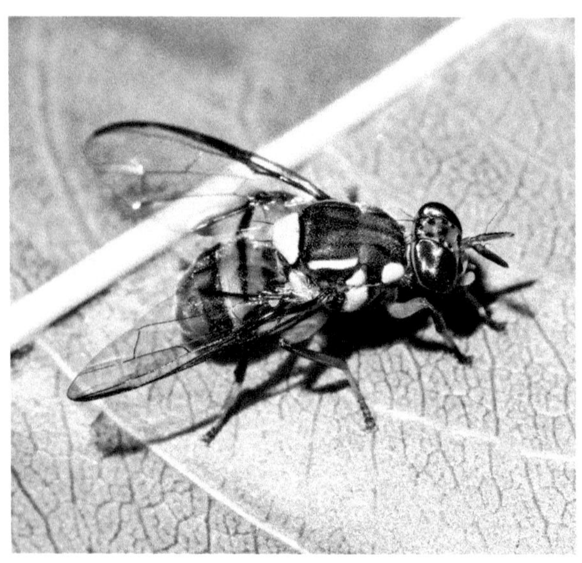

成虫（桃，海淀瑞王坟，2012.VIII.16）

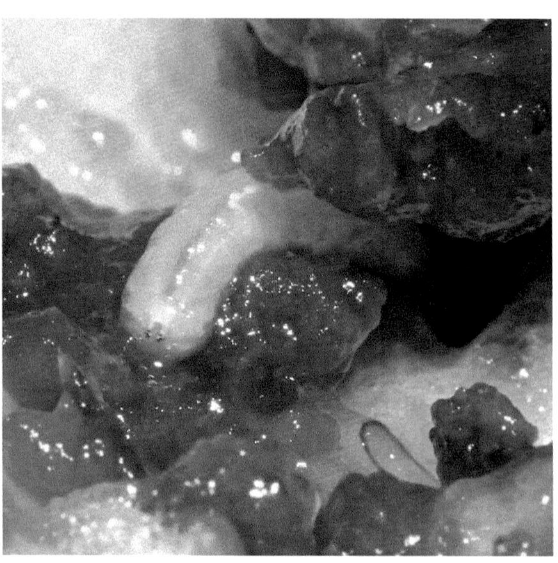

幼虫（苹果，昌平王家园室内，2018.X.6）

具条实蝇

Bactrocera scutellata (Hendel, 1912)

体长7.6毫米。头部颜面具1对卵圆形黑斑。中胸黑色，肩胛及背侧板胛黄色，缝后两侧具黄条，不达后缘，另具黄色中条，梭形或线形；小盾片黄色，具黑色端缘，具缘鬃2对；翅透明，具烟褐色而窄的前缘带，伸达翅端。腹部黄褐色，具黑褐色横带，后半部以黑褐色为主。

分布：北京、山西、江苏、上海、安徽、浙江、江西、福建、台湾、湖北、湖南、广东、广西、四川、贵州、云南；日本，朝鲜半岛，东南亚。

成虫（北京市植物园，2021.X.10，周达康摄）

注：又名宽带果实蝇、带寡鬃实蝇。幼虫蛀食南瓜、黄瓜等。北京8～10月可见成虫，多见于实蝇诱捕器内。目前尚不知是本地种或能否在北京越冬。

黑尾斑翅实蝇

Campiglossa nigricauda (Chen, 1938)

体长及翅长约4.0毫米。翅亚前缘室仅具1个小的透明斑，r1室在R1脉末端处具3个透明斑点，中室两端黑褐色，具4个透明斑点，m室具5个透明斑点。

分布：北京*、甘肃、山西；俄罗斯，蒙古国。

注：与散点斑翅实蝇*Campiglossa messalina* (Hering, 1937)相近，该种中室的基部白色而不同。北京6月可见成虫

成虫（门头沟小龙门，2016.VI.15）

三点棍腹实蝇

Dacus trimacula (Wang, 1990)

体长8.3毫米。体红褐色至黑褐色，具黄（或黄棕）色斑。触角长，明显长于头；颜面中颜板具3对卵圆形黑斑，其中上方的1个位于触角基部下方。中胸盾前沟中央具黑色纵纹，肩胛、沿盾沟短带及背侧板胛黄色；小盾片黄色，具黑色端缘，具1对小盾鬃；翅透明，前缘具较宽的烟褐色条纹，伸达翅端。足红褐色，第1～2跗节淡白色。腹部棍棒状，第1腹节收缩，两侧近于平行。

分布：北京、陕西、山西、河南、山东、福建、湖北、贵州、云南。

注：诱捕器中常见，未知其食性及能否越冬。北京8～10月见于实蝇诱捕器，偶见于灯下。

成虫（昌平河营室内，2018.VIII.29）

鬼针长唇实蝇

Dioxyna bidentis (Robineau-Desvoidy, 1830)

体长2.5～4.0毫米。头黄白色，触角芒黑褐色，复眼具彩虹光泽，内缘具白色细带；口器细长，伸直时可达头长的近3倍。胸腹部灰黄褐色。翅具花斑，前翅前缘端半部的r_1室内具3个透明斑点，内侧的亚前缘室具1个圆形透明斑点。足浅棕色。雌虫产卵管黑色。

分布：北京、陕西、内蒙古、黑龙江、河北、山西、山东、江苏、上海、浙江、江西、湖南；日本，俄罗斯，蒙古国，阿富汗，中亚，伊朗，欧洲，北非。

注：幼虫生活在鬼针草等菊科植物的花头中。北京6～11月可见成虫，可访如紫菀、菊、甘菊、小红菊等，具趋光性。

雄虫（玉米，北京市农林科学院，2011.X.11）

雌虫（榆叶梅，延庆米家堡，2015.VII.15）

潜叶赫米实蝇

Hemilea infuscata Hering, 1937

雌虫体长4.7毫米，翅长4.7毫米。体金黄色，腹部具黑斑或黑色。头部触角、下颚须及喙均黄色。胸侧具1条象牙白色条纹，背面具5条暗褐色细纹。翅前部2/3黑褐色至黑色，前缘近中部常具1个透明小斑或略浅色，横脉dm-cu处具很浅的烟色斑。

分布：北京、黑龙江、山西、山东、浙江；日本，朝鲜半岛。

注：记录幼虫潜叶，寄主为条裂莴苣叶。北京6月、8～9月可见成虫，具趋光性。

雄虫（悬铃木，怀柔雁栖湖，2012.VIII.2）

雌虫（顺义共青林场，2021.IX.7）

中华鼓盾实蝇
Oedaspis chinensis Bezzi, 1920

雌虫体长5.2毫米，翅长5.1毫米。胸部侧面以黄色为主，中胸沟前无背中鬃，小盾片黄棕色，具2对缘鬃，其基部具黑斑；后背片黑色。翅透明，具黄棕色至黑褐色横纹，翅痣前缘黑色，后缘黄棕色；翅端缘具很狭窄的透明斑，其内侧的透明横斑越过R_{4+5}脉。腹部背面大部黑色，第1节前缘及后缘中部黄棕色；产卵器黄棕色，基缘及端半部黑色（腹面端部1/3黑色），背面长度稍短于腹前2节之和；针状产卵器端部长宽比为2.31。

分布：北京*、湖北；俄罗斯。

注：模式标本产地为汉口（Bezzi, 1920）。经检的其中1雌的翅痣黑色，后半中部黄色；针状产卵器端部长宽比为2.31，比Korneyev（2002）所给的图小（约为2.63，用的种名"*Oe. sinica*"有误），暂定为此种。北京8～9月见成虫于灯下。

雌虫（平谷梨树沟，2019.IX.17）

上海鼓盾实蝇
Oedaspis meissneri Hering, 1938

雌虫翅长5.2毫米。中胸沟前无背中鬃，小盾片黑色，两侧黄色，具2对缘鬃，基鬃的基部黄色；后背片黑色。翅透明，具黄棕色至黑褐色横纹，r_1室在R_1端具有透明斑，翅痣黑色，具2条黄色条纹，或外侧黄纹仅见于前缘；翅端缘具透明斑，R_{4+5}端部位于其中。腹部黑色。

分布：北京*、上海。

注：模式标本产地为上海，小盾片灰黄色，在鬃毛基部黑色（Hering, 1938），经检的标本小盾片中部黑色而不同，暂定为本种。与中华鼓盾实蝇*Oedaspis chinensis* Bezzi, 1920很接近，本种胸部侧面以黑色为主，腹部背面以较长的白毛为主，杂有黑毛，且翅端具明显较宽的透明斑，其内侧的透明横斑未越过R_{4+5}脉，针状产卵器端部长宽比为1.96。北京6月可见成虫。

雌虫（门头沟小龙门，2015.VI.17）

五楔实蝇
Sphaeniscus atilius (Walker, 1849)

雌虫体长约4毫米。体黑色，头部及触角黄色。头额部具2对额鬃和2对眶鬃。小盾片具2对缘鬃。翅基部透明，大部黑色，翅前缘中部具1个透明斑，后缘具4个透明斑，其中第2斑最小。足黑色，但胫节及以下黄色。

分布：北京*、陕西、黑龙江、辽宁、山西、山东、江苏、上海、浙江、江西、福建、台湾、湖北、湖南、广西、四川、云南；日本，朝鲜半岛，东洋区，澳洲区。

注：描述于我国的*Trypeta sexincisa* Thomson, 1869和*Trypeta formosana* Enderlein, 1911为本种的异名。北京9月见成虫于紫苏上活动。

雌虫（紫苏，北京市农林科学院，2017.IX.8）

中华花翅实蝇
Tephritis sinensis (Hendel, 1927)

雌虫翅长4.5毫米。翅基半部近于透明，端半部具黑纹；翅痣基部具三角形透明斑，r_1室于翅痣末端具3个透明斑点，r_{2+3}室中部具3个透明斑点，中间的斑点较小或可消失。产卵管较短，黄棕色，端部黑褐色。

分布：北京、河北、山西、河南、江苏、广西、四川；日本，朝鲜半岛。

注：分别描述于山西和江苏的*Tephritis pterostigma* Chen, 1938和*Tephritis bipartita* Hendel, 1938为本种的异名；寄主为菊蒿（Han and Kwon, 2010）。河南8月记录于嵩县白云山，北京6月见成虫于灯下。

雌虫（门头沟小龙门，2012.VI.4）

花翅实蝇
Tephritis sp.

雌虫体长约4毫米。翅中部具1条从亚前缘室延伸至M脉的暗褐色斜带，r_1室于翅痣末端外具3个透明点（外侧1个很小），r_{2+3}室中部具3个透明斑，m室具5个独立的透明斑。足黄色。产卵管黑色，基部具白毛。

分布：北京。

注：外形接近洋参花翅实蝇*Tephritis crepidis* Hendel, 1927，但该种r_{4+5}室翅端的透明斑不独立，与内侧的透明斑相通（Korneyev and Korneyev, 2019）。北京7月可见成虫，待在菊科某种火绒草和禾草上。

雌虫（昌平黄花坡，2016.VII.7）

透翅花背实蝇
Terellia serratulae (Linnaeus, 1758)

雌虫体长（至腹末）5.8毫米，翅长4.6毫米。体银灰色，具黑斑。触角基部2节银灰色，端部橙黄色，两触角基部相互靠近；须、喙橙黄色。胸背具大型黑斑，端半部中央分叉；小盾片具2个隐约褐斑。腹部第3～6节基部各具4个近三角形的黑斑，第6背板约与前2节长之和相近，产卵管基部具1对黑斑，端部黑色，其长明显短于第3～6背板长度之和。翅透明，无斑纹（仅翅痣稍黄褐色）。

分布：北京*、河北、陕西、青海、新疆、内蒙古、山西；俄罗斯，蒙古国，中亚至欧洲，北非。

注：有近似种，可从产卵管的形态及相对长度进行区分。幼虫生活在菊科植物的头状花中，北京6月见成虫于丝毛飞廉上。

雌虫（丝毛飞廉，平谷梨树沟，2021.VI.10）

雄虫（丝毛飞廉，平谷梨树沟，2021.VI.10）

莴苣星斑实蝇
Trupanea amoena (Frauenfeld, 1856)

体长3.2～4.0毫米。体浅黄褐色（有变化），复眼具彩虹光泽。前翅外缘具黑色星状斑纹（向下散发），其前缘具2个透明斑，星状斑的内侧具棕色的斜带，从亚前缘室延伸至中脉。雌虫具明显且长的产卵器。

分布：北京、甘肃、新疆、内蒙古、河北、江苏、台湾、四川、云南；亚洲，欧洲，非洲，澳大利亚。

注：幼虫生活在菊科植物的头状花序中，如矢车菊属、莴苣属、苦苣属等。北京6～7月可见成虫，具趋光性。

雄虫（房山蒲洼东村，2016.VII.12）

雌虫（北京市农林科学院，2011.VI.22）

春黄菊星斑实蝇
Trupanea stellata (Fuesslin, 1775)

雌虫体长约3毫米。前翅外缘具黑色星状斑纹，其前缘具3个透明斑，星状斑的内侧不具棕色斜带，仅r-m横脉褐色。雌虫具明显且长的产卵器。

分布：北京*、甘肃、新疆、内蒙古、河北、山西、上海、福建、海南；古北区和东洋区。

注：又名拟网翅实蝇。幼虫寄生于金盏菊属、蒿属等菊科的头状花序中。北京6月、9月可见成虫。

雌虫（枣，昌平王家园，2018.VI.13）

裂斑艾实蝇
Trypeta artemisiae (Fabricius, 1794)

雄虫体长4.0毫米，翅长4.1毫米。头部1对单眼鬃发达，略长于上侧额鬃。中胸背板淡黄色，具3对浅褐斑。翅透明，具褐色斑：翅端略呈弧形，亚端部带在中间断裂，内带不达后缘，且不明显呈带状。

分布：北京*、陕西、甘肃、新疆、黑龙江、四川；日本，朝鲜半岛，俄罗斯，蒙古国，吉尔吉斯斯坦，欧洲。

注：又名蒿实蝇。幼虫在艾蒿等菊科植物的叶片上潜叶生活。北京8月见成虫于灯下。

雄虫（门头沟东灵山，2014.VIII.20）

东北筒尾实蝇
Urophora mandschurica (Hering, 1940)

雄虫体长3.4毫米。头黄色，后头除周缘外黑色；额部具1对上侧额鬃和2对下侧额鬃，1对单眼鬃，与侧额鬃近等长，具单眼后鬃、内外顶鬃，无额鬃；喙长，长于头高。中胸背板黑色，两侧黄色（背侧片黑色），具中鬃0+1，背中鬃1+1，小盾片黄色，具缘鬃2对。翅透明，翅脉及翅痣略带黄色，R_1整体（从横脉起）具小鬃，R_{4+5}基部无鬃。腹部黑色（腹板红褐色），足黄色。

分布：北京*、黑龙江；朝鲜半岛，俄罗斯。

注：外形（包括喙）与苦苣菜长喙实蝇 *Ensina sonchi* (Linnaeus, 1767)相近，该种2对下侧额鬃、黑色各腹节后缘具黄色横带（腹面黄色）及小盾片端鬃相距较近。北京8月见成虫于刺儿菜上，后者可能为其寄主，在头状花序中寄生。

雄虫（刺儿菜，平谷金海湖，2016.VIII.5）

旋刺股蝇
Texara sp.

雌虫体长约10毫米。体细长，红褐色至黑色。额向前突伸；复眼背面圆凸，高于低凹的额；触角芒黄白色，密被绒毛。后足腿节粗大，端部红褐色，腹面具2列小刺。

分布：北京。

注：刺股蝇科Megamerinidae是一个很小的科，种类不多，我国北方地区未有记录。据记载其幼虫生活在树皮下，捕食其他腐生性昆虫。北京5月见于林下。

雌虫（接骨木，密云雾灵山，2015.V.12）

松田氏优广口蝇
Euprosopia matsudai Kurahashi, 1974

雄虫体长11.5毫米，翅长10.2毫米。体暗褐色，被土黄色粉被。头正面观近于圆形，额中央大部褐色，复眼两侧白色；触角沟下部暗褐色，颜中央具长形平滑的中脊，淡黄白色，上缘约为下缘宽的1/2，侧缘基部暗褐色；复眼肾形，光裸，长约为头高的0.7倍。中胸具3条暗褐色纵纹。足暗褐色，胫节带红褐色，第1跗节浅黄褐色，仅端部暗褐色。翅具花斑，平衡棒淡黄色。腹部黄褐色，背面带暗褐色，向后各节颜色越深，第5背板几乎全为暗褐色。

分布：北京*；日本。

注：中国新记录种，新拟的中文名，从学名。模式标本产地为日本，跗节基部2节，有时第3节淡红色（Kurahashi, 1974），经检标本足仅第1跗节浅黄褐色（端部暗褐色），暂定为本种。北京8月灯下可见成虫。

雌虫（北京市植物园，2021.VIII.11，周达康摄）

雄虫头部（海淀西山，2021.VIII.5）

台湾狭翅广口蝇
Plagiostenoperina formosana Hendel, 1913

体长约6毫米。体漆黑色。触角基部2节黄褐色，第3节稍暗；额黑色，两侧近复眼处白色。胸背黑色，略带金绿色光泽，中央具2条灰色纵纹，胸侧具白色短绒毛。翅透明，前缘暗褐色，伸达M_{1+2}脉端，但前缘c室透明，第1基室的端大部（r-m横脉前）暗褐色。足黑色，前足腿节端半部和中足腿节端大部褐色。

分布：北京、福建、台湾、广西、海南、云南。

注：模式标本产地为台湾，原始文献描述很简单，仅与近缘种作了比较（Hendel, 1913），前翅形态可参见Wang和Chen（2006）。北京6月见成虫于柳叶上。

成虫（柳，海淀西山，2021.VI.22）

东北广口蝇
Platystoma mandschuricum Enderlein, 1937

体长5.2～7.2毫米。体黑褐色至黑色。中胸盾片、小盾片及腹背散布很多灰白色斑点；翅黑色，具许多透明斑，翅尖端具1透明斑。

分布：北京、黑龙江、辽宁、江苏；朝鲜半岛，俄罗斯。

注：幼虫以腐败的植物为食，也可取食动物尸体，作为法医昆虫（冯典兴等，2020）。北京6～10月可见成虫，江苏记录于扬州。

成虫（毛樱桃，北京市农林科学院，2011.X.7）

连带广口蝇
Rivellia alini Enderlein, 1937

体长4.2毫米，翅长3.7毫米。体黑色，胸部稍带绿色光泽。翅透明，具黑色纹，端部略呈“V”形，中部具黑色横纹，其内侧前缘具无色透明斑。

分布：北京、陕西、内蒙古、黑龙江、河北、湖北、四川；日本，朝鲜半岛。

注：北京6～8月可见成虫，常在叶片上舞动前翅，有时见于灯下。

成虫（怀柔喇叭沟门，2015.VI.10）

大豆根瘤广口蝇
Rivellia apicalis Hendel, 1934

体长5.5毫米。体黑色，具绿色金属光泽，口吻大，两复眼内缘具白色带纹。胸盾中央两侧各具不明显灰色纵纹1条。翅无色透明，仅翅尖黑褐色。足黄棕色，跗节端黑褐色。触角褐色或黑褐色，3节，第3节长，端部较尖，触角芒着生于端节近基部。

分布：北京、河北、河南、四川；日本，朝鲜半岛。

注：又称端斑邹蝇，幼虫取食大豆等豆科植物的根瘤（王经伦等，1990）。成虫7～8月可见，雌雄交配仪式复杂，雄虫扇动着翅膀追逐雌虫，雌虫以拍动翅膀接受，并亲吻，要重复多次才交配。

雌雄成虫（火炬树，昌平小汤山，2007.VIII.9）

腹带广口蝇
Rivellia cestoventris Byun et Suh, 2001

雄虫体长3.6毫米，翅长3.0毫米。体红棕色，两复眼内缘具白色带纹。中胸盾板后缘、横沟两侧及小盾片后缘暗褐色。翅无色透明，翅基及翅端外缘黑褐色，其间具3条黑褐色横纹，内侧2条在翅中部接近，但并不相交。腹部末端黑色。

分布：北京*；朝鲜半岛。

注：中国新记录种，新拟的中文名，从学名。从翅的斑纹与同域分布的另一种*Rivellia nigroapicalis* Byun et Suh, 2001相近，但后者翅中部的2条黑纹相交，而本种的2条黑纹远离，并不相交。本种胸部的斑纹变化较多，雌虫第1+2节中央具“工”字形黑纹，后2节后缘具黑色横带（Byun et al., 2001）。北京7月见成虫于灯下。

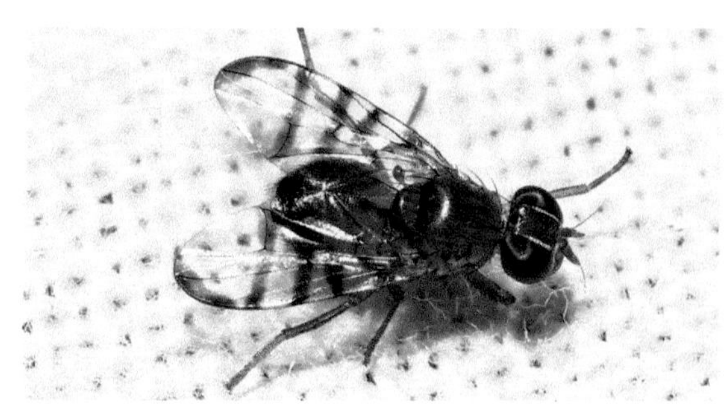
雄虫（平谷梨树沟，2020.VII.6）

图斑邹蝇
Rivellia depicta Hennig, 1945

体长5.5毫米，翅长4.1毫米。体黑色，胸腹部稍带绿色光泽。翅透明，无色，前缘黑褐色，但近基部的前缘室c透明，翅顶（翅室r_{2+3}和r_{4+5}端部）具钩形黑纹，r-m横脉位于中室中部后。足暗褐色，中后足跗节黄褐色。

分布：北京、河南、黑龙江；朝鲜半岛。

注：王经伦等（1990）记录了它的幼虫在河南取食大豆和绿豆的根瘤。北京7月见成虫于灯下。

成虫（怀柔孙栅子，2017.VII.13）

黄腹带广口蝇
Rivellia flaviventris Hendel, 1914

体长约3.5毫米。体暗褐色，头部及腹基部2节的后缘稍浅。翅透明，具5条黑色翅斑：翅端缘的黑纹与相邻的横带（位于m-cu横脉上）分离，中间的2条横脉（分别位于m-cu横脉和r-m横脉）较长，伸达肘脉，相互远离，在后端稍靠近；其内侧的横带较短，不达M脉；最基部的黑纹斜置，不与外侧的横带相接近。

分布：北京*、辽宁、台湾；日本，朝鲜半岛，尼泊尔、菲律宾，新加坡，印度尼西亚。

注：新拟的中文名，从学名。原组合为*Rivellia basilaris* var. *flaviventris* Hendel, 1914，后被提升为种（Hara, 1993）；图中所示的个体颜色较深。北京7月可见成虫于灯下。

成虫（密云雾灵山，2021.VII.24）

北京隐芒蝇
Cryptochetum beijingense Yang et Yang, 1996

雄虫体长1.7毫米，翅长1.8毫米。体黑色，略带蓝色金属光泽。头背面短阔，额三角约呈等边三角形。触角第3节两侧近于平行，与头长相近，长约为宽的2.6倍。足黑褐色，跗节褐色。翅较狭长，前缘脉伸达R_{4+5}末端（稍过些），R_{4+5}离顶角较近，dm-cu脉稍短于中段M_1（r-m脉和dm-cu脉之间，21∶27），明显短于最后一段cu脉，约为后者的1/3。

分布：北京。

注：我国已知18种；记录的寄主为绵蚧科，如吹绵蚧。经检标本的dm-cu横脉稍折；原描述雄虫体长2毫米，触角第3节长为宽的3倍（杨集昆和杨春清，1996），暂定为本种。北京5月在灯下可见成虫。

雄虫（房山蒲洼东村，2017.V.24）

直喙隐芒蝇
Cryptochetum euthyiproboscise Xi et Yin, 2020

雄虫翅长3.0～3.1毫米。体黑色，略带蓝色金属光泽。额三角略呈等边三角形，两边稍内凹，端部平截，其宽短于触角间距；触角第3节不达复眼下缘，长为宽的2.3倍，两侧几乎平行（微向端部收窄）。翅透明，前缘脉稍过R_{4+5}脉末端，翅顶稍过R_{4+5}，dm-cu脉短于中段M_1（1∶1.3～1.5），明显短于最后一段cu脉，约为后者的1/2；平衡棒黑褐色。

分布：北京*、云南。

注：模式标本产地为云南，原描述翅顶端位于R_{4+5}末端，中段M_1脉长为dm-cu脉的1.5倍（Xi and Yin, 2020），经检标本稍有差异，如翅长稍大（原描述2.6～2.8毫米）、侧面观生殖板端部平行等，暂定为本种。北京5～6月见成虫围绕人身，数量较多，一次双手拍打就采了5头标本（全为雄虫）。

翅脉、第9背板及下生殖板侧面观、雄虫（怀柔八道河，2021.V.26）

中华隐芒蝇
Cryptochetum sinicum Yang et Yang, 1996

体长2.8～2.9毫米（体弯时），翅长3.2～3.5毫米。体黑色，略带蓝色金属光泽。头背面短阔，额三角约呈等边三角形，前端不尖（较宽）。触角第3节伸达头下缘，长约为宽的2.6倍。足黑褐色，跗节褐色。翅较狭长，前缘脉伸达R_{4+5}末端，离顶角较近，dm-cu脉短于中段M_1（r-m脉和dm-cu脉之间），稍短于最后一段cu脉。

分布：北京、河北。

注：杨集昆和杨春清（1996）描述触角第3节长是宽的3倍多，但所附的图中并没有这么长（约2.7倍）。北京3月、9月可见成虫，具趋光性。

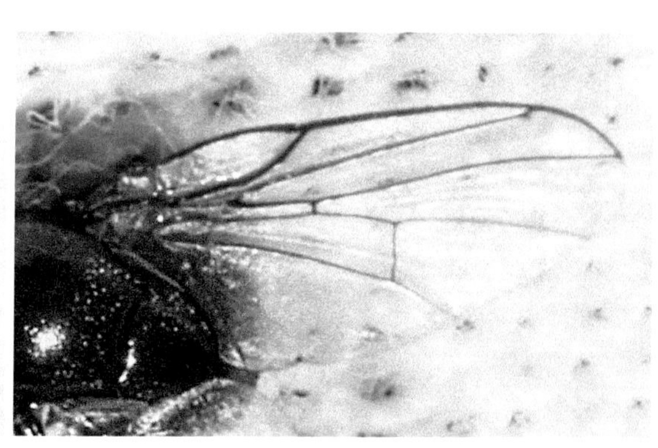
成虫及翅脉（平谷东沟，2021.III.11）

隐芒蝇科 Cryptochetidae

平谷隐芒蝇
Cryptochetum sp.

体长2.3毫米，翅长2.3毫米。体黑色，略带蓝色金属光泽。头背面短阔，额三角约呈等边三角形（但前端宽、尖）。触角第3节两侧近于平行，长约为宽的3倍。足黑褐色，跗节褐色。翅透明，前缘脉伸达R_{4+5}末端，翅顶角约在R_{4+5}和M_1之间，dm-cu脉稍短于中段M_1（r-m脉和dm-cu脉之间，13∶15），明显短于最后一段cu脉，约为后者的1/3（10∶31）。雄虫第 9背板背和尾须（后面观）很狭窄，侧面观生殖板较细，向端稍收窄。

分布：北京。

注：从翅脉等结构近似于陕西隐芒蝇*Cryptochetum shaanxiense* Xi et Yang, 2015，该种的个体较小，翅长1.7毫米，头额三角区端部较尖，雄虫第9背板和尾须（后面观）很宽大，侧面观生殖板宽大。北京4月可见众多成虫在石块上晒太阳。

成虫（平谷梨树沟，2021.IV.13）

甲蝇科 Celyphidae

甲蝇
Celyphus sp.

体长（到小盾片末）约4毫米。头黄褐色，单眼区褐色，具强壮的内、外顶鬃；触角黄褐色，触角芒黑褐色，基部约2/3扩大，柳叶状。前胸背板及小盾片黑色，具许多大型刻点状凹陷。

分布：河北。

注：甲蝇科 Celyphidae是一个小科，世界约7属90种，幼虫取食腐烂的叶片。本照片拍摄于河北兴隆雾灵山西门，我们在北京也见到过甲蝇，未能拍到图片，这里列入作为科的代表。

成虫（野核桃，河北兴隆，2012.VII.18）

沼蝇科 Sciomyzidae

亮毛簇沼蝇
Coremacera sp.

体长（至翅末）8.0毫米，翅长5.4毫米。

分布：北京。

注：与乌苏里毛簇沼蝇*Coremacera ussuriensis* (Elberg, 1968)相近，但体色更深，且额光亮，额中央及近复眼两侧具黑色纵带，并延伸至后头，2眶鬃大小相近。本属的特点是触角第3节端部具黑毛簇，我国此属至少有5种（Li et al., 2019c），未见名录及详细研究。北京6～7月可见成虫于林下。

成虫（门头沟小龙门，2016.VI.15）

乌苏里毛簇沼蝇
Coremacera ussuriensis (Elberg, 1968)

体长8.3～8.5毫米，至翅末9.9～10.5毫米。复眼具彩虹带。触角黄棕色，第3节近三角形，端部尖，着生一簇较粗的黑色刚毛，触角芒白色，被短白毛，稍长于第2、第3节之和；复眼前方和内侧具黑斑，其中后者（眶斑）上具1根下眶鬃（很短小），上眶鬃明显粗大。胸部背面具众多褐斑点；小盾片基部中央具三角形绒黑斑，具2对小盾鬃。翅面具网状斑，大致呈分布均匀的小白斑，翅前缘基部浅色无斑。

分布：北京*；俄罗斯。

注：中国新记录种，新拟的中文名，从学名。本种模式标本产地为俄罗斯远东滨海边疆区（Elberg, 1968），国内记录的棕斑毛簇沼蝇*Coremacera halensis*（Li, 2009, nec. Loew, 1864）应是本种的误定。北京5～7月可见成虫，多见于水边或潮湿的林下，偶见于灯下。绝大多数沼蝇取食蜗牛、蛞蝓等，其生物学未得到详细研究。

成虫（爬山虎，颐和园，2015.V.16）

铜色长角沼蝇
Sepedon aenescens Wiedemann, 1830

体长6～8毫米。额区亮黑，具深蓝色光泽。触角第1节黄棕色，短；第2节深褐色，是第1节的4倍长，第3节约是第2节的2/3长，端部尖；触角芒着生在端节基部1/3处，基半部褐色，端半部白色。胸部暗褐，披铜色粉被，尤以背中及两侧明显，呈带状。

分布：北京、宁夏、内蒙古、天津、黑龙江、湖北、湖南、上海、浙江、福建、广西、广东、海南、四川、贵州、云南；日本，朝鲜半岛，俄罗斯，阿富汗。

注：成虫多在湖边的草丛中活动，成堆产卵于水面上的禾草叶上，幼虫捕食鸭血吸虫（毛毕吸虫属）的中间宿主椎实螺等（范滋德等, 1993）。北京5月可见成虫。

雌雄成虫（海淀苏家坨，2009.V.1）

斑翅尖角沼蝇

Euthycera meleagris Hendel, 1934

体长（至翅末）8.5毫米。复眼内侧具黑褐色椭圆形眶斑，额中具一条带状凹陷，稍宽于单眼区宽度。触角基2节棕色，端节黄色，触角芒稍短于触角，白色，具短白毛。翅网状，底色烟褐色，翅面具许多白色圆形斑。

分布： 北京*、甘肃、宁夏、内蒙古、河北、浙江、湖北、四川。

注： 与棕斑毛簇沼蝇*Coremacera halensis* (Loew, 1864)在外形上相近，但本种触角第3节较长、端部没有明显可见的黑毛。幼虫腐食性。北京6～10月可见成虫，具趋光性。

成虫（门头沟小龙门，2013.VII .29）

丽拙蝇

Dryomyza formosa (Wiedemann, 1830)

体长11毫米，翅长11毫米。体黄褐色，中胸盾板具褐色至深褐色纵纹，翅具5个黑斑；前足腿节基半部、中后足腿节大部褐色；腹部腹面中基部具浅色纹。触角第3节椭圆形，明显长于前2节之和；触角芒着生于外侧近基部，羽状，端部黑褐色。小盾片具4根黑鬃。

分布： 北京*、河南、浙江、福建、台湾、湖南；日本，朝鲜半岛，俄罗斯，印度，越南。

注： 过去曾称圆头蝇科，易与头蝇科相混，由于行动笨拙而改为拙蝇科（杨集昆，2003），种类很少，世界仅知约25种（包括化石种）（Mathis and Sueyoshi, 2011），幼虫腐食性，喜欢带臭味的腐烂物。北京6月见成虫于林下。

成虫（门头沟小龙门，2014.VI .10）

丽森眼蝇

Conops licenti Chen, 1939

体长11～12毫米。体黑褐色至黑色。头大部分橘黄色，颜背基部黑褐色。中胸肩胛黄色，小盾片红褐色至黄褐色，端部稍浅。腹部第2节后缘具黄色横带，第3节后缘两侧具黄色斑。翅褐色，前半部颜色更深。

分布： 北京、山西。

注： 本属幼虫寄生熊蜂等，成虫拟态蜂类。北京9月可见成虫，访问皱叶一枝黄花、加拿大一枝黄花等。

成虫（加拿大一枝黄花，北京市植物园，2018.IX.10）

黄带眼蝇
Conops flavipes Linnaeus, 1758

体长11.0～12.5毫米。体黑色。头大部分橘黄色，颜背黑褐色，侧额无黑斑。中胸肩胛黄色，小盾片红褐色至黄褐色，基部黑褐色。腹部第2～4节后缘具黄色横带。翅褐色，前半部颜色更深。触角膝状，触角芒位于触角第3节端部，第3节长约为第2节的2/3。喙明显大于头长。

分布：北京、辽宁；古北区，非洲区。

注：与丽森眼蝇*Conops licenti* Chen, 1939相近，但本种腹部第2～4节均具黄色横带。成虫9月可见，访问加拿大一枝黄花。

成虫（加拿大一枝黄花，北京市植物园，2018.IX.10）

红带叉芒眼蝇
Physocephala rufipes (Fabricius, 1781)

雌虫体长10.5毫米，翅长7.0毫米。体暗褐色，复眼及足多红褐色。头自头顶至触角基部具黑褐色纵纹，侧颜金黄色，下侧颜及颊黑褐色。触角芒着生于触角第3节端部，其第1节在腹面呈卷叶状。翅半透明，烟色，但下半部颜色较浅。腹部第2节较细长，略长于第1节。

分布：北京*、河北、新疆；日本，朝鲜半岛，蒙古国，土耳其，欧洲。

注：本种翅透明部分很有特点。记录捕食多种熊蜂，如地熊蜂。北京7月可见成虫；河北记录于兴隆。

雌虫（河北兴隆，2012.VII.17）

雌虫及头部（昌平长峪城，2016.VII.6）

富眼蝇
Conops opimus Coquillett, 1898

体长13毫米，翅长11毫米。体黑褐色。触角黑褐色至黑色，头在触角基部以下黄色。额宽不及复眼宽的2倍；头顶前部具多条纵脊，近顶部具几条横脊；侧额靠近复眼在触角基部水平两处各具1圆形黑斑。触角膝状，着生于复眼中部水平上侧，长于头部，第1节长为其宽的近4倍，第2节不及第1节长的2倍，第3节约为第2节长的2/3，触角芒着生于前节端部，由3节组成，前2节宽大于长，端节长，笔尖状。喙黑色，约为头长的2倍（可达第1腹节）。翅横脉r-m和$sc\text{-}r_1$在同一水平上，r-m位于中室的中部；臀室封闭，柄短，不达翅缘。前足基节、中后足基节前缘、前中足胫节端部外侧（有时可扩大）可见白色（为结构色）。腹第1节背板刻点较大，略具细毛，腹节两侧具黑毛丛；第2～3背板较为光滑，背面具细刻点。

分布：北京*、福建；日本。

注：新拟的中文名，从学名。模式标本产地为日本，中胸背板后角及小盾片（除基部）黄色（Coquillett, 1898），在北京的标本中，这些部位为黑褐色或红褐色，暂定此种。我国记录于福建（Camras, 1960）。北京5月、8月可见成虫，访问败酱的花。

雌虫（败酱，平谷鸭桥，2019.VIII.15）

黑微蜂眼蝇
Thecophora sp.

雄虫体长4.6毫米。黑色，头黄色，复眼红棕色，头顶及额的上部深红棕色。腿节黑色，两端黄色，胫节黑色，但基部约1/2黄棕色，跗节基2～3节黄棕色，余黑褐色。触角第2节具小刚毛，长度不长于第3节，触角芒着生于第3节背面。翅臀室长于第2基室，略短于第1基室。

分布：北京。

注：此属我们曾误用中文名尾蜂眼蝇。接近腹微蜂眼蝇*Thecophora abdominalis* (Chen, 1939)，但后者体色较浅。已知本属眼蝇的寄主为隧蜂属*Halictus*或淡色隧蜂属*Lasioglossum*；北京5月可见成虫。

雄虫（刺槐，北京市农林科学院，2016.V.26）

中华肿头眼蝇
Physocephala sinensis Kröber, 1933

雌虫体长约10毫米。体黑褐色或红褐色。额浅黄褐色，单眼区暗褐色；中颜板近中部具1棕色小圆斑；颜淡黄色，隆起。翅浅褐色透明，前缘基部约3/4烟色，即r_{4+5}以上、r_5室基部1/2颜色较深。足红黄色，腿节基部稍膨大，后足腿节端半部、各足胫节端部覆深褐色粉被。

分布：北京、山东、江苏、安徽、浙江。

注：又名唐叉芒眼蝇。北京9月可见成虫，访问皱叶一枝黄花。

雌虫（昌平王家园，2006.VII.27）

雌虫及头部（皱叶一枝黄花，北京市植物园，2018.IX.26）

两色微蜂眼蝇
Thecophora sp.

雄虫体长6毫米。黑色，头黄白色，复眼红棕色，头顶及额的上部深红棕色。腿节黑色，后足腿节基半部红棕色，胫节暗褐色，基半部色浅。颊高为复眼高的0.64倍。触角第2节具小刚毛，长于第3节，触角芒着生于第3节背面。喙长约为头长的1.5倍，肘在中部。

分布：北京。

注：与黑尾微蜂眼蝇*Thecophora atra* Fabricius, 1775相近，但本种触角第3节一色，为黄棕色。北京8月可见于灯下。

雄虫（昌平王家园，2013.VIII.29）

杨柳拟植潜蝇

Aulagromyza populi (Kaltenbach, 1864)

雌虫体长1.8毫米。体鲜黄色。复眼、触角芒基部紫黑色，额宽于复眼。中胸具“M”形大黑斑，似由2对黑斑组成，中胸后背片黑色。腹侧片大部分及产卵器黑色。

分布：北京；日本，俄罗斯，土耳其，欧洲。

注：国内记录时用的学名为*Paraphytomyza populi*（陈小琳和汪兴鉴，2001）。春秋可见潜道（推测1年2代），以蛹在潜道里越冬。在杨、柳等树叶的上表皮中潜叶，潜道长，有时1片杨叶上有10多个潜道。

雌虫（柳，北京市农林科学院室内，2012.V.24）

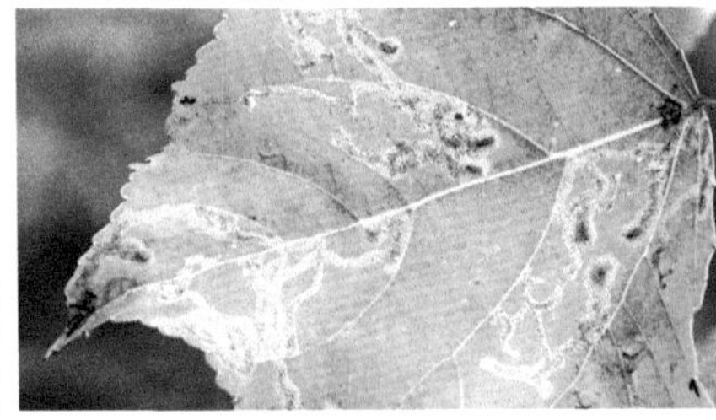

蛹及为害状（杨，北京市农林科学院，2011.XI.5）

荆条萼潜蝇

Calycomyza sp.

雌虫翅长2.5毫米。体黑色。头部黄色，单眼三角区及后头黑色。中胸背侧片、翅基及中侧片的上后缘黄色。足黑色，前足腿节和胫节相接处稍浅。前翅r-m横脉位于中室中部，前缘脉第2段为第4段的4.5倍，M_{3+4}末段约为前段的2倍。腹侧及各节后缘黄色。

分布：北京。

注：与*Calycomyza humeralis* (Roser, 1840)相近，但该种寄主为菊科植物，且幼虫潜斑不呈星状。我们在附近的荆条叶片上发现了潜斑及幼虫，成虫应该出自荆条。

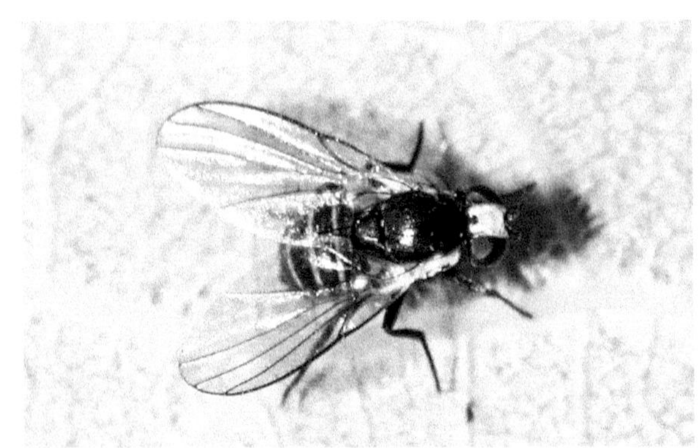

雌虫（黄栌，平谷金海湖，2014.IX.16）

潜斑（荆条，平谷金海湖，2014.IX.16）

麦鞘齿角潜蝇

Cerodontha denticornis (Panzer, 1806)

体长2.6～2.9毫米。头黄色，单眼区暗至黑色。触角基2节黄色，第3节黑色，其端背角处具1明显的短刺。中胸黑色，侧片黄色至黑色，小盾片黑色，或中央黄色，或小盾片黄色，仅两侧黑色，端部具1对端鬃。足黄色，胫节及跗节棕色至黑色。翅CuA_1最后部分与第2部分长度相近。

分布： 北京、陕西、甘肃、新疆、内蒙古、河北、山西、台湾；日本，欧洲，北非。

注： 又名齿角潜蝇。寄生于禾本科杂草及小麦等，为小麦上的一种害虫，幼虫在叶鞘内取食。

雌虫（白三叶，门头沟小龙门，2016.VI.15）

富坚角潜蝇

Cerodontha togashii Sasakawa, 2005

体长约2毫米。体黑色。触角黑褐色，第3节长略短于高，新月片高大于宽，约与其上缘至前单眼的距离相近。前缘脉第2～4段的比为2.76∶1∶0.55，r-m位于中室中部前，M_1末段是前段的4.9倍，CuA_1末段是前段的1.54倍，平衡棒黄色。足黑褐色，前足膝部稍浅色，各足跗节褐色，端跗节略暗。

分布： 北京*；日本。

注： 中国新记录种，新拟的中文名，从学名，归于*Poemyza*亚属，记录的寄主为毛竹（Sasakawa, 2005）。幼虫在早园竹叶片中潜叶，在竹叶内化蛹。

成虫（海淀紫竹院室内，2012.VIII.30）

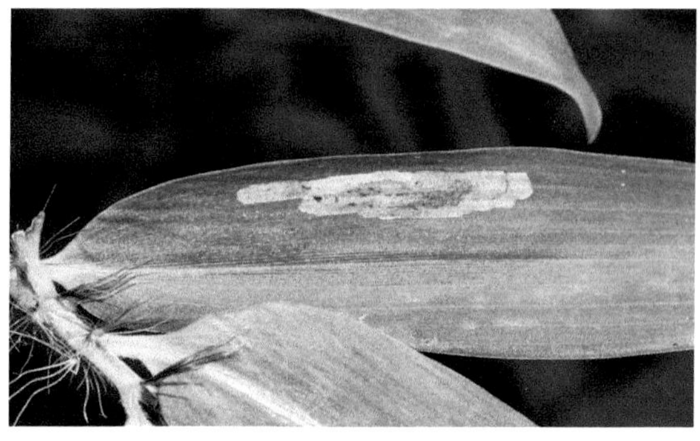

潜斑（早园竹，海淀紫竹院室内，2012.VIII.19）

蛹（早园竹，海淀紫竹院室内，2012.VIII.24）

黄缘角潜蝇
Cerodontha (*Dizygomyza*) sp.

雌虫体长3.3毫米，翅长3.2毫米。体黑色，胸部两侧具黄色纵纹，其前端弯向内侧。触角第3节端缘弧形，无角状突起；额在复眼内侧具成列小毛（此处隆起）；头新月片凹入，明显宽大于高；颊约为眼高的1/4。中胸盾片无盾前鬃，背中鬃3+1，具2对小盾鬃；翅透明，前缘脉止于M_{1+2}，前翅r-m横脉位于中室中部之后（3/5处），m-m横脉长于M_{1+2}的中段长；M_{3+4}末段明显长于次末段；平衡棒黄色。足黑色，仅前足膝部略现黄色。腹部黑褐色，各节后缘黄色。

分布：北京。

注：与*Cerodontha* (*Dizygomyza*) *suturalis* (Hendel, 1931)相近，即体黑色，胸侧具黄绿色纵纹，但该种r-m横脉位于中室中部，个体较小（翅长2.5毫米）。北京8月见成虫于灯下。

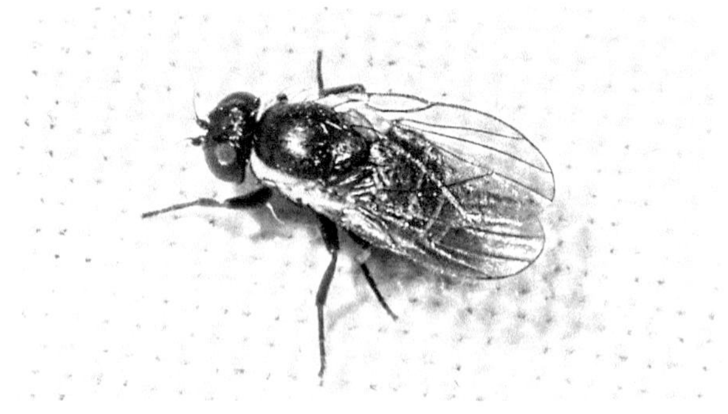

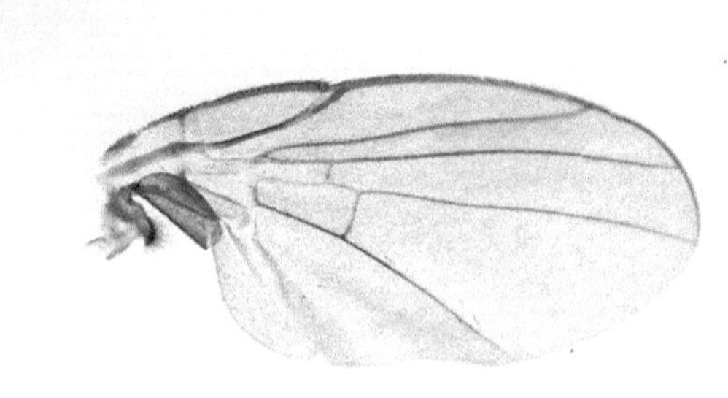

雌虫及翅（门头沟小龙门，2015.VIII.19）

豌豆彩潜蝇
Chromatomyia horticola (Goureau, 1851)

体长2.3～2.7毫米，翅长2.5～3.1毫米。头部淡黄色，复眼红褐色，单眼区暗褐色。触角第3节及触角芒黑色。翅透明，具虹彩反光；M_{1+2}脉近翅尖，缺中横脉（m-m）及中室。足黑色，但腿节端部淡黄色。

分布：北京、陕西、甘肃、内蒙古、天津、河南、山东、江苏、上海、江西、福建、台湾、湖南、西藏；日本，朝鲜半岛，蒙古国，南亚，东南亚，西亚，欧洲，非洲。

注：又名菊潜叶蝇、豌豆潜叶蝇。寄主广泛，达36科268属，主要取食十字花科、豆科和菊科植物，常见的有油菜、豌豆、菊花等。1年发生多代，3月起可见成虫，具趋光性；幼虫潜叶为害，可在上表皮或下表皮潜道。具多种寄生蜂，如豌豆潜蝇姬小蜂*Diglyphus isaea*。

雌虫（二月兰，北京市农林科学院，2012.V.1）

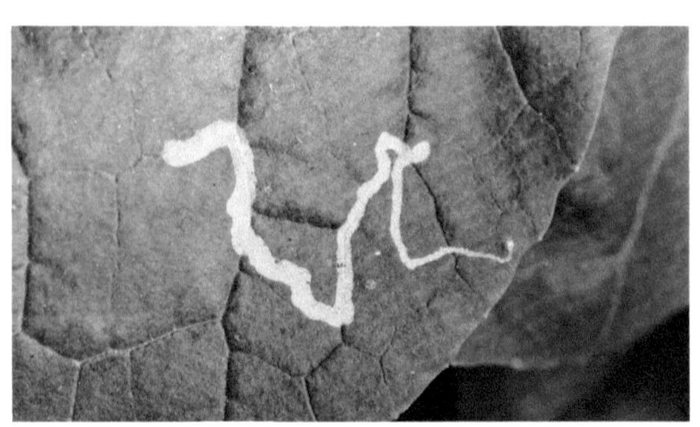

潜道（西兰花，北京市农林科学院温室，2015.II.25）

赫氏瘿潜蝇
Hexomyza cecidogena (Hering, 1927)

雌虫体长（直）2.5毫米，翅长2.2毫米。体黑色，足黑色，跗节前几节稍浅。额宽为眼宽的1.5～2倍。翅脉褐色，前缘脉稍超过R_{4+5}，具有第2横脉，M_{3+4}倒数第1段与第2段大致相等；腋瓣灰白色，具褐色边缘。

分布：北京*、河南；日本，欧洲。

注：河南记录了在柳树小枝上形成虫瘿的本种和柳枝瘿潜蝇*Hexomyza simplicoides* (Hendel, 1920)，在蛹的形态上有较大区别（问锦曾和董景芳, 1995；董景芳等，1996），两种成虫形态较为接近，详细区分可见Sasakawa（2014）。

雌虫及虫瘿（柳，颐和园，2016.V.16）

南美斑潜蝇
Liriomyza huidobrensis (Blanchard, 1926)

雌虫体长1.7毫米，翅长1.9毫米。头鲜黄色，但单眼区及后头中央黑色，内外顶鬃着生在暗色区；触角黄色，触角芒黑色。中胸背面黑色，后缘稍带黄色，很窄，但两侧明显；胸侧鲜黄色，但中侧片上方（约占1/3）黑色；小盾片鲜黄色，侧缘近基部黑色。翅透明，r-m脉位于中室中部稍外侧，M_{3+4}最后部分约为前一部分的2倍（1.7～2.5倍）。足腿节黄色，常染有褐色（可扩大全为黑色）。

分布：中国广泛分布（除上海、安徽、西藏）；亚洲，欧洲，美洲。

注：虞国跃（2017）曾把此图误鉴为番茄斑潜蝇*Liriomyza bryoniae* (Kaltenbach, 1858)，该种头顶的内外顶鬃均着生在黄色区，胸侧黄色。本种寄主广，可达49科365种；幼虫潜叶，潜道不规则，终端不明显变宽。

雌虫（油菜，北京市农林科学院，2007.VI.19）

豆叶东潜蝇

Japanagromyza tristella (Thomson, 1869)

雌虫体长2.5毫米，翅长2.8毫米。体黑色。额宽稍大于复眼宽（30∶28），新月片颜色稍浅，高不及宽的1/2。中胸背板具小盾前鬃及2对背中鬃，小盾鬃2对。翅透明，r-m横脉约在中室基部2/5处，M_{3+4}末段短于其前段（67∶82），平衡棒褐色，球状端部白色。

分布：北京、河北、河南、山东、江苏、福建、广东、四川、云南；日本，南亚，东南亚。

雌虫（门头沟小龙门，2014.VI.10）

注：外形与豆秆黑潜蝇*Melanagromyza sojae* (Zehntner, 1900)相近，但该种无小盾前鬃，平衡棒全黑色。幼虫主要危害大豆及豆科蔬菜等作物，也可取食葛，潜叶，潜斑呈块状。

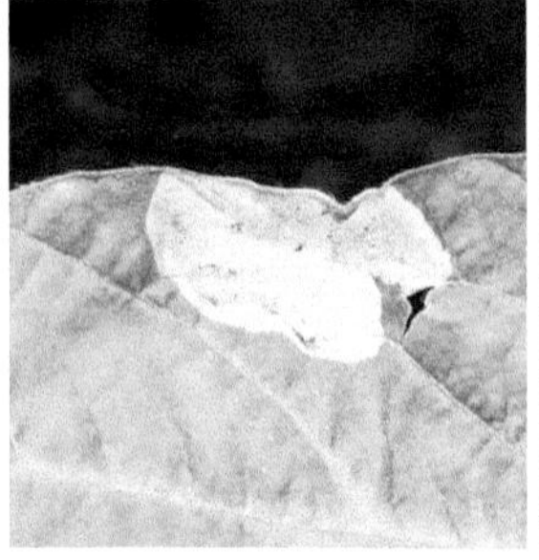

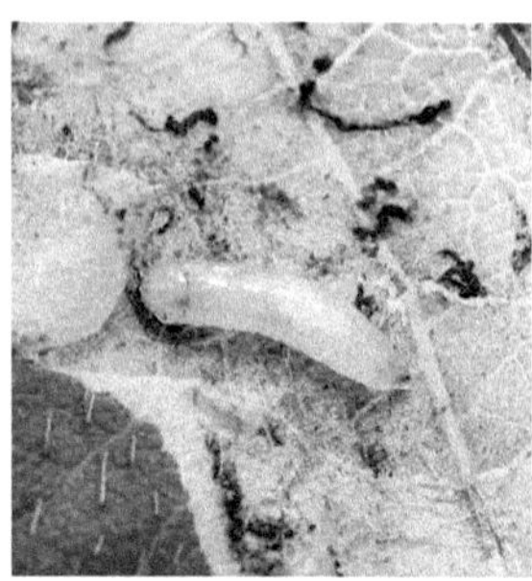

潜斑及幼虫（大豆，北京市农林科学院，2021.VII.30）

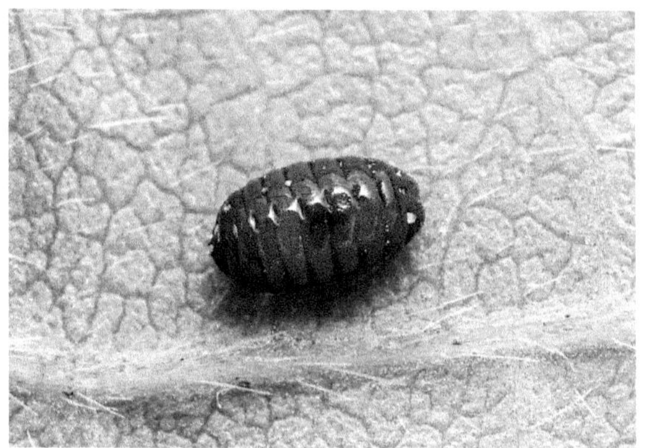

蛹（大豆，北京市农林科学院，2021.VIII.1）

豆秆黑潜蝇

Melanagromyza sojae (Zehntner, 1900)

雌雄翅长2.4毫米。体黑色，复眼暗红色。额稍宽于眼；触角第3节圆钝形，触角芒长，为触角的3～4倍，几乎裸。中胸背板无小盾前鬃。翅亚前缘脉弱，但完整，末端与R_1脉合并；r-m横脉位于中室中部之后（3/5处），m-m横脉稍长于M_{1+2}的中段长；腋瓣白色，平衡棒全黑色。腹部具绿色光泽。

分布：北京、陕西、甘肃、吉林、辽宁、河北、河南、山东、江苏、上海、安徽、浙江、江西、福建、台湾、湖北、湖南、广东、广西、海南、四川；日本，南亚，东南亚，中东，欧洲，非洲，澳大利亚，南美洲。

注：幼虫寄主为豆科作物（多种豆类如大豆及苜蓿等），初孵幼虫蛀食，从叶脉、叶柄的幼嫩部位蛀入主茎，蛀食髓部及木质部。近年来已传入欧洲和南美洲。

雌虫（大豆，北京市农林科学院室内，2021.VIII.13）

美洲斑潜蝇
Liriomyza sativae Blanchard, 1938

体长1.3～2.3毫米。体黄色，具黑斑：头眼后眶、中胸背板黑色，腹部各节黑黄相间，体侧黑黄约各占一半；足腿节亮黄色，胫节和跗节暗色（前足黄褐色，中后足黑褐色）。头顶处的外顶鬃着生在暗色区，内顶鬃着生在暗色区和黄色区的交界处。翅透明，中室较小，M_{3+4}最后部分远大于第2部分的2倍（3～4倍）。

分布：中国广布（除黑龙江、青海、西藏）；夏威夷等太平洋岛屿，美洲。

注：幼虫潜叶，寄主有黄瓜、番茄、茄子、辣椒、豇豆、蚕豆、大豆、菜豆、芹菜、甜瓜、西瓜、冬瓜、丝瓜、西葫芦、蓖麻、大白菜、棉花、油菜、烟草等22科110多种植物。

雌虫（棉花，北京市农林科学院，2011.VI.23）

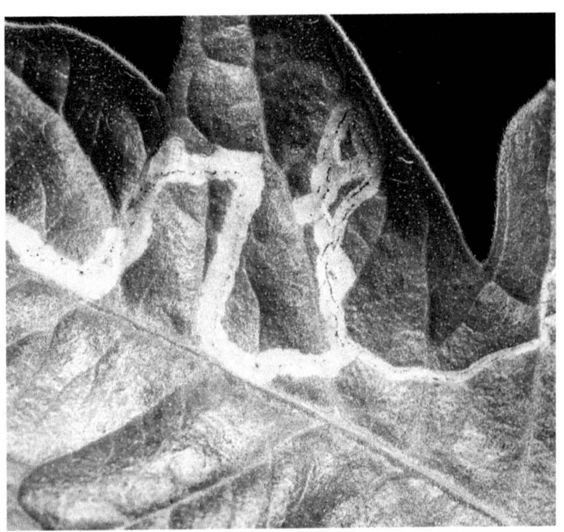
潜斑（番茄，北京市农林科学院，2014.V.4）

榆蓝黑潜蝇
Melanagromyza sp.

雌虫翅长2.5毫米。体黑色，体背具明显的蓝绿色光泽。颜面中间具线形中脊；新月片近于半圆形（前缘略近方形），宽大于高；颊约为复眼高的1/8。中胸盾片具背中鬃2对，无沟前鬃，小盾鬃2对。前翅透明，前缘脉终止于M_{1+2}，r-m横脉位于中室中部；平衡棒黑褐色，仅端缘黄色（窄）；腋瓣及缘缨黄白色。足黑色。

分布：北京。

注：与豆秆黑潜蝇*Melanagromyza sojae*（Zehntner, 1900）相近，但体胸腹部背面的蓝绿色光泽更为明显，且前翅r-m横脉位于中室中部。北京4月见成虫于金叶榆上。

雌雄成虫（榆，平谷西营，2015.IV.24）

蓝腹黑潜蝇
Melanagromyza sp.

雄虫体长3.0毫米，翅长3.2毫米。体黑色，胸背无铜绿色光泽，但腹背明显。额在复眼内侧隆起，较宽，是复眼宽的1.7倍；新月片长大于宽，端部稍变窄；单眼区长三角形，前端具细脊伸向新月片；颊约为眼高的1/4。中胸盾片背中鬃2+0，小盾鬃2对；平衡棒黑褐色，腋瓣灰色，缘缨黑色。前缘脉达M_{1+2}，r-m脉位于中室中部外约2/3处，M_{3+4}末段短于前一段，约为后者的3/4。

分布： 北京。

注： 经检标本的中足胫节具2根侧鬃，但颜中具细脊。与北京有分布的微毛黑潜蝇*Melanagromyza pubescens* Hendel, 1923较为接近，该种体无铜绿色光泽，颊为复眼高的1/6～1/5。北京5月可见成虫。

雄虫（马莲，昌平康陵，2019.V.21）

马蔺眶潜蝇
Praspedomyza sp.

雌虫体长2.1毫米，翅长2.0毫米。体黑色。头黄色，眶鬃前倾，新月片半圆形，高约为触角基部到前单眼距离的1/3，颊约为眼高的1/4。中胸及小盾片黑色，侧面黄色；中胸背中鬃3+1，小盾鬃2对。前翅透明，亚前缘脉不发达，前缘脉达M_{1+2}，M_{1+2}更接近于翅尖，r-m脉位于中室中部稍外约3/5处。足黑色，膝部黄色。

分布： 北京。

注： 一些文献把*Praspedomyza*作为*Phytobia*属下的一个亚属。北京4月、7～8月可见成虫，幼虫潜马莲的叶片，潜道长形，5月和8月可见幼虫。

雌（右）雄成虫（马莲，海淀紫竹院，2017.VII.3）

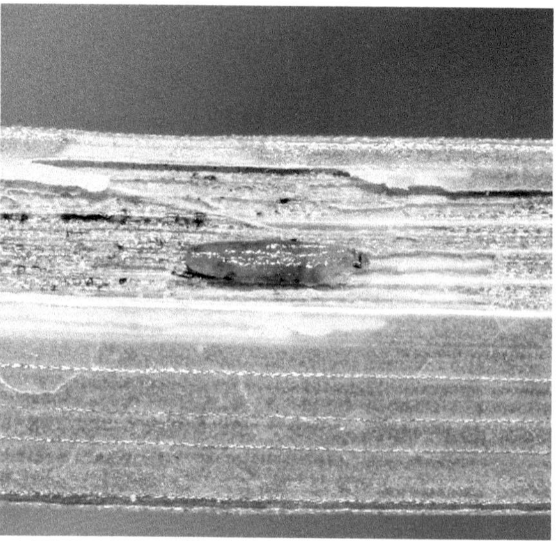
幼虫及潜痕（马莲，北京市农林科学院室内，2016.V.7）

等室禾蝇

Opomyza aequicella Yang, 1996

雌虫体长4.5毫米，翅长3.9毫米。体浅黄褐色，腹部褐色，端2节略浅。触角芒黑色，上下部具浅色短毛。中胸背中鬃4对（其中1对位于沟前），小盾鬃2对，大小相近。翅透明，略带烟色，沿翅脉具褐色云斑，并在翅端扩大呈片状，在2横脉上成明显褐色横带，M_1脉在dm-cu和翅端之间具圆形褐斑。

分布： 北京*、河北。

注： 北京新记录科；禾蝇科是一个小科，幼虫取食禾本科植物，可成为小麦的重要害虫，我国仅知2属3种。本种分布于中高海拔地区（海拔1700～1900米）。北京9月见成虫于房屋窗前。

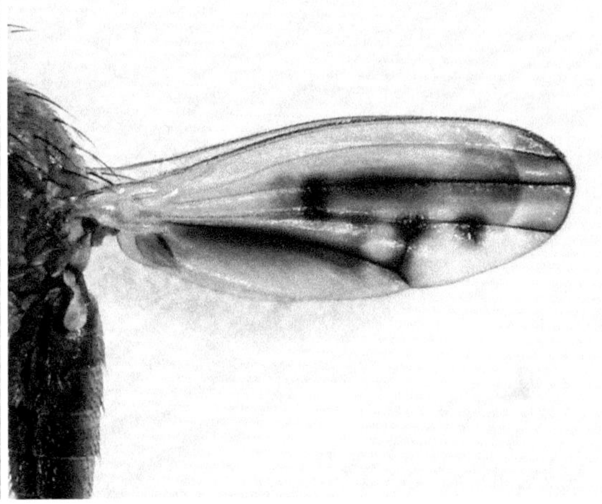

雌虫及翅（房山史家营，2021.IX.3）

中国寡脉蝇

Asteia chincia Yang et Zhang, 1996

雄虫体长约2毫米。头大，宽大于长，额至头顶黑色，近复眼处各有1条透明纵纹；颜黄色，前方具乳白色横带；复眼紫红色，中部具2条暗色带；触角褐色，第3节腹面黄色，触角芒枣枝状，曲折处各具长毛。胸背黑色，小盾片黄色。足黄色。翅脉简单，平衡棒黄色。腹部黄色，背板具黑色纹。

分布： 北京、新疆、贵州、云南。

注： 寡脉蝇科Asteiidae是一个小科，世界已知约100种，我国已知16种（徐艳玲等，2009）。目前有关此科昆虫的生物学资料并不多。本图拍摄于市区某单位的大门口旁，可见其对生境的要求并不高。北京3～6月可见成虫，具趋光性。

雄虫（山桃，海淀马甸，2012.VI.26）

白缘同脉缟蝇
Homoneura albomarginata Czerny, 1932

体长约3.5毫米。体淡黄色。头单眼区略暗，常向前伸出“V”形暗纹。中胸背板中部具2条暗褐色纵纹，两侧缘具较宽的暗褐色纵纹（其中部常浅色）；中胸背板缝前无背中鬃，缝后背中鬃3根，盾前具1对中鬃。翅淡白色，中部具黑褐色纵纹（近端部黑纹达翅前缘）。足淡白色。

分布：北京、辽宁、河北；日本，朝鲜半岛，俄罗斯。

注：新拟的中文名，从学名。翅上的黑纹略有变化，河北7月记录于兴隆雾灵山。北京9月可见成虫。缟蝇的幼虫多为腐食性，生活在腐烂的植物上，个别种类植食性或菌食性。

成虫（昌平王家园，2012.IX.10）

成虫（野核桃，河北兴隆，2012.VII.19）

短角同脉缟蝇
Homoneura brevicornis (Kertész, 1915)

雄虫翅长2.5毫米。体淡黄色。触角淡黄色。中胸背板具背中鬃3对，最前1对位于沟后（紧挨着沟），中鬃4排，无明显大鬃，1对盾前鬃。翅透明，亚前缘室端部略见褐色，第2～4纵脉端部及横脉具褐斑，端部的斑较弱，R_{2+3}和 M_{1+2}脉上的端斑稍离开翅缘。

分布：北京*、黑龙江、台湾、海南；日本，朝鲜半岛，印度尼西亚，菲律宾，所罗门群岛。

注：属于指名亚属*Homoneura*，记录于哈尔滨的*Homoneura alini* Hering, 1938是本种的异名，且本种中胸背板最前面的背中鬃的位置有差异，中鬃的列数也有变化（Shi et al., 2012）。北京8月可见成虫于灯下。

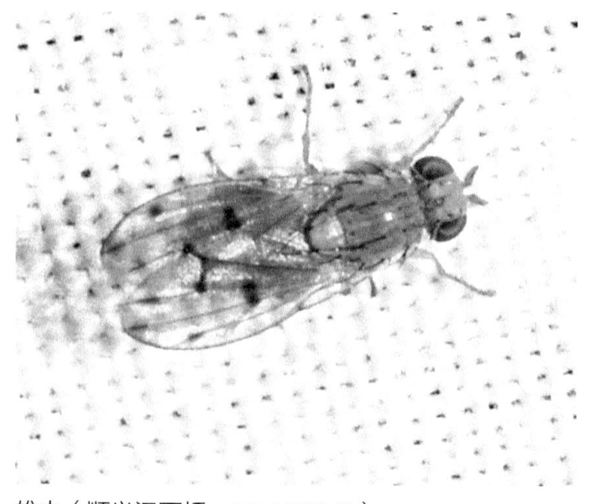
雄虫（顺义汉石桥，2016.VIII.11）

佛坪同脉缟蝇

Homoneura fopingensis Gao et Shi, 2019

雄虫体长4.1毫米，翅长4.1毫米。体褐色。单眼区暗褐色。中胸具不明显的暗褐色纵纹4条，毛或鬃的着生点暗褐色，小盾片褐色，两侧及中线浅褐色。腹部第2～5节背板各节后缘具黑褐色横纹，第3～6节具暗褐色中纵线，第2～6腹节侧缘黑褐色。中胸具3根背中鬃。翅浅黄褐色，透明，具5个褐斑，其中2个分别位于横脉上，翅端的3个褐斑独立，分别位于R_{2+3}、R_{4+5}和M_1上，其中R_{4+5}上的斑较小。

分布：北京*、陕西。

注：模式标本产地为陕西佛坪，原始记述前足腿节具褐斑（Li et al., 2019a），经检的标本1前足腿节端具不明显的褐斑，另一腿节无斑。北京8月可见成虫于林下。

雄虫及翅（怀柔黄土梁，2020.VIII.19）

麦氏同脉缟蝇

Homoneura mairhoferi Czerny, 1932

体长约4.5毫米。体浅褐色。额中部具2条褐色纵条。中胸具不明显的浅白色纹。腹部各节前缘具窄的褐色横带。中胸具3根背中鬃，其中第 1 根背中鬃与盾缝有些距离。翅浅黄褐色，透明，具明显的暗褐斑，其中前缘近基部的斑较大，与r-m横脉上的斑相连，前缘中部的褐斑与R_{4+5}脉上的斑相连，翅端2个暗褐斑较大，独立（雄）或接近（雌）。

分布：北京、陕西、内蒙古、河北、江西；日本，朝鲜半岛，俄罗斯，蒙古国。

注：产于江西庐山的*Homoneura lushanica* Papp, 1984被认为是本种的异名（Shatalkin, 1995）。高雪峰（2017）记录了在陕西秦岭的分布。河北7月记录于兴隆雾灵山。本种与彩翅同脉缟蝇*Homoneura pictipennis* Czerny, 1932在翅的斑纹上相近，但后者翅近基部（位于M_1和CuA_1间）具1褐斑。北京5月见成虫于栓皮栎叶片上。

成虫（栓皮栎，平谷东长峪，2016.V.10）

成虫（核桃楸，河北兴隆，2012.VII.17）

短突分鬃同脉缟蝇

Homoneura minuscula Gao, Yang et Gaimari, 2004

雄虫体长约4毫米。体浅褐色。额中部具2条褐色纵条。中胸具4条褐色纵条。腹部具褐色斑纹。中胸具3根背中鬃，其中1根为缝前背中鬃。翅浅黄褐色，透明，具明显的暗褐斑，其中在r-m之外的R_{4+5}脉上有3个暗褐斑。

分布： 北京。

注： 体色比原描述稍深；模式标本产地为门头沟小龙门，属于*Euhomoneura*亚属（Gao et al., 2004）。与陕西、宁夏和吉林有分布的*Homoneura shatalkini* Papp, 1984（Shi et al., 2017）很接近。北京5月见于林下植物上。

雄虫（门头沟小龙门，2013.V.24）

彩翅同脉缟蝇

Homoneura pictipennis Czerny, 1932

体连翅长4.9毫米，体长2.8毫米。体浅黄褐色，被毛黑色。单眼区黑褐色，触角芒黑褐色。中胸背板具4条较为明显的褐色纵带，小盾片中部具同色的宽纵纹。翅透明，具明显的黑褐色斑，翅近端部具2个斑，分别位于R_{2+3}脉和R_{4+5}脉上，与R_{4+5}脉上的端斑分离，翅近基部（位于M_1 和CuA_1间）具1横斑，2横脉上均有斑。腹部无斑纹。

分布： 北京*、黑龙江；俄罗斯。

注： 本种属于*tibetensis*种团（Shi and Yang, 2014）。北京6～7月可见成虫于林下或灯下。

成虫（怀柔黄土梁，2020.VI.17）

长斑同脉缟蝇

Homoneura sp.

体长3.8毫米，翅长4.1毫米。体浅黄褐色，无明显斑纹。中胸具3对背中鬃，1对盾前鬃，中鬃6排（其中两侧各1排不整齐）。翅R_{2+3}上的2个斑长卵形，不达翅前缘，前斑不与Sc和R_1端斑相接，后斑也不与R_{4+5}上的斑纹相连，R_{4+5}在横脉r-m和dm-cu间具1个褐斑，M_1上的端斑较小，独立，不与R_{4+5}上的端斑相接。

分布： 北京。

注： 属于指名亚属（*Homoneura*），翅面斑纹与麦氏同脉缟蝇*Homoneura mayrhoferi* Czerny, 1932相近，但该种R_{2+3}上的2个斑可达翅前缘，并分别与R_{4+5}上的中间斑及r-m斑相连。北京7月见成虫于林下。

成虫（密云雾灵山，2021.VII.24）

斯氏同脉缟蝇
Homoneura stackelbergiana Papp, 1984

体长3.9～4.0毫米。体浅黄褐色。触角黄褐色。中胸盾片具3对背中鬃，中鬃短小、数量多，其中1～3对较长。翅具5个黑褐色斑，3个斑独立，分别位于R_{2+3}脉、R_{4+5}脉和M_1脉上，另2个斑位于横脉上（r-m 和dm-cu）。腹部淡黄色，无明显斑纹。

分布： 北京；日本，朝鲜半岛，俄罗斯。

注： 国内首先由Shi等（2012）记录于北京；北京较为常见，5～10月可见成虫于低矮的植物上活动，具趋光性。

雌雄成虫（构树，北京市农林科学院，2016.VI.12）

小龙门分鬃同脉缟蝇
Homoneura xiaolongmenensis Gao, Yang et Gaimari, 2004

雌虫体长和翅长均3.6毫米。体浅褐色。触角黄褐色，芒黑褐色，短羽状。中胸背板具背中鬃1+2，中鬃6排，无明显大鬃，1对盾前鬃。翅透明，亚前缘室端部具褐斑，第2～4纵脉端部及横脉具褐斑，但端部的斑较弱，尤其M_{1+2}脉上，仅可见翅脉处颜色加深。

分布： 北京。

注： 属于分鬃同脉缟蝇*Euhomoneura* 亚属。本种翅端部的3个斑均弱，且中胸背板毛或鬃的基点褐色（乙醇泡后不明显）。北京6～8月可见成虫。

雌虫及翅（构树，海淀西山，2021.VII.6）

小缟蝇

Lauxania minor Martinek, 1974

体长2.8毫米，翅长2.6毫米。体黑色。复眼红褐色，具彩虹带。触角暗褐色，第1鞭节（第3节）长，约为前2节之和的2.2倍，基部颜色稍浅，触角芒白色，基部褐色，长于第1鞭节。翅浅褐色，无斑纹，r-m横脉位于中室中部前。足黑色，中后足胫节以下浅褐色。

分布：北京；朝鲜半岛，俄罗斯，蒙古国，中东，欧洲，北非。

注：新拟的中文名；Li等（2019a）记录了在北京密云的分布。北京5月见成虫停息于油松上。

成虫（油松，延庆米家堡，2015.V.21）

宝斑黑缟蝇

Minettia gemmata Shatalkin, 1992

雄虫体长3.6毫米，翅长4.0毫米。触角基部2节黑色，第3节浅黄褐色，触角芒黑褐色，基部黄色，具短毛；须及喙同头色；颜面基部具圆形黑斑；额具2对侧额鬃，其中前对基部具黑点。中胸大部黑褐色，背板具3对背中鬃（无沟前鬃，前1对鬃的距离短，约为后1对之半），1对小盾前鬃，2对小盾缘鬃（长度相近，端鬃的侧前方具黑褐色纹）。腹部淡黄色，背板第2～5节两侧前缘具褐带，第3～6节背中具褐斑，其中前2节斑较大，并与两侧的褐带相连，后2斑较小，略呈纵向，颜色深。

分布：北京*；朝鲜半岛，俄罗斯。

注：中国新记录种，新拟的中文名，从颜面具黑斑。分布于朝鲜半岛的*Minettia kimi* Sasakawa et Kozánek, 1995被认为是本种的异名，可见本种的体色（包括两性间及足）有较大变化（Sasakawa and Kozánek, 1995; Shatalkin, 1998）；被归于*Plesiominettia*亚属（Shi et al., 2015）。经检标本的体色有所不同，可从颜面基部具圆形黑斑及触角基2节黑色，与其他种区分。北京5月见成虫于灯下。

雄虫及头部（延庆米家堡，2014.V.28）

长羽瘤黑缟蝇
Minettia longipennis (Fabricius, 1794)

体长4.6毫米，体连翅长6.3毫米。体黑色。头部黑褐色，复眼角暗红色；触角黄褐色，略染有褐纹，第3节长于前2节之和。中胸盾片具暗褐色纵纹，小盾片端部1/3具宽白粉带。翅浅黄褐色，基部暗褐色，r-m横脉位于中室中部之前。足黑褐色，跗节黄褐色。

分布： 北京*、陕西、宁夏、河北、浙江、湖北、湖南；古北区，新北区。

注： 又名中长翅黑缟蝇，归于*Frendelia*亚属。河北记录于兴隆雾灵山。北京5～8月可见成虫，常见成虫停息在林下的叶片上。

成虫（大叶白蜡，怀柔黄土梁，2021.V.27）

陕西近黑缟蝇
Minettia (*Plesiominettia*) sp.

雄虫体长5.0毫米，翅长5.2毫米。体黑褐色。复眼周缘、颜、触角黄色，触角芒具轮状毛（长为触角第3节宽之半），须黑色，额前缘红棕色。中胸背板前侧角暗褐色，中鬃0+2，背中鬃0+2（前方还有2～3根较弱的短鬃；小盾片黄棕色，基部褐色，具2对缘鬃。翅淡黄色，透明，平衡棒淡白色。跗节淡黄色（毛黑色且多，看上去黑褐色）。阳茎端部腹面具1对钩状齿。

分布： 北京*、陕西、河南。

注： 此种尚未公开发表，详细描述可见张梦靖（2019）。与长羽瘤黑缟蝇*Minettia longipennis* (Fabricius, 1794)相近，该种中胸背板隐约可见细纵纹，且小盾片黑色，其后部具灰白色粉被。生态图片上有时小盾片呈暗褐色。北京5～7月、9月可见成虫，可访问短毛独活的花，具趋光性。

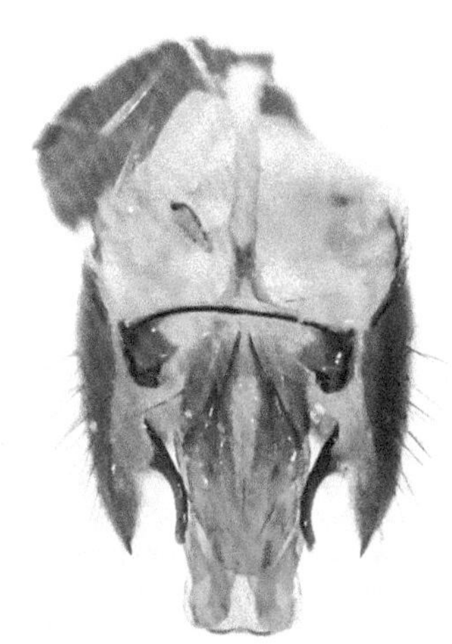

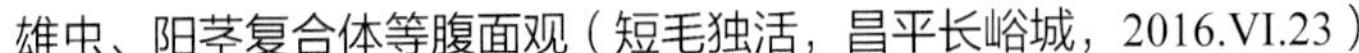

雄虫、阳茎复合体等腹面观（短毛独活，昌平长峪城，2016.VI.23）

黑腹黑缟蝇
Minettia nigriventris (Czerny, 1932)

体长4.6毫米，翅长4.6毫米。体黑色。头额及中胸背面密被灰白色粉（但额近前缘具黑色横带）。翅淡褐色，无斑纹。足黑色。中胸背板缝前背中鬃1根，缝后背中鬃3根；中鬃4排，仅盾前具1对强中鬃。

分布：北京*、陕西、辽宁；日本，朝鲜半岛，俄罗斯。

注：本种从体色上易与其他蝇类区分，但隶属于哪个亚属，不同的文献意见不同，多归于指名亚属。北京5月见于林下的叶片上。

成虫（艾蒿，平谷东长峪，2019.V.10）

黑端双鬃缟蝇
Sapromyza sp.

雌虫体长4.2毫米，翅长4.4毫米。体黄褐色。触角第3节长约为宽的2倍，端部约2/5黑色，背缘稍内凹，下颚须端部黑褐色；单眼鬃在单眼三角区内，内顶鬃最强大。中胸背板具中鬃4排，盾前中鬃1对，背中鬃0+3。腹部颜色稍暗，无斑纹。

注：属于*Notiosapromyza*亚属，头胸部鬃的分布与*Sapromyza obsoleta* Fallén, 1820相近，但该种触角第3节背缘直，黑色部分占半，且后足胫节端具1枚弯曲的强鬃（Merz, 2003）。北京10月见成虫于灯下。

雌虫（门头沟小龙门，2011.X.20）

银白齿小斑腹蝇
Leucopis argentata Heeger, 1848

体长2.2毫米，翅长2.4毫米。体银灰色，复眼红色。额前部明显深半圆形内凹，两侧各有1三角形暗黑纹，伸达额中部至单眼区；单眼暗黑色，无额鬃和单眼鬃；额宽约为头宽的1/3。胸部背中条不明显，中条纹深灰色，仅前部明显；中胸背中鬃2对，其前对鬃长不及后对鬃长之半，盾前中鬃缺。腹部第3～5节背板中央具黑色细纵条。足黑色，膝部黄褐色，前足胫节端及各足跗节黄色。

分布：北京、内蒙古、黑龙江、河北、天津；俄罗斯，中亚，中东，欧洲，美国。

注：过去我们鉴定的*Leucopis argentata*（虞国跃，2017；虞国跃和王合，2018）有误，为喙抱小斑腹蝇*Leucopis glyphinivora* Tanasijtshuk, 1958的误定；描述于美国的*Leucopis conciliata* McAlpine et Tanasijtshuk, 1972为本种的异名。目前仅见于芦苇上捕食桃粉大尾蚜*Hyalopterus arundiniformis* Ghulamullah, 1942，幼虫在芦苇上化蛹，未在这种蚜虫的转主寄主上发现。有时发生量较大，可见成虫取食蚜虫分泌的蜜露，且蚜虫给予配合。

成虫及卵（芦苇，海淀紫竹院，2021.VII.10）

幼虫（芦苇，海淀紫竹院，2021.VII.10）

蛹（芦苇，海淀紫竹院，2021.VII.10）

喙抱小斑腹蝇
Leucopis glyphinivora Tanasijtshuk, 1958

体长2.0～2.5毫米。体银灰色。复眼红色，额前新月片半圆形；额宽是头宽的0.38倍，间额大部深灰色，前单眼下方浅灰色；颊宽大，颊高与眼高比为1∶2.2。中胸背板两侧灰褐色（即背中条，有时带锈褐色），未达后缘（仅达前对背中鬃处）；中条纹灰褐色，仅前部明显。腹部常具背斑：第3节具1对黑色圆斑，第4～5节中部具黑色楔形斑。

分布：北京、陕西、宁夏、黑龙江、吉林、河北、贵州；俄罗斯，蒙古国，阿富汗，欧洲。

注：幼虫浅黄褐色，末端有角形的后气门突起1对；在叶、枝上化蛹。北京常见种，桃、竹、龙爪槐等植物上可见，捕食多种蚜虫（包括桃粉大尾蚜*Hyalopterus arundiniformis* Ghulamullah, 1942）。

成虫及侧面（早园竹，北京市农林科学院，2016.VI.11）

绵蚧斑腹蝇
Leucopis silesiaca Egger, 1862

体长2.5～3.5毫米。体银灰色。复眼红色，触角黄褐色，第3节端部稍暗；额具银灰色粉被，有时间额两侧可见略暗斑纹，伸达后单眼；新月片半圆形。中胸背板隐约可见背中线和中线。腹基部具2黑斑点或无。足腿节端部、胫节及跗节黄褐色。

分布：北京；日本，俄罗斯，哈萨克斯坦，欧洲。

注：本种属于*Leucopomyia*亚属，也有文献把它作为独立的属。在北京可捕食多种粉蚧（如柿树真绵蚧*Eupulvinaria peregrina*）的卵，一个卵囊里仅一条幼虫，通常并不能把所有的卵食完，幼虫在卵囊内化蛹。北京5～6月可见成虫。

成虫（柿，昌平王家园室内，2014.V.31）

绵蚧卵囊中的蛹（柿，昌平王家园，2013.VI.17）

绵蚧卵囊中的幼虫（柿，昌平王家园，2014.V.20）

角脉小粪蝇
Coproica sp.

体连翅长2.0毫米，翅长1.4毫米。体黑褐色。触角柄节很小，梗节和第1鞭节形态相近，近圆形，触角芒位于背前缘，明显长于头长。小盾片心板被刚毛，具2对长缘鬃，且端部1对长鬃之间具1对小鬃。翅透明，前缘脉过R_{4+5}末端，前缘脉第2段稍短于第3段，臀脉（A_1）呈角形弯曲。中足胫节3/4处具1对后背鬃；中足基跗节基部和端部各具1根鬃；后足基跗节宽大，明显短于第2节。

分布：北京。

注：经检标本体大小、翅的形态（如前缘脉第2段稍短于第3段，Cs_2：Cs_3=0.95）与朝鲜小粪蝇*Coproica coreana* Papp, 1979非常接近，但中足胫节仅1对后背鬃而不同。北京6月可见许多成虫在水池旁的泥堆上停息。

成虫（海淀西山，2021.VI.22）

巴氏果蝇
Drosophila busckii Coquillett, 1901

体长2.4毫米，翅长2.4毫米。体色较暗。复眼红色，单眼区黑褐色；触角基部2节淡褐色，第3节暗褐色。胸部背面具黑褐色纵纹，中央的条纹在端部分叉。腹部各节后缘具黑色横纹，中部断裂。

分布： 北京、陕西、新疆、吉林、山东、江苏、安徽、上海、浙江、福建、台湾、湖南、广东、广西、海南、四川、云南；日本，朝鲜半岛，南亚，东南亚，北美洲。

注： 本种的特点是中胸盾片中央具基部分叉的纵纹；记载幼虫取食腐烂的马铃薯、洋葱等。北京10月见于柳叶上，少见。

成虫（柳，昌平北流，2014.X.15）

黑腹果蝇
Drosophila melanogaster Meigen, 1830

体长2.0～2.4毫米。复眼红色，小眼面间具直立细毛。雌性腹背面具黑色环纹5节，雄性7节末端呈大黑斑。雄性前足第1跗节内侧具黑色性梳，雌性无此特征。

分布： 北京、陕西、新疆、内蒙古、黑龙江、吉林、辽宁、河北、山东、江苏、浙江、上海、安徽、江西、湖南、福建、广东、广西、贵州、云南、台湾；世界广布。

注： 常见昆虫，取食腐烂的水果等，是模式生物种，用于遗传学、细胞学、生理学和行为学的研究。如果家中水果放久了，或遗忘了，有时可产生大量果蝇。

蛹（樱桃，昌平百善，2016.VI.22）

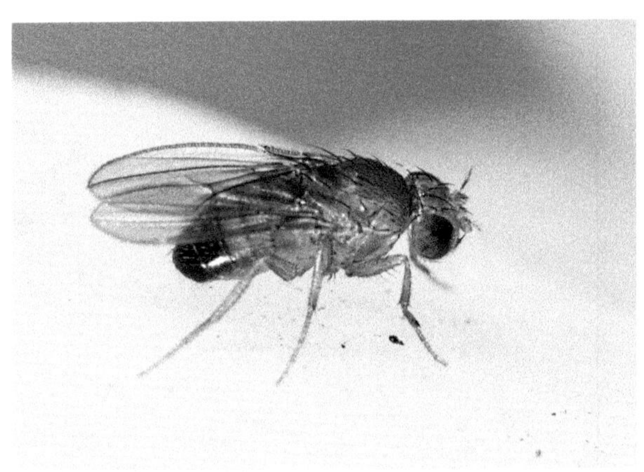

雄虫（葡萄，北京市农林科学院，2011.IX.17）

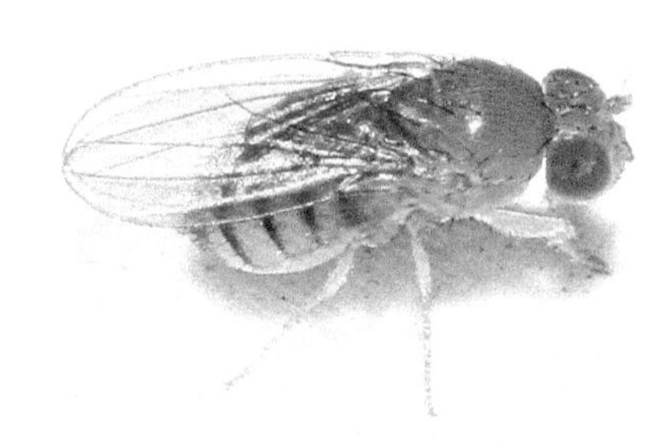

雌虫（北京市农林科学院，2016.IX.30）

海德氏果蝇
Drosophila hydei Sturtevant, 1921

体长3.4毫米，翅长3.2毫米。头额及中胸背板具斑驳的黑纹。背中鬃2对。腹部各节后缘及两侧黑褐色（后缘黑褐色纹在腹中部断开），黑褐色侧缘内不具浅色纹。

分布： 北京*、辽宁、山西、山东、上海、浙江、福建、台湾；日本，朝鲜半岛，欧洲，非洲，大洋洲，拉丁美洲。

注： 与黑斑果蝇*Drosophila repleta* Wollaston, 1858相近，体略大。福建记录于厦门高崎机场。可取食成熟的水果，果园内可用糖醋液诱到成虫。

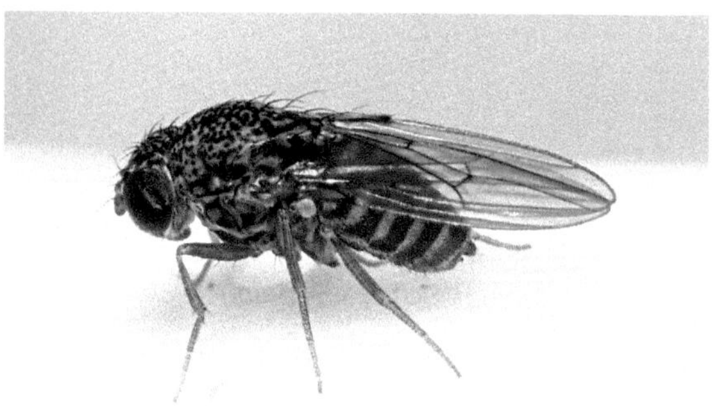
成虫（房山史家营，2021.IX.2）

斑翅果蝇
Drosophila suzukii (Matsumura, 1931)

雄虫体长2.6～2.8毫米，雌虫体长3.2～3.4毫米。体黄褐色至红棕色。触角芒羽状。复眼红色。雄虫前足第1～2跗节具性梳（3～6根黑色短刺毛），翅端部具1黑斑，雌虫无此特征。腹节背面有不间断黑色条带，腹末具黑色环纹。雌虫产卵器黑色，锯齿状。

分布： 北京、山东、河南、浙江、湖北、四川、广西、贵州、云南等；日本，朝鲜半岛，南亚，东南亚，欧洲，大洋洲，美国。

注： 它与常见果蝇不同，雌虫具锯齿状产卵器，可向正常水果产卵，因此可成为重要害虫。寄主有樱桃、桃、欧洲李、葡萄、草莓、树莓、蓝莓、柿、番茄等。

幼虫（葡萄，北京市农林科学院饲养，2021.III.1）

雄虫（葡萄，北京市农林科学院饲养，2021.III.1）

雌虫（葡萄，北京市农林科学院饲养，2021.III.1）

黑斑果蝇
Drosophila repleta Wollaston, 1858

体长3.2毫米，翅长2.8毫米。头额及中胸背板具斑驳的黑纹。背中鬃2对。翅前缘脉第1段端部黑褐色。前足基节颜色比后2足暗。腹部各节后缘及两侧黑褐色，但黑褐色侧缘内具浅色纹。

分布：北京*、台湾、湖北、广东、海南、云南；日本，朝鲜半岛，印度尼西亚，印度，美洲。

注：与海德氏果蝇*Drosophila hydei* Sturtevant, 1921相近，该种各腹节两侧的黑纹内无浅色斑点。记录取食成熟的水果。北京3月见于灯下，少见。

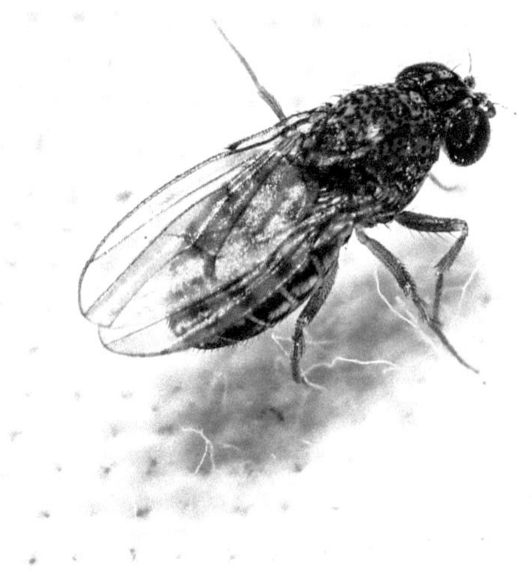

成虫（平谷白羊，2018.III.29）

黑斑白果蝇
Leucophenga maculata (Dufour, 1939)

雄虫体长2.8～3.3毫米，雌虫体长3.6毫米。体色有变化。头白色，胸两侧具白纵条，或胸背全为白色，或头胸背面全黄褐色。平衡棒白色。小盾片基部及侧缘稍暗，端缘颜色较浅。腹部第2背板中央具3黑斑（有时雄虫在两侧尚各有1黑斑），第5背板具5个黑斑。

分布：北京*、吉林、辽宁、河北、江苏、上海、浙江、台湾；日本，朝鲜半岛，印度尼西亚，斯里兰卡，巴布亚新几内亚，欧洲。

注：记载成虫产卵于多孔菌上，我们见成虫在柳树树干的革菌上，也见于桃叶上。河北记录于灵寿。

雄虫（桃，河北灵寿，2013.VII.11）

雌虫（柳，海淀紫竹院，2014.VI.25）

冈田绕眼果蝇

Phortica okadai (Máca, 1977)

雌虫体长3.8～4.3毫米，翅长3.7～3.9毫米。体褐色，具浅色斑。头额部黑褐色，近触角基部黄褐色。触角与复眼颜色相近，触角芒羽状（仅分布在基半部，分支3～4根）。胸部侧面及小盾片基部浅黄褐色，小盾片后缘具4根强鬃。足淡黄色，基节大部、腿节（除两端）黑褐色，胫节具3条黑环，端跗节暗色。腹基3节具明显的黑斑，第1腹节具1对略呈新月形斑，第2～3节各呈“山”字形。

分布： 北京、陕西、吉林、辽宁、河南、山东、安徽、浙江、江西、湖北、贵州；日本，朝鲜半岛，俄罗斯。

注： 北京已记录该亚属*Phortica* (*Phortica*) 4种，其中包括本种（Huang et al., 2019）。成虫喜食发酵的果汁、树汁，常在身体周围及眼前飞舞，吸汗或接近眼睛，吸食眼液；它可传播结膜吸吮线虫。Máca（1977）记载雄虫在眼前飞舞，但我们采集的标本均为雌虫。北京4月、7月可见成虫。

雌虫（怀柔黄土梁，2021.VII.23）

雌虫（榆，昌平王家园，2021.IV.20）

灰姬果蝇

Scaptomyza pallida (Zetterstedt, 1847)

雄虫体长2.5毫米，翅长2.5毫米。单眼三角区及头顶两侧（复眼内侧）褐色；触角芒羽状，端部分2叉，背面具4～5根细毛，腹面仅1根。中胸背板具明显的褐色纵纹；背中鬃2对，中鬃2列，无小盾前鬃；小盾片缘鬃2对。腹部常暗灰色。

分布： 北京、陕西、新疆、内蒙古、黑龙江、吉林、辽宁、河北、山东、江苏、安徽、上海、浙江、江西、福建、湖南、广东、广西、四川、云南；日本，朝鲜半岛，蒙古国，印度，尼泊尔，马来西亚，欧洲，非洲，澳大利亚。

注： 本种的习性尚有争议，通常被认为是取食腐烂的植物。我们发现幼虫在鲜食的木耳上，数量很多，但不能确定是取食活的木耳还是采收后的木耳，也可见成虫于灯下。

雄虫（房山蒲洼东村室内，2016.VII.25）

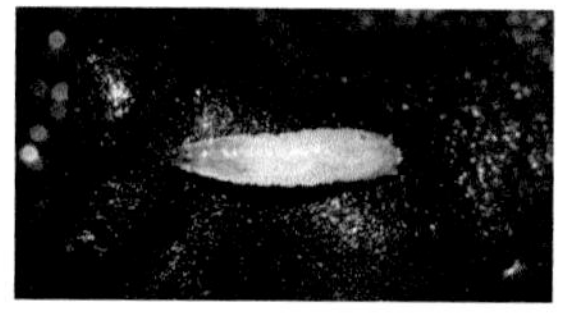

幼虫（房山蒲洼东村室内，2016.VII.17）

蛹（房山蒲洼东村室内，2016.VII.18）

银唇短脉水蝇

Brachydeutera ibari Ninomyia, 1929

体长2.7～3.6毫米，翅长3.0～3.2毫米。体背面棕灰色。头顶及中胸背板具橄榄绿色光泽（具锈色纵纹），头部唇基、颜等银白色，颜隆线及触角棕灰色，前侧片上部的1/6～1/4棕灰色，其下部为银白色，分界明显；复眼两侧具3根明显的眶鬃，前面的鬃较短，为后2根的1/3～1/2；触角芒栉形，具9根长毛。

分布：北京、河北、天津、吉林、河南、山东、江苏、浙江、台湾、广西、四川、贵州、云南；日本，朝鲜半岛，俄罗斯，地中海，中东，夏威夷。

注：本属成虫颜中间具1条鼻状隆起。幼虫生活在静水中，取食土表面生长的藻类或腐殖质，成虫多生活在水面或边上，取食藻类，具趋光性。

成虫（颐和园，2016.V.28）

成虫（北京市农林科学院，2013.VI.13）

稻水蝇

Ephydra macellaria Egger, 1862

体长4.6毫米，翅长4.1毫米。触角黑色，芒基部2/3具长毛，端1/3光滑；复眼小，额宽大于2复眼宽，颜面被金色短毛，眼眶鬃侧伸；头顶具紫金色或金绿色光泽。中胸背板具5对背中鬃，1对盾前鬃，4根小盾缘鬃。足黄棕色，跗节端部稍暗；前足基节具数根较长粗毛，中后足基节腹面具毛丛。翅透明，翅脉黄棕色，前缘脉延伸达中脉端部，中肘横脉（m-cu）长，为肘脉端段的2倍多。

分布：北京*、陕西、宁夏、甘肃、新疆、内蒙古、辽宁、吉林、河北、天津、山东；俄罗斯，阿富汗，土库曼斯坦，欧洲，非洲。

注：幼虫取食禾本科植物的根，可成为水稻害虫。北京6～8月可见成虫，具趋光性。

成虫（盆栽水稻，北京市农林科学院，2016.VI.25）

成虫（昌平王家园，2013.VII.2）

刺角水蝇
Notiphila sp.

体长约4毫米。体黄褐色。额及颜面两侧具1对棕色大斑，颜及颊被金黄色微毛。触角褐色，第3节大部红棕色，第2节背面具2～3根强大的刚毛。前足暗褐色，胫节基半部及跗节基部红棕色；中后足腿节黑色，其端部、胫节及跗节黄色。

分布：北京。

注：从胸部背鬃基部呈黑斑上看，与分布于南方的背点刺角水蝇 *Notiphila dorsopunctata* Wiedemann, 1824相近，但后者体具灰白色粉被，胸部的“背点”更加明显。北京见于颐和园，数量很大，停休在荇菜的叶背或访其花。

成虫及头胸部（荇菜，颐和园，2016.V.28）

细脉温泉水蝇
Scatella tenuicosta Collin, 1930

体长2.0～2.1毫米，翅长1.9～2.3毫米。体黑色。头胸部具棕红色粉被。中胸背板具3对背中鬃（其中缝前背中鬃弱小），缝前中鬃1对，较粗大。前足腿节具1列后腹鬃，鬃长与腿节宽相近。翅暗褐色，具5个淡白斑，其中近翅端的白斑呈小提琴形，翅脉在各斑点处稍弯曲。

分布：北京、河北、山东、江苏、浙江、广西、贵州、云南；俄罗斯，土耳其，欧洲，突尼斯。

注：本种体微小，仅2毫米，体黑褐色，翅烟色，具5个淡色斑，是温室内常见的昆虫。北京3～4月、6月和8月可见成虫，具趋光性。幼虫可取食生菜等植物，可成为钝顶螺旋藻*Spirulina platensis*的害虫（Aydin et al., 2010）。

成虫（顺义汉石桥，2016.VIII.12）

成虫（草莓，朝阳蟹岛，2012.III.16）

秆蝇
Chlorops sp.

体长2.0毫米。体淡黄色。触角第3节近于圆形，上半部稍暗，触角芒2节，细长，具细毛，浅褐色；单眼区黑褐色，三角区两侧边具毛，内具少许毛；后单眼后各具1根毛，与前单眼间具1根毛（比前者稍长）；复眼内侧具少许毛，与中央的毛相当，须黄色；颊较窄，不及复眼高的1/3。小盾片具1对强鬃，相距很近，外侧各有1短黑毛，小盾片散生小黑毛。前缘脉稍过R_{4+5}，M脉很弱，但仍可辨；dm-cu明显长于r-m，前者距r-m约为本身的近2倍长。足无特殊结构，黄色，爪端半黑色。

成虫（平谷金海湖，2016.IX.14）

分布： 北京。

注： 我国已知本属34种，北方有8种（Cui and Yang, 2011, 2015）。北京常见种（有近似种），7～10月可见成虫于盆栽水稻、菜田及灯下。

宽芒麦秆蝇
Elachiptera insignis (Thomson, 1869)

体长3.0毫米。体淡红棕色。头黄棕色，单眼区黑褐色，单眼鬃直伸相交；触角黄棕色，第3节端部暗褐色，触角芒黑褐色。中胸背板红棕色；小盾片黑色，有3对瘤突，较短，端对长与宽相近，有时近基部的1对较小而不计；后背片黑色。翅透明无斑，前缘脉伸达M_{1+2}。

分布： 北京、河北、福建、台湾、四川、云南；日本，朝鲜半岛。

注： 又名淡色瘤秆蝇。北京10月在玉米叶上活动，极其活跃，偶见于灯下。秆蝇通常以幼虫钻蛀禾本科植物的茎，取食幼嫩组织。

成虫（玉米，北京市农林科学院，2011.X.11）

黑鬃秆蝇
Melanochaeta sp.

体长约2毫米。单眼区黑色；触角黄色，第3节端部带浅黑色，触角芒黑色。胸部黄色，中内具1大黑斑，小盾片黑色；翅透明，前缘脉伸达M_{1+2}终端，在翅近端中部具长方形纵斑，其外方尚有1黑点。足黄色，跗节及后足胫节稍暗。

分布： 北京。

注： 与北京黑鬃秆蝇*Melanochaeta beijingensis* Yang et Yang, 1990相近，该种除翅端部2个斑外，在翅中部尚有3个黑斑。北京11月可见成虫。

成虫（北京市植物园，2021.XI.2，周达康摄）

黑腹麦秆蝇
Meromyza nigriventris Macquart, 1835

雌虫体长3.9毫米，翅长2.9毫米。体淡黄绿色（浸泡后标本无绿色）。头仅单眼区黑褐色，须仅端部黑褐色；颊高不及眼高的1/2，无黑毛。中胸背板具黑纹和棕色纹，达小盾片前缘；小盾鬃1对，短，其前侧方各有1短毛；后背片黑色。翅透明，前缘脉稍伸过R_{4+5}；脉简单。后足腿节宽扁，腹面端半部具齿列，胫节稍弯曲。体腹背面具3列黑纵纹，两侧的较短（颜色也浅），中间的几乎相接。

分布： 北京*、甘肃；全北区。

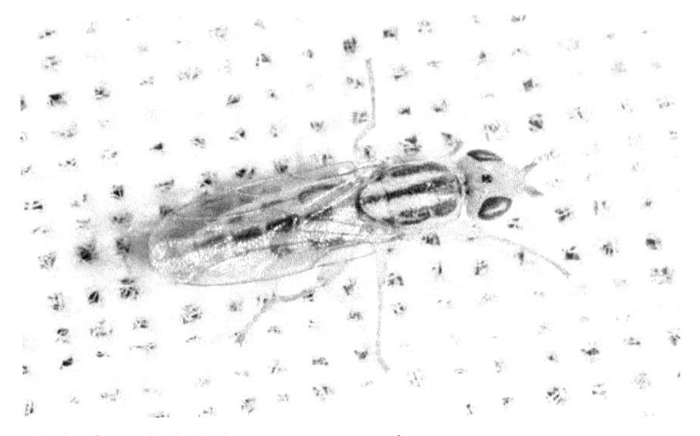

雌虫（延庆米家堡，2016.VI.7）

注： 寄主有小麦、大麦、燕麦等及多种其他禾本科野生草类。经检的标本为夏型，春型体色更深，斑纹较大。北京6月见成虫于灯下。

黑麦秆蝇
Oscinella pusilla (Meigen, 1830)

雌虫体长2.7毫米。体黑色，平衡棒和腹部腹面黄色，足腿节黑色，端部带浅色，胫节和跗节黄色，但跗节端部2～3节及后足腿节中部黑褐色至黑色。翅透明，翅脉褐色，r-m横脉位于中室中部之后（近2/3处）。

分布： 北京、陕西、甘肃、青海、宁夏、新疆、河北、山西、河南、山东；俄罗斯，中亚至欧洲。

注： 与瑞典麦秆蝇*Oscinella frit* (Linnaeus, 1758)相近，该种足的胫节全为黑色。幼虫蛀食小麦、大麦、玉米、谷子、燕麦草、黑麦草等禾本科的心叶，造成枯心苗、烂心等。北京6月见成虫于小麦田。

雌虫（北京市农林科学院，2010.VI.3）

三斑宽头秆蝇
Platycephala umbraculata (Fabricius, 1794)

雄虫体长5.0毫米。体淡黄色。额宽大，端圆，单眼区黑色；触角黄色，第2、第3节延长，第3节端部黑色，明显缩小，触角芒基部黄色，端节白色。中胸背板具3个黄褐色纵纹，中斑伸达前缘而不达后缘。后足腿节粗大，腹缘端半部具褐色齿列（不整齐），胫节弯曲。

分布： 北京、内蒙古、黑龙江、吉林、辽宁；古北区。

注： 幼虫取食芦苇的嫩芽；北京8月可见成虫。

雄虫（怀柔琉璃庙，2012.VIII.14）

亮额锥秆蝇

Rhodesiella nitidifrons (Becker, 1911)

体长1.8毫米。体黑色。头额部光亮，具金属蓝色光泽；触角黑褐色，第3节浅黄褐色。小盾片长稍大于宽，端缘具1对鬃，稍向两侧分开。翅透明，前缘脉第2、第3、第4段的比例为4∶6∶3；平衡棒黑色。足黑色，胫节端及跗节浅黄褐色，其中前足跗节端2节及中后足跗节端节黑色。

分布：北京*、陕西、台湾、贵州；日本，朝鲜半岛，印度，印度尼西亚。

注：在足的颜色上稍有不同，前足胫节非褐色（刘晓艳和杨定，2017），暂定为本种。北京6月可见成虫。

成虫（核桃，昌平长峪城，2016.VI.1）

一点突额秆蝇

Terusa frontata (Becker, 1911)

雌虫体长3.2毫米。体黄色，光亮。单眼区黑色，额前端约2/3处具1小黑斑；额宽大，三角形，向前突出；触角第3节宽大，宽大于长，触角芒长于触角第3节的2倍，触角芒第3节基半部具毛，端半部光滑。中胸背板具5个纵条，外侧2个小，黑色，中部3个大，后端黑色，前端红棕色（黑斑可向前延伸，甚至纵条全黑）。腹部第1、第2节愈合的背板两侧具长形小黑斑，腹部第3、第4节具断裂的黑横带，第5节两侧具1黑斑。

分布：北京、河南、山东、台湾；日本。

注：成虫产卵于多种竹子（如甜竹、斑竹、淡竹、刚竹）嫩尖叶鞘上，幼虫钻蛀取食，使上部嫩尖枯萎。

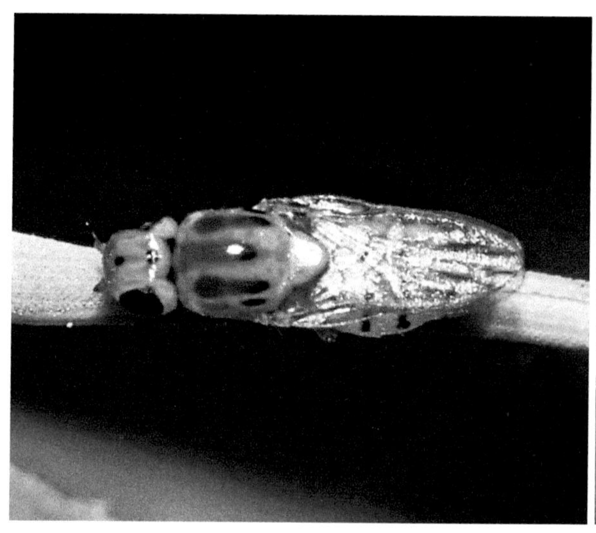

雌虫背、侧面（早园竹，北京市农林科学院，2007.VII.16）

裸近鬃秆蝇

Thaumatomyia glabra (Meigen, 1830)

体长2.6～2.7毫米。体黄色，具黑斑。头顶具1近矛形黑斑，后头黑色，触角黑褐色，第3节略呈半圆形。中胸背板具3条黑色宽纵条，有时在后缘相接，中胸背板和小盾片光滑，小盾片具1对端鬃，非常接近。腹部背面黑色，两侧、后缘及腹面黄色。

分布： 北京、青海、内蒙古；全北区。

注： 记载幼虫捕食植物根上寄生的蚜虫（如甜菜绵蚜），有时会大量聚集在一起。北京6～7月、10月可见成虫。

成虫（玉米，北京市农林科学院，2011.X.11）

潜管秆蝇

Trachysiphonella sp.

体长1.5毫米，翅长1.2毫米。体黄色。头额宽大，散布黑毛，两侧平行，无三角区，单眼区黑色；复眼被短毛。中胸背板具5个红褐色纵纹，中央的纵纹由2条组成，仅在后部愈合；小盾片具2对缘鬃，并散布黑毛。

分布： 北京。

注： 本属外形类似秆蝇属*Chlorops*，但体较小，额部无三角区，散布黑毛，我国尚未有该属记录。本种有可能为*Trachysiphonella ruficeps* (Macquart, 1835)，该种体色变化大，喜欢盗食被蜘蛛等捕获的盲蝽，而圆叶马兜铃可释放类似被捕盲蝽的分泌物，欺骗秆蝇前来传粉（不给后者好处）。北京6月见成虫于灯下。

成虫（怀柔黄土梁，2020.VI.17）

黄腹芒叶蝇

Aldrichiomyza flaviventris Iwasa, 1997

雌虫体长3.0毫米，翅长2.4毫米。体黄色至浅黄褐色。头部的鬃和毛黑色；单眼鬃分开，不交叉；触角第3节近于卵形，较短，短于触角芒长之半，后者黑色，密被短绒毛；须黄色，细长，被黑毛；喙2节，中部黑色，长于头长的2倍。胸部黄褐色，前缘具黑斑，有时黑斑扩大，呈3个黑纵纹伸向小盾片，或斑纹消失；小盾片黄色。前足胫节和跗节黑色，中足胫节和跗节褐色，后足胫节和跗节深褐色；前缘脉伸达M_{1+2}，中脉及肘脉较浅；平衡棒黄色。

分布： 北京*、陕西、河北、山东、湖北；日本。

注： 生物学不清楚，雄虫触角第3节较长，稍短于触角芒，平衡棒端部黑褐色（Iwasa, 1997）。胸部斑纹、足的颜色及中脉段间的比例非常接近描述于泰国的*Aldrichiomyza iwasai* Papp, 2006，该种中脉末端第1段长为第2段的3倍多（Papp et al., 2006），或许中脉段间的比例在不同个体间有较大的差异，我们采集的标本均为雌虫，这两种的区分有待于雄虫的发现。北京7～8月见成虫于灯下，取食已死的其他昆虫。

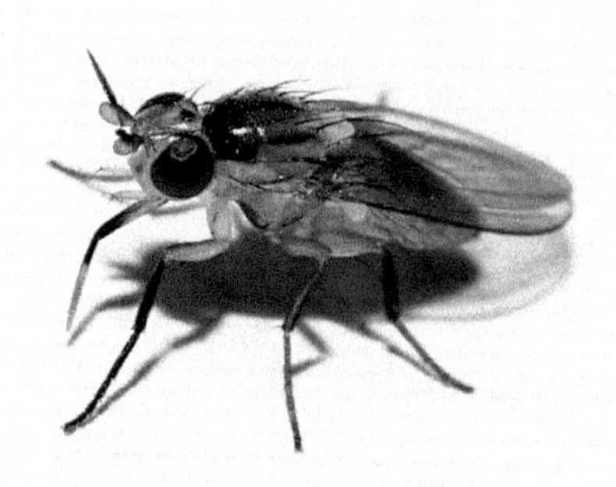

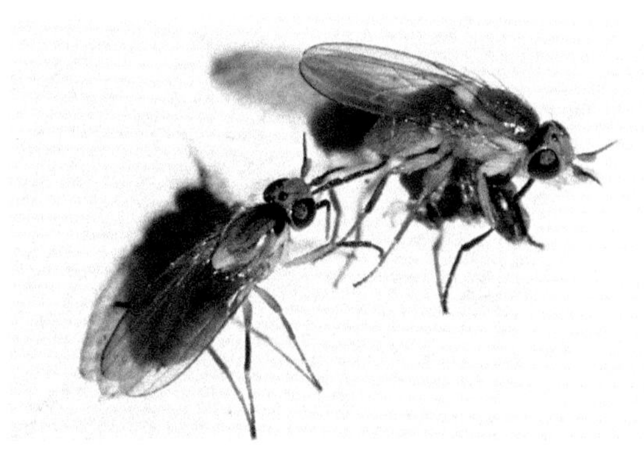

雌虫（密云雾灵山，2021.VII.25）

变须纹额叶蝇

Desmometopa varipalpis Malloch, 1927

雌虫体长约2.5毫米。足黑褐色，中后足跗节1～3节浅黄褐色。

分布： 北京*、陕西、重庆、云南、西藏；世界广布。

注： 我国作为新记录种是由席玉强（2015）记录的；雄虫下颚须长卵形，长稍大于大头长；黄褐色，具黑色斑点（Malloch, 1927），常常端部收尖，且呈黑色。与下种新加坡纹额叶蝇*Desmometopa singaporensis* Kertész, 1899相近，该种足黑褐色，雄虫下颚须卵形，明显短于头长，端部宽圆形。北京6月可见成虫。

雌虫（茄，北京市农林科学院，2011.VI.23）

新加坡纹额叶蝇
Desmometopa singaporensis Kertész, 1899

雄虫体长2.4毫米，翅长2.1毫米。体黑褐色至黑色。额宽大，中部具宽大丝绒状“M”形黑纹。触角黑色，第3节近圆形，触角芒具较短的微绒毛。下颚须膨大，端缘圆突，淡黄色，具褐色纹，具少数短黑毛及4根略长粗毛。颊淡黄色，为复眼高的1/8或更少。足（包括跗节）黑褐色。翅r-m脉与dm-cu脉之间的M_1脉明显比dm-cu脉长。

分布：北京*、台湾、四川；日本，朝鲜半岛，南亚，东南亚，大洋洲，非洲，南美洲。

注：本属叶蝇成虫可访花，可取食其他昆虫（蛛）捕获的食物；有时具趋光性。幼虫多取食坏了或腐烂的植物组织，有时也生活在人类粪便中。与变须纹额叶蝇*Desmometopa varipalpis* Malloch, 1927不易区分，或在不同文献中描述有差异。北京3～4月、7月、9～10月可见成虫。

雄虫（连翘，北京市农林科学院，2020.III.22）

雄虫（杨，北京市农林科学院，2011.IX.21）

日蝇
Heleomyza sp.

体长约5毫米。头额褐色，前半部黄色，但侧额黑色，具灰白色粉被，额鬃2根，前额鬃强，不弱于后额鬃；触角基2节黄褐色，第3节暗褐色。中胸背板具灰色粉被，可见3条暗黑色纵纹，中纵条细，背中鬃1+3，具1对小的盾前鬃，小盾片具2对缘鬃，端鬃交叉。足黑褐色，膝部稍浅。

分布：北京。

注：日蝇科是一个不大的科，世界已知约720种，幼虫腐食或菌食性，目前我国尚未开展分类学研究；具完整的亚前缘脉，前缘脉伸达M_1脉，通常具较长而明显的刺。北京11月可见成虫。

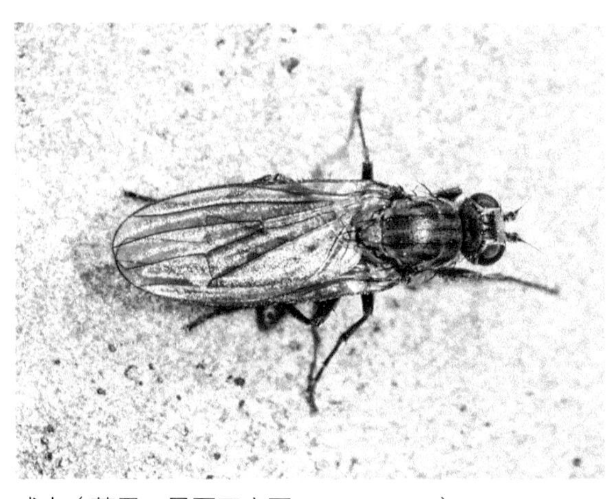

成虫（苹果，昌平王家园，2017.XI.15）

印度异鼓翅蝇
Allosepsis indica (Wiedemann, 1824)

雄虫体长5.3毫米，翅长4.2毫米。体红黄色，头及胸部背面呈黑褐色，腹部背面具大小不等的黑褐色斑。翅透明，略带浅褐色，翅端无斑，平衡棒淡黄色。前足腿节近中部具短枝突，指向下侧方，其端部具4根黑刺，其中3根较短；枝突的外侧具另一个突起，指向外侧；腿节背面着生众多黑毛，其中2根明显粗壮。腹部背面具众多黑鬃。

分布：北京、陕西、宁夏、甘肃、河北、天津、山西、河南、台湾、湖北、湖南、广西、海南、云南、西藏；日本，朝鲜半岛，俄罗斯，印度，东南亚。

注：本种体色有变化，体形较大，且雄虫前足腿节的特殊结构易与其他种区分。北京9月灯下可见成虫。

雄虫及前足（顺义共青林场，2021.IX.8）

新瘿小鼓翅蝇
Sepsis neocynipsea Melander et Spuler, 1917

雌虫体长3.6毫米，翅长3.2毫米。体黑色，腹部常具紫红色光泽。触角暗褐色。前足黄色，有时基节黑色，第2跗节后黑褐色；中后足腿节和胫节颜色比前足稍深，染有褐色或黑褐色（不呈黑色）。平衡棒乳白色至黄色，翅透明，翅端具黑褐色斑。中足腿节中部具一前鬃。雄虫体稍小，颜色稍浅；前足胫节腹面2/3处稍突起，具4～5根黑刚毛，腹面中部具1根较粗刚毛，雌虫正常。

分布：北京、陕西、新疆、吉林、辽宁、河北、河南、江苏、浙江、四川；日本，俄罗斯，蒙古国，中亚至欧洲，北美洲。

注：成虫和幼虫取食动物的粪便。常可见雌虫在产卵后与雄虫交配（Eberhard, 1999）。北京4～6月、10月可见成虫在低矮的植物叶片上停息或鼓翅。

雄虫（玉米，北京市农林科学院，2012.VI.8）

雌虫（旋覆花，北京市农林科学院，2016.VI.11）

鬃股鼓翅蝇

Sepsis kaszabi Soós, 1972

雌虫体长3.5毫米，翅长2.9毫米。体黑色。前足基节及胫节黄褐色，足的其他部分均为黑色或黑褐色（腿节端部稍浅）。腹部腹板1+2节褐色。平衡棒白色。前足腿节和胫节无特化，无明显可见的刺，仅一些细毛，基跗节腹面具整齐的刺毛，长于节宽。翅狭窄，基部翅脉暗褐色，R_{2+3}脉端部具一个黑斑，与翅缘相接。

分布：北京*、河北；俄罗斯，蒙古国。

注：作为我国新记录种，肖春霞（2007）记录于河北小五台山。经检的标本为雌虫，前足胫节未见成列的前腹鬃，暂定为本种。北京4月见成虫停息在暖和的石块上。

雌虫（平谷梨树沟，2021.IV.13）

福岗客家鼓翅蝇

Xenosepsis fukuharai Iwasa, 1984

雌虫体长3.7～4.0毫米。体黑色。触角黑褐色，触角芒黑色，光裸。前足黄色，跗节端3节黑褐色；中足、后足黑色，但腿节基部及转节黄色，基节黄色至黑褐色。单眼后鬃缺失。翅透明，无暗斑，平衡棒淡黄色。

分布：北京*、青海、黑龙江、四川；日本，朝鲜半岛，俄罗斯，欧洲。

注：雄虫前足胫节腹面中部宽角形突出，着生2根黑刺毛，在端部交叉；雌虫正常，无突起和刺毛。幼虫腐食性，生活在粪便（多为猪粪）中。北京6月可见成虫，多待在植物叶上，扇动着双翅。

雌虫（紫薇，北京市农林科学院，2013.VI.30）

宋氏瘦足蝇

Micropeza (Soosomyza) soosi Ozerov, 1991

体长约8毫米。体黑色。头复眼内侧具白纹，触角黑褐色，触角芒白色。前足基节黄白色，转节及腿节黄褐色，腿节端部黑褐色，或在1/4处具不明显的暗褐纹；雄虫中后足比雌虫浅，呈黄色至褐色（两端黑褐色）。腹部背面黑褐色，腹面褐色；雄虫色更浅，侧面及腹面黄白色。

分布：北京*；俄罗斯。

注：中国新记录种，新拟的中文名，从学名。本种记录于俄罗斯远东地区（Ozerov, 1997），我们依据雄虫第5腹板的抱器形态鉴定为本种。与分布于四川的*Micropeza* (*Soosomyza*) *tibetana* (Hennig, 1937)相近，但后者足的腿节黑色，前缘脉黑色（其余翅脉淡黄色）。北京6～7月可见于林下的植物叶片上。

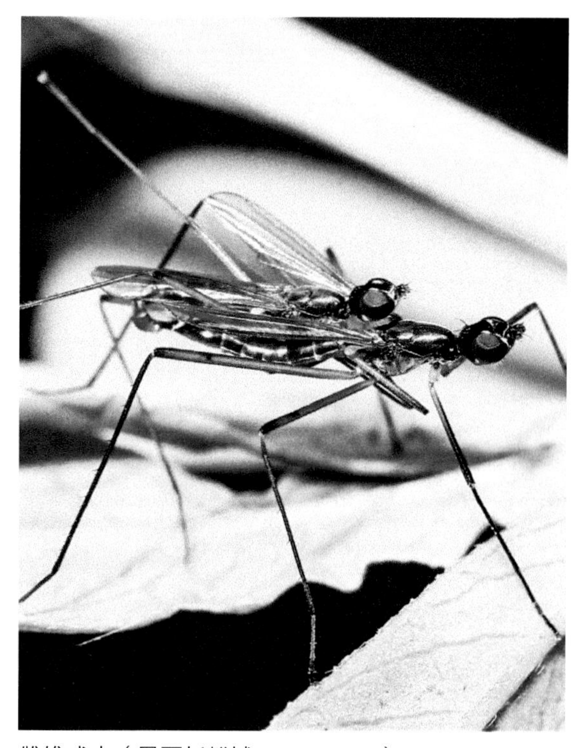

雌雄成虫（昌平长峪城，2016.VII.6）

东方树创蝇

Traginops orientalis de Meijere, 1911

雌虫体长3.4毫米，翅长3.0毫米。体土黄色，具黑色斑点。复眼具彩虹横带；额前部浅黄褐色，单眼区黑色隆起，明显高于复眼，其后具1黑斑；近眶鬃处白色，但额鬃基部具黑斑。胸部无明显纵带，背中鬃基部具黑斑，其中基部背中鬃上的黑斑最小。翅透明，具众多黑斑，其中2横脉全被黑斑所覆盖，肘翅上具黑斑。足浅黄褐色，具黑环，其中前足腿节（除端部外）黑褐色。

分布：北京*、山东；日本，俄罗斯，印度尼西亚。

注：新拟的中文名，从学名。树创蝇科是1小科，仅知65种，常常与受伤的树有关（腐食或取食其中的蛀干昆虫），我国仅记录了本种（Gaimari and Mathis， 2011）。经检标本头额部的突出程度比原描述要弱些（Meijere, 1911）。外形上与分布于日本的*Schildomyia yushimai* Kato, 1952相近，后者额中部不突出、翅上的斑点较稀，肘脉上无斑点。北京6～7月可见成虫待在杨树创伤（打孔注射抑飞絮）流液处旁，也可用酒醋液诱到。

雌虫（毛白杨，北京市农林科学院，2021.VII.11）

斑腿树洞蝇

Myodris annulata (Fallén, 1813)

体长2.4毫米，翅长2.0毫米。体浅褐色。额灰褐色，但前部及近复眼处淡褐色；触角淡黄色，第2节黑色，触角芒羽状。胸部背面浅灰色，具3条灰褐色纵纹，1条位于中央，2条位于两侧。翅淡黄色，无斑纹，具2条明显的横脉，其中dm-cu横脉直；平衡棒淡黄色。足淡黄色，腿节近端部、胫节近基部及近端部具黑环（其中中足腿节的黑斑略短小），端跗节稍暗。腹部淡黄色，背面暗褐色，中基部淡褐色，或仅两侧及后缘暗褐色，第2～5节两侧前缘具银白色斑。

分布： 北京*；日本，以色列，欧洲。

注： 北京新记录科、中国新记录属和种，新拟的中文名，从足具环斑。树洞蝇科Periscelididae是一个小科，常与树木受伤（虫蛀等）流液有关，中国仅记录了中国树洞蝇 *Periscelis* (*Myodris*) *chinensis* Papp et Szappanos, 1998，模式标本产地为哈尔滨，后组合为 *Myodris chinensis* (Papp et Szappanos, 1998)（Papp and Withers, 2011）。该种体较大，体长3.08毫米，触角黄色，仅第2节背面端部1/4褐色。北京7月可见成虫待在杨树创伤（打孔注射抑飞絮）流液处旁。

成虫（加拿大杨，北京市农林科学院，2021.VII.4）

北京角蛹蝇

Aulacigaster beijingensis Yu et Wang, 2013, sp. n.

体长2.2～2.7毫米，翅长1.8～2.3毫米。体黑褐色至黑色。复眼具3条彩虹带，其中第3条最宽，约为前2条宽之和；额前部具橘黄色横带，其宽度约为新月片至前单眼长度之半；单眼区两侧的漆黑光亮斑很大，几乎接近复眼；触角浅黄褐色，触角芒具短毛，不呈羽状；颊约为触角第3节宽的2/3。前胸背板肩胛黄褐色；中胸背板具1对中鬃列和1对背中鬃列；小盾片具2对鬃，前对鬃稍短于后对鬃长之半。翅透明，无斑纹，具2条横脉；平衡棒浅灰色，端部淡白色。足浅黄褐色，胫节近基部常较暗，跗节端部（1～2节）褐色。

正模：♂，北京海淀板井北京市农林科学院内，2021-VII-5，虞国跃采；副模，4♂1♀，同正模（模式标本存于北京市农林科学院）。

分布：北京。

注：中国新记录科；本科种类不多，已知仅55种（Rung and Mathis, 2011）。与分布于欧洲的*Aulacigaster falcata* Papp, 1998非常接近，如前后眶鬃的着生位置几乎处于同一水平线上、单眼区两侧的漆黑光亮斑大、雄虫背针突（surstylus）呈长镰刀形（Papp, 1998；Rung and Mathis, 2011），但该种足的颜色较深，前中足基节褐色至黑褐色，各节腿节和胫节褐色，明显比跗节基部3节深。此外，本种雄虫1对尾须草履形，相互靠近，端缘（下端）具1根明显粗大的刚毛。北京6～8月见成虫于杨、榆、柳受伤流液处，幼虫在其中取食，在北京分布较广。

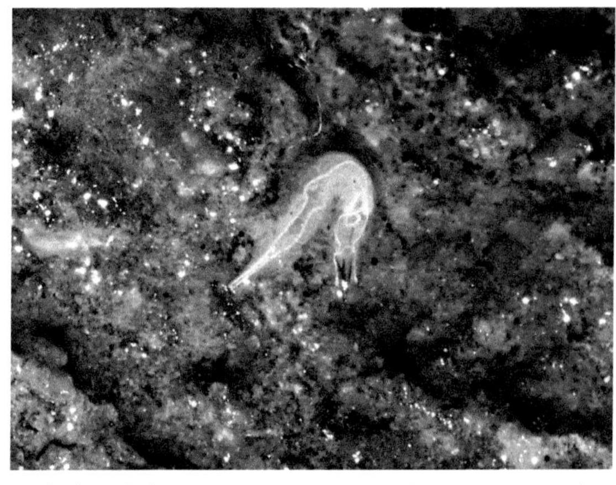

幼虫（加拿大杨，北京市农林科学院，2021.VII.10）

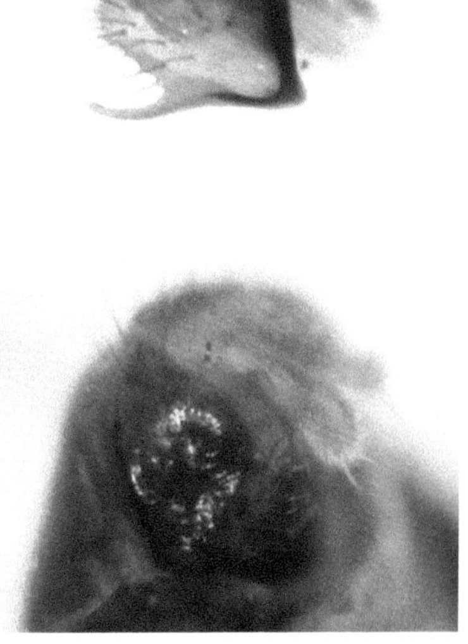

雄虫、雄虫第9腹节背板（示背针突）、腹末腹面观（示草履形尾须）（加拿大杨，北京市农林科学院，2021.VII.5）

突基指角蝇
Stypocladius appendiculatus (Hendel, 1913)

雌虫体长约10毫米。体暗褐色，具黄白色和褐色纹。复眼暗红色，其下方（颊）黄白色；触角黑褐色，芒除基部外白色。中胸背板具黑褐色纹，小盾片暗褐色，中部黄白色。翅几乎透明，翅脉黑褐色，翅具短褐纹：R_{2+3}具向下5条、缘脉在R_{2+3}和R_{4+5}之间具1条、M_{1+2}具向上3条。暗褐色，胫节稍褐色，前足基节淡黄白色，各腿节近中部具黄白环。腹背面黑色，其余黄白色。

分布：北京*、江苏、上海、台湾；日本，朝鲜半岛，泰国。

注：指角蝇科是一个很小的科，世界已知16属100余种，幼虫取食腐烂的植物质，如树创流出的汁液、腐烂的水果等。北京9月可见成虫于树创流液处。

雌虫（洋白蜡，大兴林校路，2021.IX.7，周达康摄）

横带花蝇
Anthomyia illocata Walker, 1856

体长4.9～5.3毫米。体灰白色，复眼红色，雄虫接眼式，两眼相接，而雌虫离眼式。中胸前缘（此纹可消失）、近中部（盾沟后）及小盾片基部具褐色至黑褐色横带，腹节基部具同样颜色的横带。足黑褐色或黑色。

分布：中国分布较广（除黑龙江、新疆、宁夏、青海、西藏不详外）；日本，朝鲜半岛，东南亚，南亚至澳大利亚。

注：个别标本中胸盾沟后的横带中央两侧各有断裂，似呈3斑（总体仍呈现横带状，右图）。成虫4～10月可见，常见停息在树干、叶片上，也可访花（虎杖）；幼虫在腐败性动物毛、骨、皮堆及禽粪中孳生。

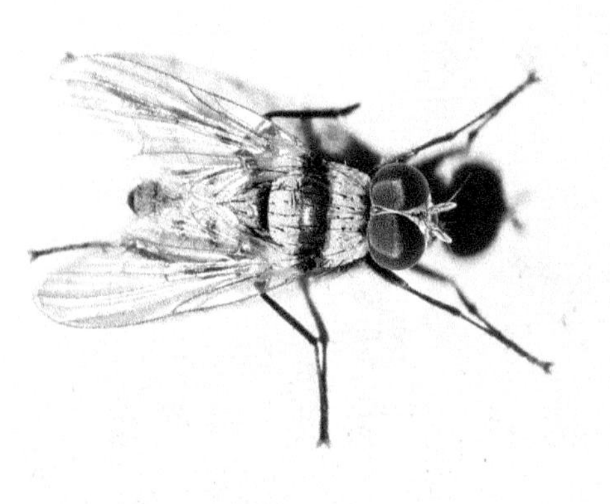
雄虫（北京市农林科学院，2016.X.2）

雌虫（早园竹，昌平马坊，2020.VII.23）

七星花蝇

Anthomyia imbrida Rondani, 1866

雄虫体长5.5～6.0毫米。胸部盾片淡灰色，沟前具2个黑色斑纹，沟后具3个黑斑，侧斑连到翅基处，有时侧斑分成2斑；小盾片两侧具1对黑斑，斑的内缘近于平行。腹部第3～5背板具倒“山”字形黑斑，以正中斑较宽，有时背板前缘具黑横带。后足胫节具前背鬃9～15根。

分布： 北京、陕西、甘肃、青海、新疆、内蒙古、辽宁、河北、山西、河南、山东；土耳其，欧洲，北非。

注： 本种斑纹与骚花蝇*Anthomyia procellaris* Rondani, 1866很接近，可从额大于单眼直径、触角第3节长约为第2节的2倍鉴定为本种。习性与横带花蝇相近。北京6月、8月可见成虫。

雄虫（藜，海淀紫竹院，2014.VI.15）

三刺地种蝇

Delia longitheca Suwa, 1974

雄虫体长6.4毫米，翅长5.9毫米。间额及复眼棕红色，侧额被银白色粉；触角黑色，触角芒具短小毛；口上片明显前突，位置超过新月片。胸背粉被青灰色，具正中暗色条和暗色侧斑，小盾片粉被稍带棕色。足黑色。

分布： 北京*、陕西、黑龙江、辽宁、山西、河南、四川、贵州、云南；日本，朝鲜半岛，萨哈林岛（库页岛）。

注： 雄虫第5腹板两侧叶略呈倒“V”形，基内缘近中部稍突起，着生2根黑刺毛，端部具1根黑刺毛，约为前者长的1.5倍；侧尾叶长约为肛尾叶高的2倍（Suwa, 1974；范滋德等，1988）。北京6月见成虫于艾蒿叶上。

雄虫及头部侧面（艾蒿，昌平长峪城，2016.VI.23）

朝鲜花蝇
Anthomyia koreana Suh et Kwon, 1985

雄虫体长5.2毫米。胸部盾片淡灰色，沟前具2个黑色斑纹，沟后具黑色横带，斑纹长度略不及沟后部分长的1/2，两侧连到翅基处；小盾片黑色，端部呈浅灰色圆形斑。

分布：北京*；朝鲜半岛。

注：中国记录种，新拟的中文名，从学名。本种雄虫的斑纹有渐进式的变化；雌虫胸盾上仅2条纵纹，小盾片灰色，基部两侧具黑褐色斑，或黑斑扩大，侧缘大部分呈黑褐色（Suwa，1987）。北京6～7月见成虫于灯下。

雄虫（昌平黄花坡，2016.VII.7）

扭叶球果花蝇
Lasiomma pectinicrus Hennig, 1968

体长5.2～5.5毫米。体黑色。复眼裸，雄虫接眼，雌虫离眼。触角芒近乎于裸。须黑色，端部具3根黑毛。喙浅黄褐色，中间大部分黑褐色。中胸盾片具灰白色粉被，呈现3条黑色纵纹，两侧尚有不明显的黑纹。翅透明，翅基及基部的翅脉黄褐色，前缘脉伸达M_{1+2}。雄虫第5腹板侧叶略呈倒“U”形，中部稍扩大，基部一侧具弧形膜片。

分布：北京、黑龙江、辽宁、安徽、江苏、上海、福建、湖南、四川、西藏；北美洲。

注：《中国经济昆虫志》介绍了本属15种（范滋德等, 1988），检查雄性外生殖器及第5腹板的特征是需要的。本属的一些种类的幼虫为害落叶松球果。北京4月见成虫于灯下。

雄虫（昌平王家园，2015.IV.10）

雌虫（昌平王家园，2015.IV.10）

种蝇

Delia platura (Meigen, 1826)

体长4.3～5.3毫米，翅长3.7～4.5毫米。雄虫暗褐色。复眼几乎相接。触角黑色。胸部背面具黑纵纹3条，其中中央1条常较清晰。腹部背面中央具黑纵纹1条，各腹节间有1黑色细横纹；后足胫节内下方具1列稠密且末端弯曲的短毛。第5腹板“U”形深内凹，后端内侧具2根毛（相距很近，似为1根，端部不尖）。雌虫灰色至黄色，两复眼间距为头宽的1/3。

分布： 北京、陕西、甘肃、青海、新疆、内蒙古、黑龙江、辽宁、河北、山西、湖南、江苏、安徽、上海、浙江、福建、台湾、四川、贵州、西藏；日本，朝鲜半岛，俄罗斯，蒙古国，欧洲，非洲，北美洲。

注： 又名灰地种蝇。*Delia*属种类多，不易识别，常常需要检查雄性外生殖器。本种侧尾叶直，端部不分叉，端部1/3一侧具纤毛，密如绒毯；肛尾叶端部具3对弯曲的长鬃。幼虫蛆形，为常见的种苗害虫，在土下取食十字花科、禾本科、葫芦科等多种植物萌动的种子或幼苗的根，引致植物腐烂。4月在房山蒲洼可见大量成虫在晒太阳，偶尔可见于灯下。

雄虫（房山蒲洼，2021.IV.6）

雌虫（房山蒲洼，2021.IV.6）

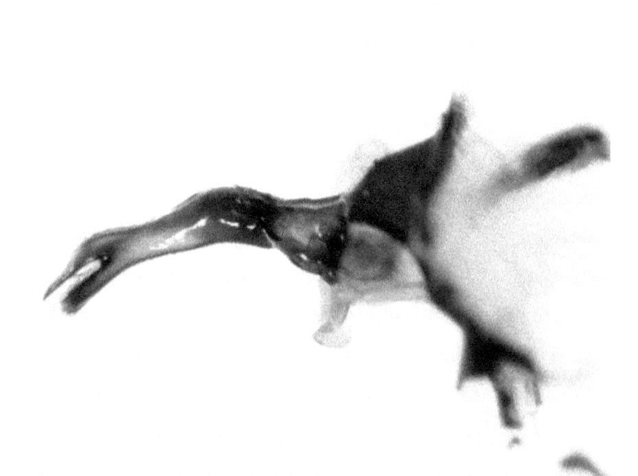

雄虫外生殖器侧面观、尾叶后面观

藜泉蝇

Pegomya exilis (Meigen, 1826)

体长4～6毫米。体灰白色。雄虫两侧额几乎相接，间额线状，额较前单眼略宽；雌虫复眼分离，额宽大于复眼宽，额间橙色。触角基2节黄色，端节黑色，端节长是宽的2倍多，约为第2节长的1.67倍；触角芒几乎裸，基部1/4增粗。足黄色，跗节黑色，前足腿节后背方具暗色纵带。

分布： 北京、内蒙古、辽宁、河北、山西、河南；日本，欧洲。

注： 有近似种，从外形上较难区分（Michelsen, 1980）。幼虫蛆形，潜叶为害，呈大型虫斑，内有1～4头幼虫，以蛹越冬。在北京潜斑常见于藜叶上，它也是甜菜的重要害虫。

潜斑（昌平长峪城，2016.V.31）

雄虫（昌平长峪城，2016.VI.23）

雌虫（昌平长峪城，2016.VI.23）

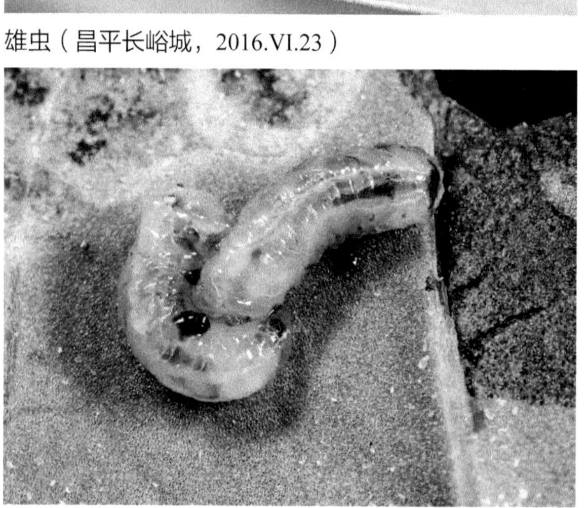

幼虫（藜，北京市农林科学院，2011.XI.5）

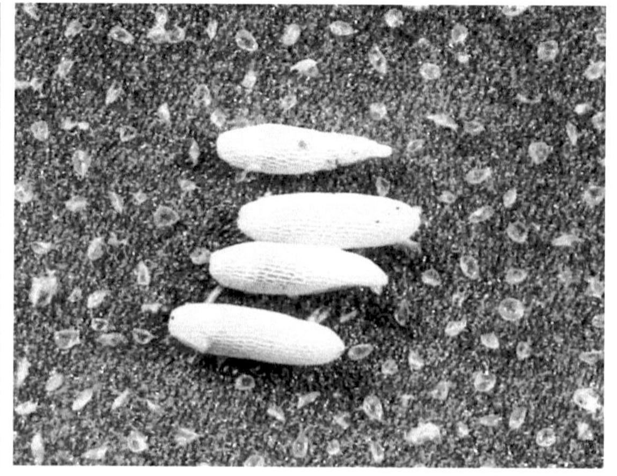

卵（藜，北京市农林科学院，2011.XI.5）

毛脉蝇

Achanthiptera rohrelliformis (Robineau-Desvoidy, 1830)

雌虫体长约7毫米。体黄色至黄褐色，胸背中央前半具黑褐色斑，足跗节黑色。间额黑色，侧额被银白色粉被；侧额中部具1强大的前倾上眶鬃，其上方具外倾和后倾上眶鬃各1根，下眶鬃4根，其中第2、第4根弱；触角黄色，但第3节端半部暗灰色，触角芒基半部羽状。R_1脉端部具毛。

分布：北京*、山西；塔吉克斯坦，欧洲。

注：R_1脉端部1/3具毛是其独特的性状，所属的毛脉蝇亚科仅有1种，即本种；雄虫复眼更接近，且足爪细长；胸背中央的暗褐斑可扩大或减退；幼虫生活在胡蜂巢内，取食有机质，3龄幼虫可捕食胡蜂幼虫。北京8月可见成虫。

雌虫（鬼针草，平谷桃棚，2019.VIII.15）

高粱芒蝇

Atherigona soccata Rondani, 1871

雄虫体长3.3毫米，翅长3.0 毫米，雌虫体长3.9毫米，翅长3.5毫米。体黄色。头部间额暗褐色，触角暗褐色，第2节末端稍带棕色；触角芒着生于第3节背面基部。髭1对，黑褐色，下颚须黑色，端部或基半部常黄色。胸背黑色（肩胛黄色），具灰色粉被，具3条较细褐色纵纹。翅透明，r-m横脉位于中室中部以内。足黄色，雄虫前足、中足胫节端半部以下黑褐色，雌虫腿节端大部、胫节黑褐色。腹部雄虫第4～5背板各具1对黑斑，其中第4背板较大；雌虫第3～4节具断续的背中线，第3节两侧具圆形斑，略横向，第4节具大黑斑（纵向，略呈“工”字形），第5节1对圆斑最小。

分布：北京*、陕西、湖南、广东、广西、海南、四川、云南；阿富汗，南亚，东南亚，西亚，欧洲，非洲。

注：曾名高粱秆蝇。作为高粱的重要害虫，其幼虫潜食叶片直至茎的生长点；也可寄生于玉米、马唐、狗尾草、稗等其他禾本科植物。北京8～9月可见成虫于灯下。

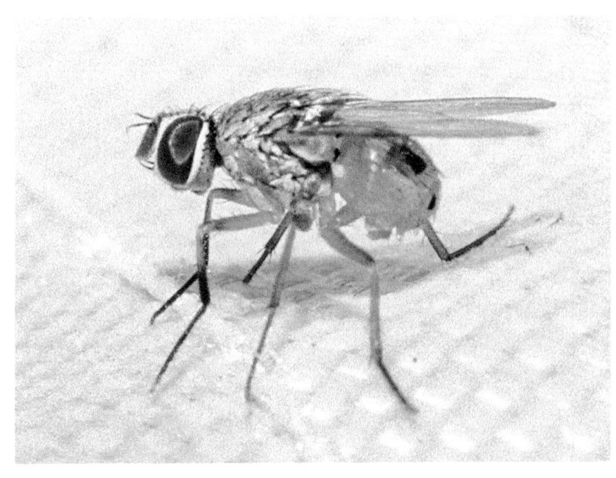

雄虫（顺义共青林场，2021.IX.7）

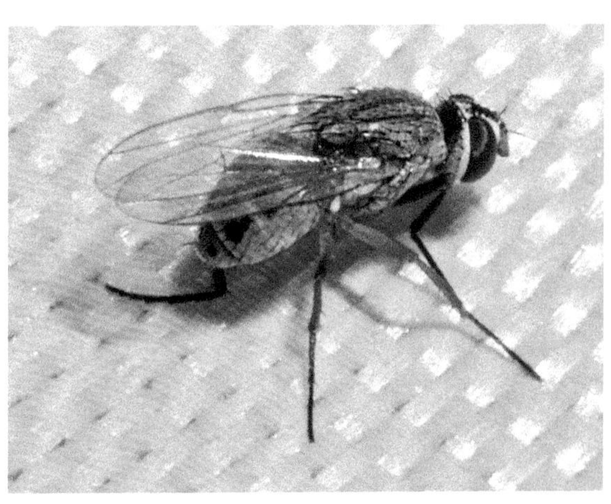

雌虫（顺义共青林场，2021.IX.7）

瘦弱秽蝇
Coenosia attenuata Stein, 1903

雄虫体长2.6毫米。体灰褐色。头额宽大，约为头宽的1/3，具灰白色粉被；触角第3节灰白色。胸部背面无纵纹；背中鬃4对，其中1对位于沟前；小盾鬃2对。翅透明，上、下腋瓣及平衡棒淡白色。足淡黄色，毛均为黑色，（雄及雌）后足胫节近中部均具有1根前背鬃和1根前鬃，这2根鬃的着生处紧邻。雌虫体大（体长3.6毫米），体色灰暗，额部具大暗斑，胸背具3条暗纵纹，足颜色较深（胫节略浅）。

分布：北京、新疆、天津、台湾等；世界广布。

注：本属种类很多，雌雄虫复眼均宽分离，国内介绍了39种，该属幼虫生活在腐殖质中，取食腐殖质或其他幼虫，成虫捕食飞行的小昆虫（薛万琦和赵建铭，1996）。不少种类的区分需要有雄性外生殖器的特征。本种成虫和幼虫均为捕食性，在野外常常可见成虫捕食各种小型飞虫，如蝇、蚊甚至粉虱等。由于在温室内常见，作为天敌逐渐被人们重视（邹德玉等，2017）。北京6～7月、10月可见成虫。

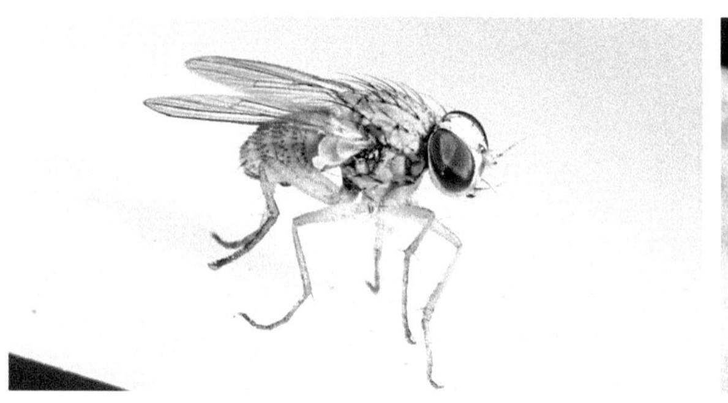
雄虫（海淀瑞王坟，2011.VII.12）

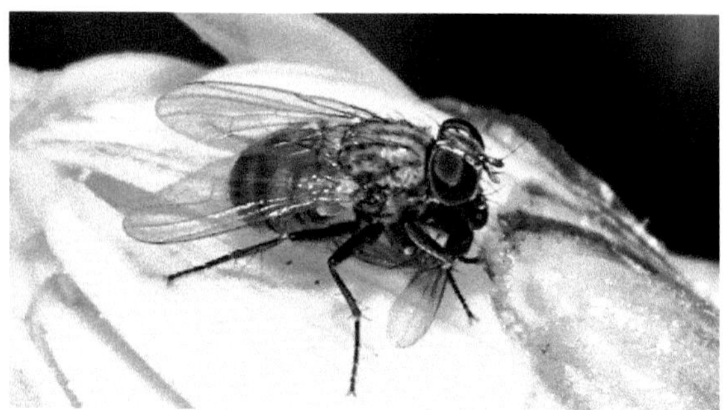
捕食蝇的雌虫（菊，北京市农林科学院，2018.IX.24）

东北秽蝇
Coenosia mandschurica Hennig, 1961

雄虫体长3.5毫米，翅长3.5毫米。体灰黑色。头在复眼周围灰白色，单眼鬃1对，长，前倾；触角黑色，第3节细长，端部圆钝，触角芒2节，第2节全长具短毛；下颚须黑色，细长。胸部背面具3条暗黑色纵纹；背中鬃4对，其中1对位于沟前；小盾鬃2对，长度相近。翅透明，前缘脉终止于M_{1+2}脉的末端；下腋瓣长，长于上腋瓣，呈舌状。足黄色，毛均为黑色，跗节上密生毛而呈现黑褐色（其实跗节仍为黄色）。

分布：北京、陕西、内蒙古、黑龙江、辽宁、贵州。

注：又名帽儿山秽蝇。雄性肛尾叶后面观略呈菱形，近中部两侧稍突出，其端部插入第5腹板后缘“U”字形大凹内，凹入长度可占腹板长之半。北京9月可见成虫，数量非常多，具趋光性。

雄虫、翅、腹末侧面观及第 5 腹板（顺义共青林场，2021.IX.7）

绯胫纹蝇
Graphomya rufitibia Stein, 1918

雄虫体长约7毫米。额狭，两复眼相距较近，具1列额鬃，其周围仅具少数短毛。中胸背板具3个黑色纵条，其中的白色纵条和黑色侧条在盾沟处宽度相近。足胫节棕色。

分布： 北京、陕西、吉林、辽宁、河北、天津、山西、河南、山东、上海、浙江、江西、福建、台湾、湖北、湖南、广东、广西、海南、云南；日本，朝鲜半岛，南亚，东南亚，大洋洲。

注： 此属曾拼为*Graphomyia*。雌虫斑纹明显不同，间额中部常浅色，中胸背板黑色纵条较细。幼虫和成虫均粪食性，北京6月、8月可见成虫，具趋光性。

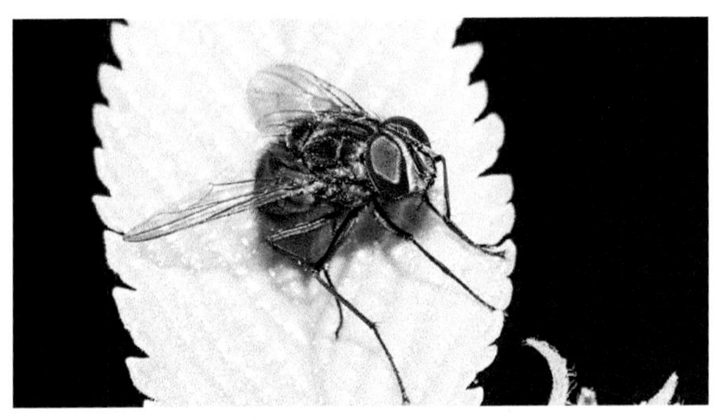
雄虫（榆，平谷金海湖，2014.VIII.5）

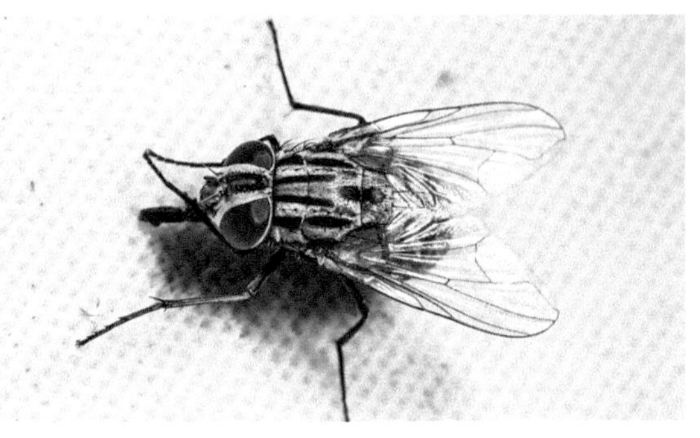
雌虫（昌平王家园，2014.VI.17）

少斑纹蝇
Graphomya sp.

雄虫体长7.4毫米。体黑色，覆银灰色粉被。单眼区、额鬃列周围密生黑毛；触角芒羽状。中胸背板具5个黑色纵条，中央的1条在沟前很细，挤在两侧的黑条间，在小盾片前宽大；中鬃0+1，背中鬃2+4；小盾片黑色，后缘黄棕色，3+1对鬃。腹部第1+2合背板黑色，后缘黄棕色，黑纹在中央呈宽弧形后突；第3背板中央黑色，两侧后角具黑斑；第4背板与上节相近，但中部的黑纹更大，侧斑与中斑几乎相连；第5节黑色；腹面的情况与背面相似。R_{4+5}脉基部具4根黑鬃，较为分散。

分布： 北京、陕西。

注： 雌虫斑纹与雄虫相近，头顶额宽与眼相近。我国记录纹蝇属*Graphomya* 4种（包括1亚种），本种从雄虫复眼的间距与绯胫纹蝇*Graphomya rufitibia* Stein, 1918相似，但胸部白纵纹较窄，且雄性的肛尾叶不同。北京7～8月可见成虫，访问凤仙花。

雄虫（菊，昌平红栌，2011.VII.21）

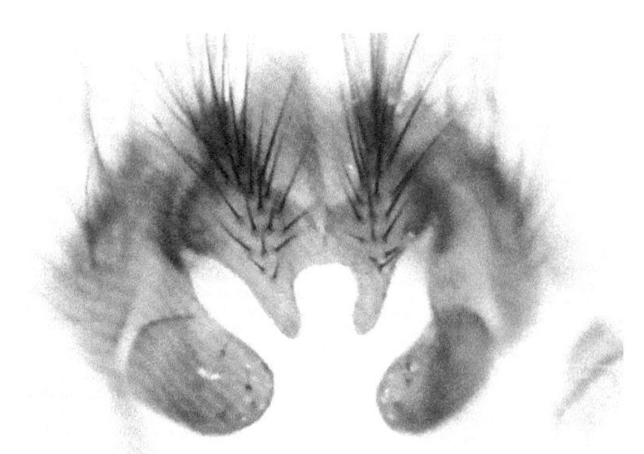
雄虫尾叶后面观

黑古阳蝇

Helina nigriannosa Xue et Zhao, 1989

雄虫体长9.0毫米。体黑色，覆灰白色粉被。复眼密被淡色长纤毛，两复眼接近，头顶间额窄于侧额，侧额及侧颜覆白色粉被；触角黑色，芒羽状，黑色；下颚须长线形，黑色。中胸背板具中鬃0+1，背中鬃2+4。翅透明，略染烟色，R_{4+5}与M_{1+2}均直线型伸向翅缘，在翅缘稍微分开；平衡棒棕黄色。足黑色，后足腿节具10余根粗前腹鬃。

分布：北京*、吉林、辽宁、河北、山西。

注：模式标本产地为辽宁和山西（薛万琦等，1989）；肛尾叶后面观端部两叶分开，较细长，侧尾叶被肛尾叶遮住。北京11月可见成虫。

雄虫、头部及尾器侧面观（油松，门头沟小龙门，2013.XI.4）

常齿股蝇

Hydrotaea dentipes (Fabricius, 1805)

雄虫体长6.5毫米。体黑色。眼裸；间额黑色，侧额、侧颜覆银灰色粉被，额略宽于触角第3节的宽度。胸背具薄的白色粉被（通常后面观较明显）。翅透明，M_{1+2}脉与R_{4+5}脉在近翅缘处稍靠近。足黑色，前足腿节端部凹陷且具齿，胫节近基部具2个弧曲。

分布：北京、陕西、甘肃、青海、新疆、内蒙古、黑龙江、吉林、辽宁、河北、山西、山东、江苏，上海，江西、四川、云南、西藏；日本，朝鲜半岛，俄罗斯，蒙古国，阿富汗，中亚，印度，欧洲，北非，北美洲。

注：幼虫生活在粪便、动物尸体中，成虫可捕食家蝇等其他蝇类。北京4月可见成虫于灯下。

雄虫（昌平王家园，2015.IV.21）

长条溜蝇
Lispe longicollis Meigen, 1826

雌虫体长约7毫米。体黑色。下颚须黄色，膨大。中胸背板具5条不明显的暗色纵纹，背中鬃2+4。翅透明，M_{1+2}脉端部稍微向R_{4+5}脉方向弯曲。足黑色，腿节端部稍带黄色，胫节黄棕色，前足胫节具1后背腹鬃，中足胫节具1前腹鬃。腹部第3～5节两侧具粉白色斑（前一节的白斑所占比例较小）。

分布：北京、宁夏、新疆、黑龙江、吉林、辽宁、河北、天津、山西、山东、安徽、广东、四川；俄罗斯，伊朗，以色列，土耳其，欧洲。

注：多生活在水边，成虫可捕食其他小昆虫。北京7月见成虫于灯下。

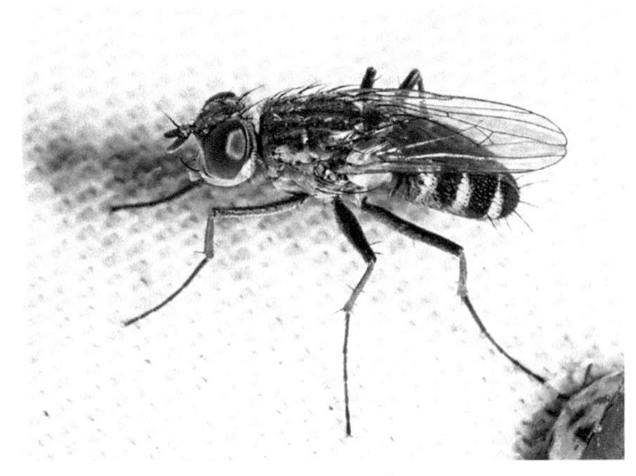

雌虫（昌平王家园，2014.VII.14）

家蝇
Musca domestica Linnaeus, 1758

体长6～8毫米。灰黑色。复眼红褐色，无毛，雄虫两复眼相距较近，约为眼宽的0.4倍，而雌虫较远，与复眼宽相近。中胸盾片具4条黑色纵条。腹部第1+2合背板除基部及中条暗色外均为黄色，第3背板中条暗色，其余黄色，第4背板中条暗色，两侧依次为银黄色粉斑、可变色亚侧条及银黄色粉斑。

分布：中国广布；世界广布。

注：体色及形态有变异，过去常分成不同的亚种或型（范滋德等，2008）。虞国跃（2017）把厩腐蝇*Muscina stabulans* (Fallen, 1817)的图误为家蝇。常见的居家昆虫，垃圾附近数量较多。可访问臭椿、翠菊、泥胡菜等的花。

幼虫及蛹（平谷饲养，2018.XI.23）

雄虫（昌平王家园，2014.IX.10）

雌虫（平谷饲养，2018.XI.23）

中华溜蝇
Lispe sinica Hennig, 1960

雄虫体长4.9毫米。额三角区具锈色粉被，伸达额的前缘；触角除第2节端部和第3节基部带黄色外其余黑色；下颚须末端仅呈匙形膨大。胸背具较宽的3条暗褐色纵纹，中条纹伸达小盾端缘。腹部亮黑，第1、第2合背板及第3背板两侧具相连的白色粉被斑，第4、第5背板前缘各具1对白色粉被侧斑。

分布： 北京、内蒙古、黑龙江、辽宁、河北、山东、福建、广东；日本，印度。

注： 雌虫腹部较宽大，第1、第2合背板及第3背板两侧具相连的白色粉被斑，第4、第5背板各具1对白色粉被侧斑。成虫常在水边（或地面积水处）活动，可捕食其他小昆虫。

雄虫（枣，昌平王家园，2012.VI.21）

厩腐蝇
Muscina stabulans (Fallén, 1823)

体长6.5～8.9毫米，翅长5.3～7.5毫米。雄性两复眼稍分离，额约等于触角宽度的2倍；雌性额宽略超过复眼宽。触角黑色，第2节端部和第3节基部红棕色，触角芒为长羽状，分枝到顶。小盾片端部红黄色。足腿节黑色，末端或端部腹面至少1/3棕黄色，胫节棕黄色。

分布： 北京、陕西、甘肃、青海、新疆、黑龙江、吉林、辽宁、内蒙古、河北、天津、山西、山东、江苏、上海、浙江、湖北、四川、云南；各大洲局部地区均有发生。

注： 幼虫孳生于腐败植物、动物尸体及各种粪便中，成虫多在马、牛、鸡厩舍内活动，有时候会在鸡舍及附近大量发生，有时也会进入室内；可访问萱草、栾树等的花。

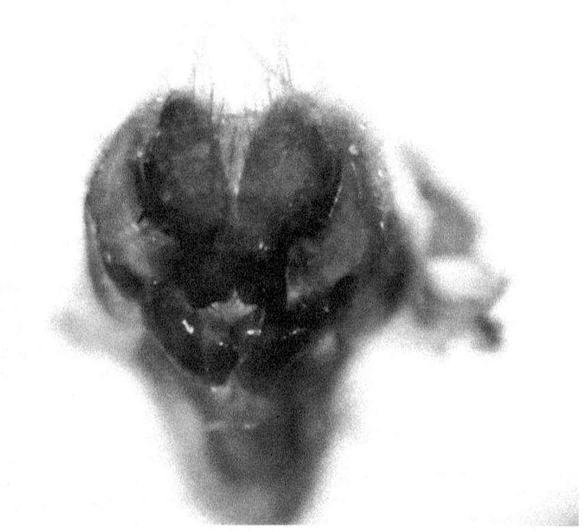
雄虫及尾器后面观（栾树，海淀彰化，2012.V.22）

牧场腐蝇

Muscina pascuorum (Meigen, 1826)

雄虫体长约10毫米。复眼裸，两眼非常接近；侧额、侧颜覆灰白色粉被；触角暗褐色，第2节端部和第3节基部稍带红褐色。胸部覆灰白色粉被，略可辨2条黑色纵条，小盾片黑色，端部棕黄色。翅淡褐色，透明，M脉末端弧形向前弯，几乎与翅外缘平行，且M脉从横脉至心角的距离远大于至r-m脉的距离。

分布：北京*、陕西、甘肃、青海、新疆、内蒙古、黑龙江、吉林、辽宁、河北、山西、山东、安徽、浙江、云南、西藏；日本，朝鲜半岛，俄罗斯，中亚，南亚，以色列，欧洲，北非，北美洲。

注：幼虫在腐烂的动植物中孳生，3龄幼虫也可捕食其他小虫，或从毒蛾幼虫中育出。北京9月见成虫于林下。

雄虫（核桃楸，怀柔慕田峪，2018.IX.13）

斑蹠黑蝇

Ophyra chalcogaster (Wiedemann, 1824)

体长5.0～6.5毫米。体亮黑。雄蝇额狭，两复眼几乎相接，复眼侧观后缘中部平直或稍凸出，不凹入；两触角上方的新月片具银白色粉被；前足腹面各跗节末端黄白色，有时背面也可见。雌虫离眼，额中间的三角形黑斑向前伸展，至少超过额长的中部。

分布：北京、陕西、甘肃、辽宁、河北、河南、山东、江苏、浙江、安徽、江西、湖北、湖南、福建、台湾、广东、香港、广西、海南、四川、贵州、云南；日本，朝鲜半岛，俄罗斯，蒙古国，南亚，东南亚，非洲，大洋洲。

注：幼虫孳生于人畜粪便及腐败的动植物中；北京5～11月可见成虫。

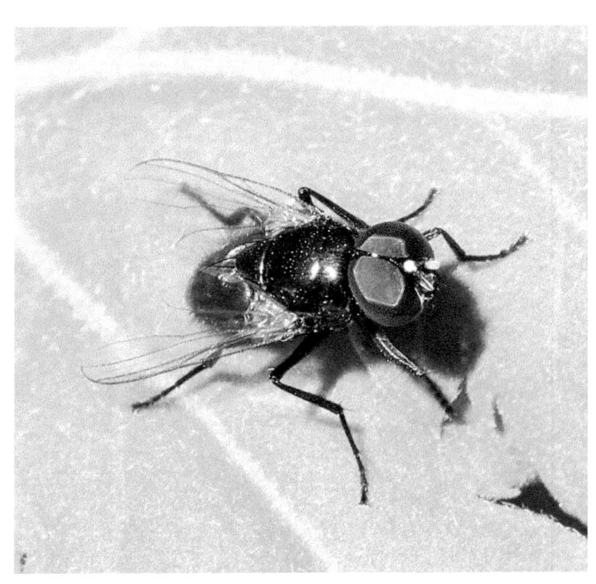

雄虫（菊，颐和园，2016.VIII.20）

雌虫（玉米，昌平王家园，2014.IX.10）

黑缘秽蝇

Orchisia costata (Meigen, 1826)

翅长3.3毫米。体灰褐色。头基色黄色，头顶暗褐色；触角黄色，第3节略带灰色。腹部基部及两侧黄色，第4、第5节背板两侧各具1对暗色小斑点。足黄色，具黑鬃。翅端缘及后缘透明，其余部分带褐色，其中前缘（除基部）呈黑褐色。

分布：北京*、陕西、上海、福建、海南、广东；日本，朝鲜半岛，南亚，东南亚，欧洲，澳大利亚，非洲。

注：北京9月可见成虫，当时被蚁蛛捕食，未能拍摄整个图，外形与本书介绍的东北秽蝇*Coenosia mandschurica* Hennig, 1961相近，可参见Sang 和 Kwon（2017）。本种可从翅面黑纹进行辨识。

成虫（顺义共青林场，2021.IX.27）

白点棘蝇

Phaonia sp.

雌虫体长6.5毫米。体黑色，覆黄色粉被。复眼裸；间额黑色，在触角基部上方具小白点；触角芒小毛为第3节宽的1.5倍；须黑色。中胸盾片中鬃1对，背中鬃2+4；小盾片缘鬃2对，长，心鬃1对，短小。翅透明，淡黄色（基部尤其明显）。

分布：北京。

注：棘蝇属*Phaonia*是大属，《中国动物志第26卷》仅包含此属的种类，我国已知312种（马忠余等，2002）。本种外形上与*Phaonia angelicae* (Scopoli, 1763)相近，但足胫节色浅，且足上的鬃序不同。北京7月见成虫访问短毛独活。

雌虫（短毛独活，密云雾灵山，2021.VII.25）

怀柔棘蝇
Phaonia sp.

雄虫体长6.7毫米。体黑色。两复眼几乎相接；触角芒羽状；须黑色，细棒状；鬃发达；颊高不及眼高的1/4。中胸背板具中鬃0+1，背中鬃2+4。足黄色，前足基节前缘黑色，前胫节后腹面染褐色，各足跗节黑色；后足胫节近端部1/4处具1强大的后背鬃，中部后具2前背鬃和2根前腹鬃。

分布：北京。

注：本种属于法伦棘蝇种团（*Phaonia falleni*），我国记录了2种（马忠余等，2002），雄性外生殖器也接近迷东棘蝇*Phaonia vagatiorientalis* Xue, 1996，但该种前胫具2～3后鬃，端部1/3具1小的前背鬃（本种均无），且体长10毫米。北京8月见成虫于灯下。

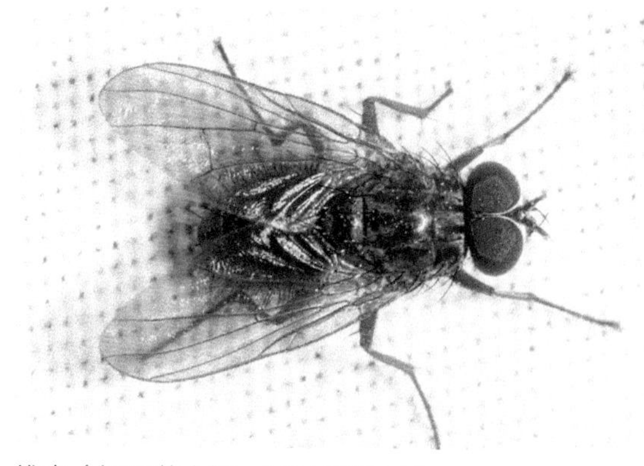
雄虫（怀柔黄土梁，2021.VIII.24）

厩螫蝇
Stomoxys calcitrans (Linnaeus, 1758)

雄虫体长约6毫米。眼裸，头顶额宽约为头宽的1/4，间额宽为侧额宽的3倍多；触角芒仅上侧具纤毛；下颚须黄色，细长，但远短于喙；中喙黑色，发亮，细长，伸向头的前方，明显可见。胸背具2对暗色纵条，并染有锈色，中鬃0+1，背中鬃1+2（沟后尚具较弱的多根鬃）。足黑色，胫节基部常黄色。腹部第3、第4节前缘正中及其两侧后方具暗色斑。

分布：中国广布；世界广布。

注：成蝇刺吸哺乳动物（有时鸟类）的血液，可传播家畜疾病，是一种重要的媒介昆虫；幼虫在畜禽粪便及腐殖质中生活。北京鸡舍附近可见。

雄虫（怀柔邓各庄，2018.XI.1）

夏厕蝇

Fannia canicularis (Linnaeus, 1761)

雄虫体长5.0毫米。复眼裸；侧额和侧颜覆银白色粉被，间额黑色，具灰色粉被，具上眶鬃 1 对；触角黑色，触角芒具短毳毛；下颚须黑色，棒状。胸背覆灰色粉被，背中鬃 2+3，翅内鬃 0+2。翅透明，M_{1+2} 脉直，后大部与R_{4+5}脉平行。足黑色，膝部略带棕色。腹部两侧第2、第3节及第4节基半部黄色，背中具黑中线，第2节后缘黑纹不达侧缘，第3节后缘黑。

分布： 中国广布；世界广布。

注： 本种的腹部颜色有变化，黄色斑纹可缩减或扩大。生活在腐烂的植物质中，也可在粪便和粪肥中发育，可进入室内活动。

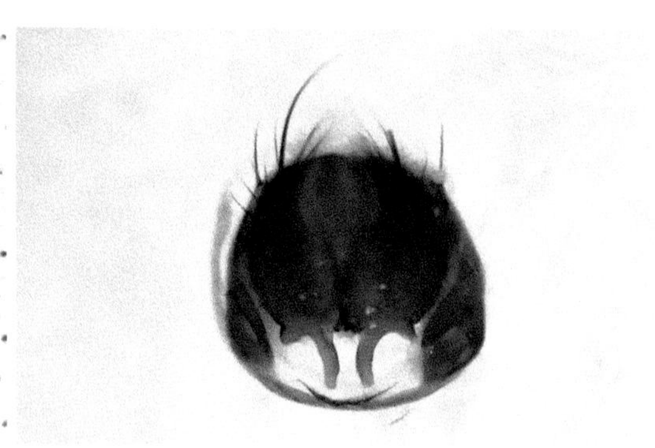

雄虫及尾器腹面观（门头沟小龙门，2016.VI.15）

毛踝厕蝇

Fannia manicata (Meigen, 1826)

雄虫体长6.5毫米。体黑色，仅前足胫节基部1/2强为黄棕色。复眼裸，两眼在头顶接近。触角芒裸。侧颜银白色，侧观时可见。前足基节具1对近端后腹刺，胫节端黑色部分稍膨大，后侧密生毛（毛可大于此处的胫节宽）；中足基节具1根强大的前腹刺，胫节端部膨大，后侧密生短毛；后足胫节端半部背面具2根强鬃，腹面无强鬃，仅1列短刚毛。腋瓣浅棕色，平衡棒淡黄色。

分布： 北京、内蒙古、黑龙江、河北、山西、台湾、四川、西藏；全北区，东洋区。

注： 国内的文献多陈述前足基节具1根近端后腹刺，实为2根，腹刺硬又紧密并排，不易分开。北京本属已知17种（Zhang et al., 2016）。幼虫多生活于动物粪便中。北京4月可见成虫在树干上晒太阳。

雄虫及前足（房山蒲洼，2021.IV.8）

朝鲜陪丽蝇
Bellardia chosenensis Chen, 1979

雄虫体长6.9～7.2毫米，翅长5.9～6.2毫米。体黑色，覆白或灰白色粉被，腹部具铜绿色光泽。复眼裸，相互靠近，间距约为两后单眼距离的2倍；触角基2节黑褐色，第3节黄褐色（基部更浅）；中颜、侧颜下方、颊的前方红棕色，侧颜被毛（基部裸）；下颚须黄棕色，基部约1/3黑褐色。中胸背板可见黑色纵条，中鬃2+3，背中鬃3+3，小盾片3对缘鬃和1对心鬃。腹部覆较厚的白色粉被，具黑斑。

分布：北京*、湖北、四川；朝鲜半岛。

注：模式标本产地为朝鲜半岛（陈之梓，1979）。北京4月可见成虫，取食榆树伤口流出的汁液，或见于灯下。

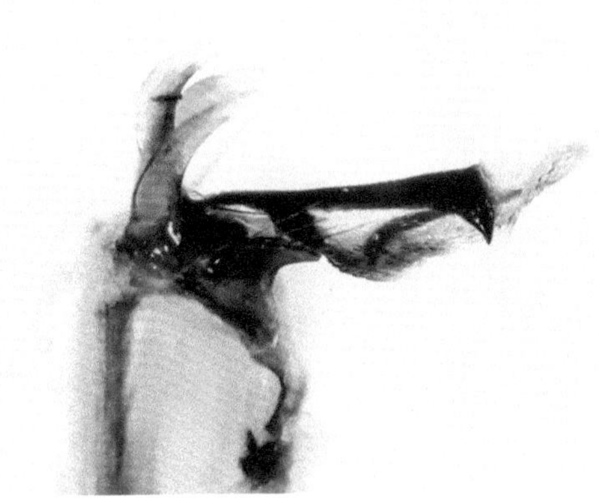
雄虫及外生殖器侧面图（榆，昌平王家园，2021.IV.20）

大头金蝇
Chrysomyia megacephala (Fabricius, 1784)

体长8～11毫米。体肥大，头宽于胸，体青绿色，具金属光泽。复眼深红色，雄性两复眼相接，上部2/3的小眼面明显大于下部1/3的小眼面，分界明显，雌虫复眼上下小眼大小差异不明显，额中央褐红色；颊、触角橙黄色。

分布：国内分布广泛（除新疆、青海、西藏）；亚洲至澳大利亚。

注：幼虫孳生在人畜粪便中，成虫活动于腐烂的瓜果、蔬菜及粪便周围，常见的卫生害虫，也可访花，是杧果的重要授粉昆虫。

雄虫（虎杖，北京市植物园，2018.IX.10）

雌雄成虫（高粱，昌平王家园，2014.VIII.12）

反吐丽蝇

Calliphora vomitoria (Linnaeus, 1758)

雄虫体长10.8～11.5毫米。体黑色，胸部无金属闪光，具暗色纵条，足黑色，腹部呈现深蓝色。颊暗褐色，下后头密生黄色毛。触角第3节基部棕色，长约为第2节的4倍。肛尾叶及侧尾叶均细长，端部尖。

分布： 北京*、陕西、宁夏、甘肃、青海、新疆、内蒙古、河北、天津、山东、河南、江苏、安徽、上海、浙江、江西、福建、台湾、湖北、广东、四川、重庆、贵州、云南、西藏；日本，朝鲜半岛，俄罗斯，蒙古国，阿富汗，印度，尼泊尔，菲律宾，欧洲，北非，北美洲，夏威夷。

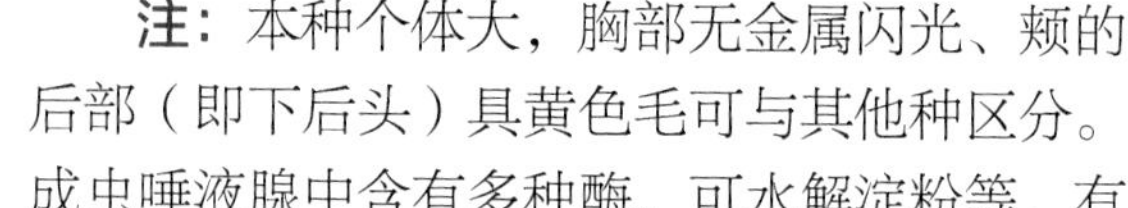

注： 本种个体大，胸部无金属闪光、颊的后部（即下后头）具黄色毛可与其他种区分。成虫唾液腺中含有多种酶，可水解淀粉等，有时雌虫可吐出大于复眼的液滴；幼虫尸食性。北京4月、9月见成虫于林下石块上。

雌虫（密云云梦山，2022.IV.3）

雄虫（丰台北宫，2021.IV.16）

雄虫尾器及生殖器侧面观

肥躯金蝇

Chrysomya pinguis (Walker, 1858)

雄虫体长约9毫米。复眼几乎相接，小眼面不特别大；侧额、侧颜及颊暗红色，具黄褐色粉被，侧颜具黑毛，宽略小于触角第3节宽；颊毛大部分为黑色。中胸中鬃0+2，背中鬃2+4。腋瓣暗褐色，端缘稍浅。

分布： 北京、陕西、宁夏、甘肃、内蒙古、山西、河南、山东、江苏、安徽、上海、浙江、江西、福建、台湾、湖北、湖南、广东、广西、海南、四川、贵州、云南、西藏；日本，朝鲜半岛，南亚，东南亚。

注： 与大头金蝇*Chrysomyia megacephala* (Fabricius, 1784)相近，该种复眼血红色，上方大部分的小眼面明显比下部的粗大，且颊部具淡黄色毛。本种为重要的法医昆虫，也可孳生于人畜粪便中。

雄虫（毛樱桃，北京市植物园，2018.V.15）

丝光绿蝇
Lucilia sericata (Meigen, 1926)

雄虫体长7.0～8.2毫米。体绿色，具金属光泽。额较窄，间额（黑色）约为侧额（银白色）的2倍；侧额、侧颜及颊银白色；触角第3节约为第2节长的3倍。中胸中鬃2+3，第2个前中鬃的长度达到第1个后中鬃处。翅透明，前缘基鳞黄色，R_{4+5}的小鬃11～13根，分布稍过至r-m横脉距离的一半。腹部第2、第3背板无中缘鬃，第4背板具1列缘鬃。雌性的额宽大于头宽的1/3 。

分布：中国广布；世界广布。

注：幼虫孳生于动物尸体、腐败的动物质中，成蝇在腥臭腐烂的动物质及垃圾等处活动，也会访花，常飞入住室或食品店。

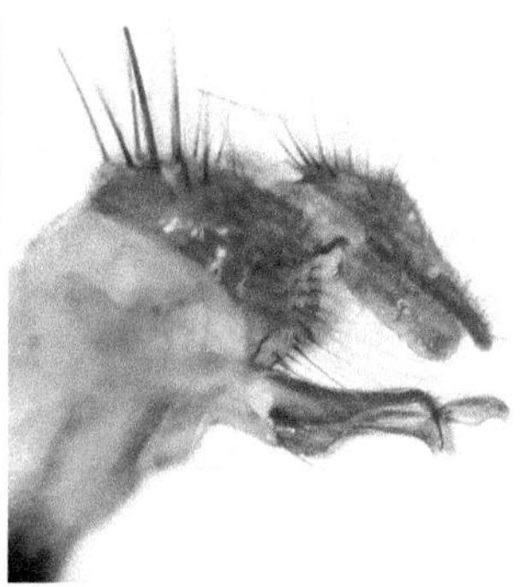

雄虫及尾器侧面观（小麦，北京市农林科学院，2013.V.30）

雌虫（小麦，北京市农林科学院，2013.V.30）

墨粉蝇
Morinia sp.

雌虫体长6.1毫米。体及体毛黑色，体背无淡色绵毛。复眼远离，间距约等于眼宽，裸，暗红色；触角芒长于触角第3节，短羽状；颊高约为复眼高的1/3弱。翅烟色，后缘稍浅，M_{1+2}钝角形弯向上方，接近R_5脉，但r_5室未封闭。

分布：北京。

注：与分布于欧洲的*Morinia doronici* (Scopoli, 1763)较为接近，或为该种。《中国动物志》昆虫纲第六卷提到了*Morinia melanoptera* (Fallén, 1817)在黑龙江、吉林、辽宁和四川的分布（范滋德等，1997），但该种是*Morinia doronici* (Scopoli, 1763)的异名，且分布中并没有列出亚洲（Gisondi et al., 2020）。北京5～9月见成虫于灯下。

雄虫（顺义共青林场，2021.IX.7）

雌虫（顺义共青林场，2021.VIII.26）

沈阳绿蝇

Lucilia (*Luciliella*) *shenyangensis* Fan, 1965

雄虫体长9.6～10.0毫米。体具铜绿色光泽，胸部以黄铜色、腹部以铜绿色为主。复眼裸，相互接近。触角第3节约为第2节长的3倍。中胸背板具中鬃2+2，背中鬃3+3，其中中沟后前1对中鬃的位置位于第2对背中鬃之后，前2个背中鬃的距离稍大于后2个（远不到2倍）。R_{4+5}脉正面小鬃分布达至横脉略过半，反面则达3/4；上腋瓣白色，外缘毛白色（但内半部褐色），下腋瓣灰色，周缘白色。第3腹节背板无中缘鬃。肛尾叶稍短于侧尾叶。雌虫两复眼明显分开。

分布：北京、陕西、宁夏、甘肃、内蒙古、黑龙江、吉林、辽宁、山西、河南、四川、贵州、云南；朝鲜半岛，俄罗斯。

注：本种原为南岭绿蝇*Lucilia* (*Luciliella*) *bazini* Seguy, 1934的一个亚种，几个亚种均已提升为种，相互之间的差异非常细微。本种触角第3节约为第2节的3倍长，侧阳体端突长而弯曲，稍超过下阳体的前缘。北京6月可见成虫访问珍珠梅的花。

雄虫、阳茎侧面观（构树，海淀西山，2021.VI.22）

翼尾蚓蝇

Onesia (*Pellonesia*) *pterygoides* Lu et Fan, 1982

雄虫体长7.5毫米。体具暗铜绿色光泽。复眼靠近，最窄处约为后两单眼距的2倍；间额基部宽，向头顶变窄，基部具10余条纵皱（向头顶缩减）。中胸背板具中鬃2+3，背中鬃3+3，第1排中鬃连线位置明显落后于第1排背中鬃的位置，第2排4根鬃的位置相似，中鬃稍微超前；肩鬃3（几乎成一线）。翅稍带褐色，R_{4+5}基部5根毛（正反面一样）。

分布：北京*、山西。

注：本属已知食性的种类均寄生蚯蚓。外形与丝光绿蝇相近，本种的雄虫肛尾叶很特殊（与属内很不相同），短粗，后面观端部粗圆，侧观时其内侧向下斜生1黑色粗刺。北京7月可见成虫。

雄虫前翅及尾器侧面观（已去除一侧的侧尾叶）（房山蒲洼，2021.VII.9）

栉跗粉蝇

Pollenia pectinata Grunin, 1966

雄虫体长约10毫米。两复眼几乎相接，额宽约为前单眼宽；覆灰白色粉被，侧颜上部具暗黑斑，后头被黄色柔毛。胸前缘覆灰白色粉被，沟前略可见4条细纵纹，被金黄色绒毛，两侧及小盾片后缘更明显，中鬃2+3，背中鬃2+3。翅透明，r_{4+5}室开放，其开放处长稍短于r-m横脉，中脉心角小于直角，心角后缘稍凹入。

分布：北京、内蒙古、黑龙江、辽宁；俄罗斯，蒙古国，欧洲。

注：北京10月可见成虫。

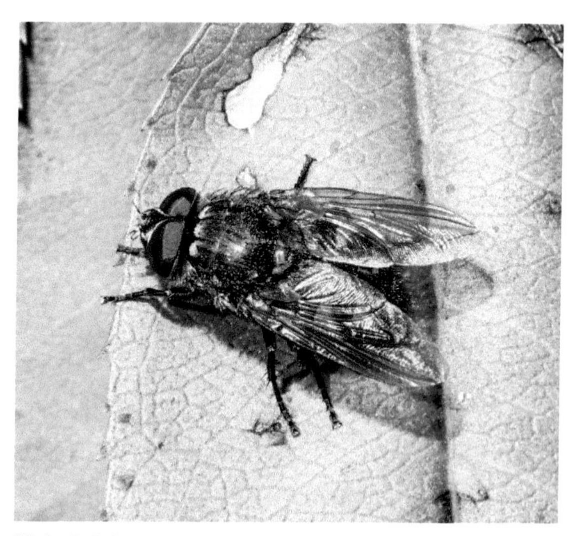

雄虫（山桃，密云雾灵山，2019.X.17）

陕西粉蝇

Pollenia shaanxiensis Fan et Wu, 1997

雄虫体长6.5～6.8毫米。体黑色。两复眼接近；额红棕色，边缘黑色；触角及基部褐色，触角第2节具1强毛，第3节背面稍暗；触角芒羽状；颜堤及颊前角黄棕色至红棕色；下颚须黄色。中胸背板具稀疏的金黄色粉被，小盾片具3对缘鬃和1对心鬃。翅透明，褐色，翅外侧略浅，r_{4+5}室近于封闭。腹部略带古铜色光泽。侧阳体端突“人”字形，黑色，末端钝，稍长于阳体腹突，后者末端尖，下阳体侧翼腹面锯齿形。

分布：北京*、陕西、甘肃。

注：粉蝇的幼虫通常寄生于蚯蚓体内，种间外形较为相近。北京4月、9～10月可见成虫，具趋光性。

雌虫（房山富合，2021.X.12）

雄虫及阳茎侧面观（房山富合，2021.X.12）

蒙古拟粉蝇
Polleniopsis mongolica Séguy, 1928

雄虫体长6.9毫米。体黑色。触角黄色，第2节近端部具1鬃，触角芒羽状，第2节不长于宽，第3节基部黑褐色。额宽稍大于两后单眼间距，间额前端宽，向顶部收窄，前部具10余条纵皱；颜脊宽粗，侧颜上大部具黑毛；颊在复眼下方及髭角红棕色，高约为复眼高之半；须黄色。中胸具中鬃1+2，背中鬃2+3，无卷曲的毛，沟后翅内鬃2，翅上鬃3。下腋瓣基部具黑色毛。

分布：北京、陕西、宁夏、青海、内蒙古、吉林、辽宁、河北、山西、河南、山东、江苏、上海、湖北；日本，俄罗斯，蒙古国。

注：国内过去描述的中胸中鬃数量为1+3（如范滋德等, 1965），现为1+2（范滋德等, 1997），其他特征也不尽相同。北京8月见成虫于灯下。

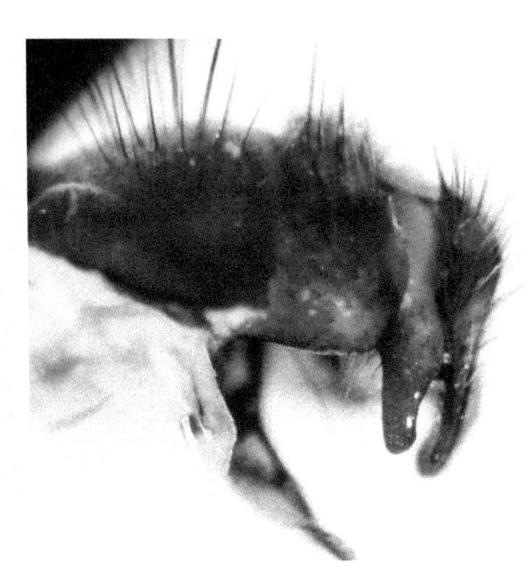

雄虫及尾器侧面观（海淀西山，2021.VIII.26）

不显口鼻蝇
Stomorhina obsoleta (Wiedemann, 1830)

体长6.7～7.5毫米。体暗褐色，具众多粗黑点。触角第2节棕色，端节黄白色，口器很长，像大象的鼻子，在吸食花蜜时会伸出长长的口器；复眼上具彩虹条纹。前胸背板无纵条纹。翅透明，近端部具1烟褐色斑。

分布：北京、陕西、宁夏、甘肃、黑龙江、吉林、辽宁、内蒙古、河北、天津、山西、河南、山东、安徽、江苏、上海、浙江、江西、湖北、湖南、四川、贵州、福建、台湾、广东、广西、云南、西藏；日本，朝鲜半岛，俄罗斯，密克罗尼西亚。

注：鼻蝇科是1小科，我国已知约百种，过去曾作为丽蝇科的一个亚科。成虫喜访花，常见它们吸食花蜜，有时也会吸食人体上的汗水；北京5～11月可见成虫，9月上旬是最常见的访花昆虫之一。

雄虫（槐，北京市农林科学院，2018.VII.10）

侧突库麻蝇
Kozlovea cetu Chao et Chang, 1978

雄虫体长11.2毫米。体黑色，具白或灰白色粉被。额为复眼宽的0.57倍，无外顶鬃，内顶鬃最强大，侧颜具稀疏的黑毛，颊被黑毛，后头被白毛，后头在眼后鬃后方具3～4行不规则排列的黑毛。触角黑色，触角芒长羽状；下颚须黑色，末端略粗，上弯。中胸背板可见3条粗大的暗黑色纵纹，中条纹延伸至小盾片；中鬃仅具1对盾前鬃，背中鬃3+3，腹侧片鬃2+1，小盾片鬃3+1。翅中脉心角至横脉的距离小于至翅缘的距离，赘脉明显。腹部第3背板具1对中缘鬃，第5腹板侧叶内缘中部具密刺。

分布： 北京、西藏。

注： 模式标本产地为北京百花山和西藏察雅（赵建铭和张学忠，1978），可见其分布较广。北京9月可见成虫在石块上日光浴。

雄虫及尾器等侧面观（房山史家营，2021.IX.2）

红尾粪麻蝇
Sarcophaga africa (Wiedemann, 1824)

雄虫体长约10毫米。体黑色，具灰黄色至灰白色粉被。额宽约为复眼的0.6倍；眼后鬃2行，第3行不完整；颊具黑毛，其中后半部为淡色毛。胸背板具3条黑色纵条，中鬃缺如，沟后背中鬃5～6根，越往前越弱，仅后2根强壮。腹第7+8合腹节具强大的缘鬃，其长度与红色的第9腹节长相近。

分布： 北京、陕西、宁夏、甘肃、青海、新疆、内蒙古、黑龙江、吉林、辽宁、河北、山西、河南、山东、江苏、浙江、福建、湖北、湖南、广东、重庆、四川、云南、新疆；古北区，印度，尼泊尔，非洲，美洲，夏威夷。

注： 曾归于*Bercaea*属，现为*Sarcophaga*属下的亚属；国内曾用的名称有*Bercaea haemorrhoidalis*、*Bercaea cruentata*。孳生于人畜粪便及腐败的动物质中，北京4月可见成虫。麻蝇科的种类在外形上非常接近，雄性尾器等的核对是需要的。

雄虫（丰台北宫，2021.IV.16）

酱麻蝇
Sarcophaga dux Thomson, 1869

雄虫体长9.5毫米。体灰色，中胸具3条黑色纵纹（中条纹直达小盾片后缘）。触角第3节黑色，下颚须黑色，颊部具白毛，下缘具少许黑毛。中足胫节无长毛。第5腹板红棕色，呈2纵条，其内侧赤色，具刺状粗黑毛，端部毛细长；肛尾叶强壮，在近中部（后面观）向外侧突出。

分布：北京、宁夏、甘肃、内蒙古、黑龙江、吉林、辽宁、河北、河南、山东、江苏、安徽、浙江、福建、台湾、湖北、广东、广西、海南、四川、云南；古北区，东洋区。

注：归于*Liosarcophaga*亚属内，有些文献把此亚属提升为属。常见种，可在粪便和腐肉中繁殖，被认为具有重要的法医价值。

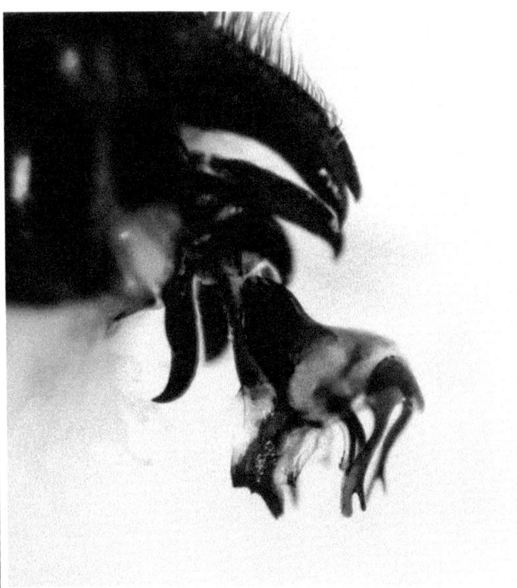

雄虫及雄性外生殖器侧面观（北京市农林科学院，2022.IV.22）

蜂麻蝇
Miltogramma sp.

雄虫体长约7毫米。头被淡黄白色粉被，具较弱的鬃；间额淡黄棕色，两侧平行，稍宽于侧额；触角淡褐色，第3节短，不及前节长的2倍，触角芒黑色，长于触角第3节，基半部稍膨大。胸背具5条纵纹，中间及两侧的纵纹达后缘。腹部黑色，第3、第4背板前缘具灰白色横带，第5背板前缘两侧具灰白斑。

分布：北京。

注：外形与*Miltogramma taeniata* Meigen, 1824接近，该种触角黑色；西藏蜂麻蝇*Miltogramma* (*Pseudomiltogramma*) *tibitum* Chao et Zhang, 1988被认为是该种的异名（Zhang et al., 2015）。蜂麻蝇生活在蜜蜂类及泥蜂巢内。北京9月可见成虫访花。

雄虫（虎杖，北京市植物园，2018.IX.10）

双缨突额蜂麻蝇
Metopia argentata Macquart, 1851

雄虫体长6.4毫米。体黑色，具银白色粉被。额部全部覆银白色粉被，近头顶处稍薄，间额在单眼前呈三角形，前半部合并成一线，其两侧无额鬃。翅透明，翅肩鳞黑色，前缘基鳞黄色，R_{4+5}脉在r-m横脉前具小鬃，M_{1+2}脉末段的角前段小于心角至翅后缘之间的距离。腹部第2～4背板具1对中缘鬃（与侧缘鬃不相连），第5背板具1列缘鬃，第3、第4背板具"山"字形黑纹，其两侧纵纹由于不同视角可被两侧的银白色纹所影响（全部或部分）。

分布： 北京*、河北、台湾、四川、云南、西藏；俄罗斯，欧洲。

注： 与白头突额蜂麻蝇*Metopia argyrocephala* (Meigen, 1824)很接近，该种位于侧额的银白色粉被仅限于前半部分；间额线状区未见额鬃，暂定为本种。本属幼虫盗寄生，生活在多种胡蜂、隧蜂、泥蜂等巢内，可取食花粉或被蜂麻痹的猎物。北京8月见成虫在林缘活动。

雄虫及头部（山葡萄，平谷金海湖，2016.VIII.5）

棕尾别麻蝇
Sarcophaga peregrina (Robineau-Desvoidy, 1830)

雄虫体长约9毫米。体黑色，具灰白色至灰黄色粉被。额具后倾上眶鬃1根，内倾下眶鬃14根，侧颜具1列黑毛，颊具黑毛，后方1/2长度内具白色毛。胸背具3条黑色纵条，两侧各有1条较细纵条；沟后具1对盾前中鬃，5对背中鬃（前3根较弱）。翅肩鳞黑色，前缘基

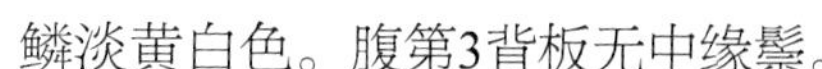

鳞淡黄白色。腹第3背板无中缘鬃。

分布： 中国广布；日本，朝鲜半岛，俄罗斯至欧洲，南亚，东南亚，澳大利亚，夏威夷。

注： 归于*Boettcherisca*亚属，一些文献把*Boettcherisca*独立成属。幼虫主要孳生于人粪和厕所内，亦可孳生于屠宰场废弃物，以及发酵物质，如醋渣中，可寄生松毛虫（可从蛹中育出），也是重要的法医学昆虫。成虫偶尔会入室。

雄虫（葡萄，昌平王家园，2014.VIII.12）

雄虫头部（海淀紫竹院，2014.V.5）

长角邻寄蝇
Acompomintho sp.

雌虫体长4.0毫米，翅长2.5毫米。体黑色。间额红褐色至黑色，侧额、侧颜覆银白色粉被；触角第3节细长，约为宽的近5倍。中胸背板具2条银灰白纵纹，达小盾片，两侧尚有银灰色粉被。翅稍带烟色，翅脉褐色（基部的稍浅），中脉略近直角形并入R_{4+5}脉，中脉在两横脉之间的距离明显长于dm+m横脉的长度（20∶11）。

分布：北京。

注：邻寄蝇科 Rhinophoridae是一个小科，寄生等足目（如鼠妇），世界已知33属177种，我国仅记录了2种；本属已知4种（Cerretti et al., 2020），日本记录了2种*Acompomintho lobata* Villeneuve, 1927和*Acompomintho itoshimensis* Kato et Tachi, 2016（Kato and Tachi, 2016），本种的特征处于2种之间，对分布于我国甘肃的*Acompomintho sinensis* (Villeneuve, 1936)缺少相关文献。北京6月、8～9月可见成虫。

雌虫（玉米，北京市农林科学院，2011.VIII.9）

柳蓝叶甲花寄蝇
Anthomyiopsis plagioderae Mesnil, 1972

雌虫体长约4毫米。体亮黑色，无粉被。头顶额宽与复眼宽相近或稍窄；触角黄棕色，第3节除基部外暗棕色，长约为第2节的1.9倍，触角芒裸。翅透明，r_{4+5}室开放，中脉在翅缘接近R_{4+5}脉，中脉心角弧形，至中肘横脉的距离约为至翅缘距离的5倍。

分布：北京*、山东、江苏；日本，土耳其，欧洲。

注：雄虫两复眼几乎相接。寄生柳圆叶甲*Plagiodera versicolora* (Laicharting, 1781)的幼虫，单寄生，老熟后钻出寄主，在一旁化蛹；也可寄生蓝绿弗叶甲*Phratora vitellinae* (Linnaeus, 1758)等。北京5月可见成虫。

雌虫（柳，海淀车道沟，2003.V.31）

蛹（柳，海淀车道沟，2003.V.31）

短颏阿克寄蝇
Actia pilipennis (Fallén, 1810)

雌虫体长4.6毫米。头额稍宽于复眼，间额明显宽于侧额；触角第3节宽大，长约为最宽处的1.8倍，触角芒端半部黑褐色，第2节长为宽的3倍。中胸背板覆灰色粉被，略显纵条，具中鬃3（均弱）+3（前1对很弱），背中鬃3+4，小盾鬃4+1。翅R_1背面全部被小鬃（腹面裸），R_{4+5}的小鬃几达翅端，肘脉上的小鬃几达中肘横脉。腹部黑色，第3～5节基部具窄的灰白色粉被。

分布：北京、黑龙江、广东；日本，俄罗斯，蒙古国，欧洲。

注：幼虫寄生多种卷蛾科幼虫，如葡萄花翅小卷蛾*Lobesia botrana*和葡萄长须卷叶蛾*Sparganothis pilleriana*。在北京我们发现寄生榆白长翅卷蛾*Acleris ulmicola*的幼虫，在卷叶内化蛹，7月可见成虫。

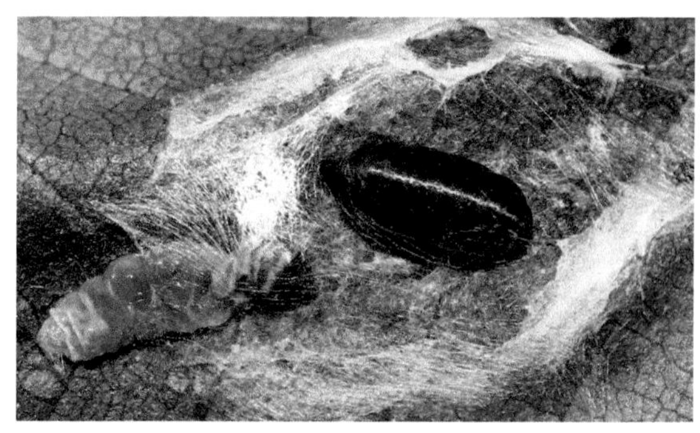
蛹（榆，平谷金海湖，2014.VII.22）

雌虫（平谷金海湖饲养，2014.VII.27）

雌虫（平谷金海湖饲养，2014.VII.28）

黑足突额寄蝇
Biomeigenia gynandromima Mesnil, 1961

雌虫体长9.4毫米，翅长8.8毫米。头黑色，复眼被淡色毛；触角黄褐色；额鬃有3～4根下降至侧颜，最前1根达梗节前缘，侧颜上方、额鬃下方被黑毛，中部宽约为触角第3节宽的2倍，髭显著位于口缘上方，颜堤鬃数量多，分布于颜堤的4/5；下颚须红黄色。中胸背板中鬃3+3，背中鬃3+3；小盾片缘鬃3对，心鬃1对，端鬃强大，明显长于小盾片，分开。翅透明，r_{4+5}室开放。足腿节黑褐色，腹面前半部红棕色，胫节和跗节红棕色。腹部黑色，腹部前2节侧面各具红棕色小斑。

分布：北京*、宁夏、黑龙江、吉林、辽宁、山西、广东；日本，俄罗斯。

注：本种雌虫足爪和跗垫较为粗大。北京5月见成虫于灯下。

雌虫（平谷白羊，2017.V.16）

蚕饰腹寄蝇

Blepharipa zebina (Walker, 1849)

雌虫体长18.0毫米。体暗黑色。额宽约为复眼宽的3/5，侧额具金黄色粉被，后头具黄色绒毛；触角第1～2节红褐色，第3节黑色（基部亦红褐色）；下颚须暗褐色，端部1/3黄褐色。胸背具不连贯的黑纵条；小盾片黄褐色，基部黑色，具4对缘鬃和1对心鬃。腹部第3、第4节被厚粉，位于基半部；第2～4节两侧具红棕色大斑（乙醇泡后才能见）；第3背板无中缘鬃，具1根侧缘鬃。中足胫节3根前背鬃（端部还有1根）。腋瓣杏黄色。

分布： 北京、陕西、宁夏、甘肃、内蒙古、黑龙江、吉林、辽宁、河北、天津、山西、河南、山东、江苏、上海、安徽、浙江、江西、福建、台湾、湖北、湖南、广东、广西、海南、四川、重庆、贵州、云南；日本，俄罗斯，南亚，东南亚。

注： 雄虫额较窄，约为复眼宽的1/2，前足爪及跗垫明显长于第5跗节。寄主较多，如家蚕、柞蚕、多种松毛虫、多种毒蛾等，我们曾从栎纷舟蛾的蛹中养出。成虫具趋光性。

雄虫（桑，平谷东长峪，2018.V.29）

雌虫（平谷白羊，2018.V.30）

尖音狭颊寄蝇

Carcelia bombylans Robineau-Desvoidy, 1830

雄虫体长8.8毫米。复眼密被毛；额为复眼宽的0.6倍，间额两侧缘近于平行，与侧额宽相近。中胸背板具5条黑纵纹；小盾片黄褐色，基缘黑色。翅透明，中心角近于直角，稍内凹后伸向翅缘。前足爪较长，明显长于第5分跗节。腹部两侧具暗黄色斑，覆灰白色粉被，具黑色中线，第3、第4节后缘具黑色横带；第3、第4背板无中心鬃。

分布： 北京、内蒙古、黑龙江、吉林、辽宁、山西、河南、山东、江苏、安徽、上海、浙江、江西、福建、台湾、湖北、湖南、广东、广西、香港、海南、重庆、四川、贵州、云南、西藏；日本，俄罗斯，欧洲。

注： 幼虫寄生枯叶蛾、灯蛾、毒蛾；北京7月可见成虫，具趋光性。

雄虫（延庆米家堡，2014.VII.2）

灰腹狭颊寄蝇

Carcelia rasa (Macquart, 1849)

雌虫体长约9毫米。体黑色，覆灰白色粉被。头侧额覆黄色粉被，具外侧额鬃，侧额宽于间额；外顶鬃发达，与眼后鬃区别明显。胸部具5条黑纵纹。腹第3、第4背板后缘具黑色横纹，被黑毛，无中心鬃，第3背板具2根短的中缘鬃，长度不及背板长的1/2，第4背板具1行缘鬃，第5背板具密集粗长的鬃状毛。

分布：北京、陕西、黑龙江、吉林、辽宁、河北、山西、江苏、上海、浙江、安徽、江西、福建、湖南、广东、广西、海南、四川、贵州、云南；日本，俄罗斯，中东，欧洲。

注：雄虫的外侧额鬃缺如，外顶鬃退化，与眼后鬃无区别。寄生古毒蛾的幼虫。北京6月可见成虫。

雌虫背面和侧面（美国薄荷，昌平王家园，2013.VI.3）

小龙门狭颊寄蝇

Carcelia sp.

雄虫体长8.8毫米。体黑色，全身覆灰白色粉被。复眼裸，触角、侧额、颊（除上部1/3及前侧缘棕色）、侧颜（除内缘）、单眼区、足（胫节稍棕色）黑色，间额棕红色，口上片黄色；须棕色，基部及端部稍暗；喙黄色，基喙后侧黑褐色。中胸盾片中鬃3+3，背中鬃3+4；小盾片黑色，后缘褐色，心鬃1对，缘鬃4对，其中端鬃平行向后，不交叉。翅透明，中脉心角圆钝，心角至外缘的距离小于心角至中肘横脉的距离，R_{4+5}基部具3根或4根小鬃。

分布：北京。

注：与优势狭颊寄蝇*Carcelia dominantalis* Chao et Liang, 2002很接近，该种间额黑色，须黄色，且肛尾叶端部较细（赵建铭和梁恩义，2002）。北京5月见成虫于灯下。

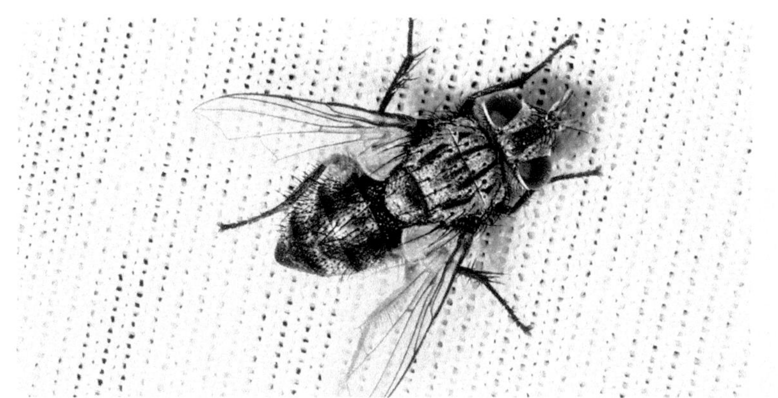

雄虫、尾器及阳茎侧面观（门头沟小龙门，2013.V.23）

中介筒腹寄蝇
Cylindromyia intermedia (Meigen, 1824)

雌虫体长9.8毫米。体黑色，具银灰色粉被。触角第3节长约为宽的4倍；后头上半部两侧各具12根小黑鬃。沟后背中鬃与翅上鬃之间裸；小盾缘鬃2对，端鬃小，不及亚端鬃之半，交叉。翅透明，脉及周围颜色较深；R_{4+5}基部正反面具2～3根小黑鬃，r_{4+5}室具短柄，柄明显长于r-m横脉，中脉中心角尖锐，具赘脉。腹部第2～4背板均具前移的中缘鬃1对及侧缘鬃1对。

分布：北京*、新疆、内蒙古、黑龙江、河北；俄罗斯，蒙古国，中亚，中东，欧洲，北美洲。

注：本种腹部红色部分有变化，并可扩大至第4节，无连续的黑中条。北京6月可见成虫于林下或菜地。

雌虫（沙参，房山蒲洼，2021.VI.24）

花白拟迪寄蝇
Demoticoides pallidus Mesnil, 1953

雄虫体长8.3～10.3毫米。体红黄色，具黑纹，额及胸背覆金黄色粉被。眼具稀疏的淡黄色长毛；喙长于头高（23∶22）；颊高为眼高的0.39倍；触角黄色，第3节端大部褐色，触角芒具短毛；须细长，黄色，端部暗褐色。中胸背板具中鬃2+3，背中鬃3+3。翅透明，翅脉两侧稍带褐色，R_{4+5}基部具4根短鬃。足黄色，跗节黑色；后足胫节近端后腹鬃明显短于前腹鬃。腹背中央具黑色纵条，可缩减；第1+2合背板无中缘鬃，腹面中央两侧具黄毛，第3、第4节具1对中缘鬃，无中心鬃。

分布：北京、陕西、辽宁；日本，朝鲜半岛，俄罗斯，印度，马来西亚至澳大利亚。

注：又名白拟解寄蝇、白邻寄蝇。北京6～9月可见成虫访问荆条花，或见于灯下。

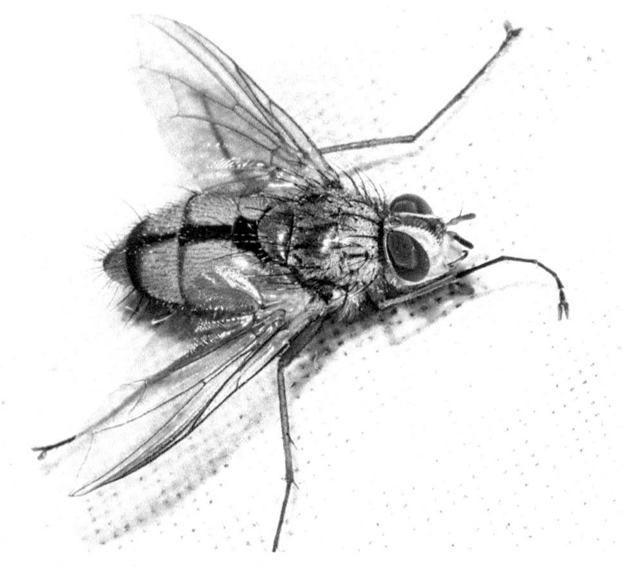

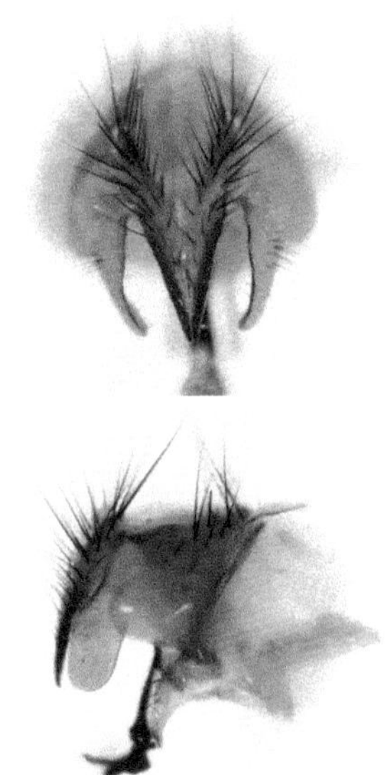

雄虫、尾器等侧面和后面观（平谷梨树沟，2020.VI.11）

中华长足寄蝇

Dexia chinensis Zhang et Chen, 2010

雄虫体长11.0毫米。头侧额具灰黄色粉被；触角黄色，触角芒羽状；颜中脊明显。胸部黑褐色，具灰黄色粉被，背板具4黑纵条；小盾片端部黄色，具3对缘鬃和1对心鬃。足黑褐色，胫节中部黄褐色。腹部背面中央具黑纵条，较宽，第1+2合背板无中缘鬃，具1根侧缘鬃，第3、第4背板具中缘鬃和侧缘鬃。

分布：北京、陕西、宁夏、河北、贵州。

注：与腹长足寄蝇*Dexia ventralis* Aldrich, 1925相近，该种体较小，足红黄色，腹第1+2合背板具中缘鬃。北京5月、7月可见成虫，具趋光性。

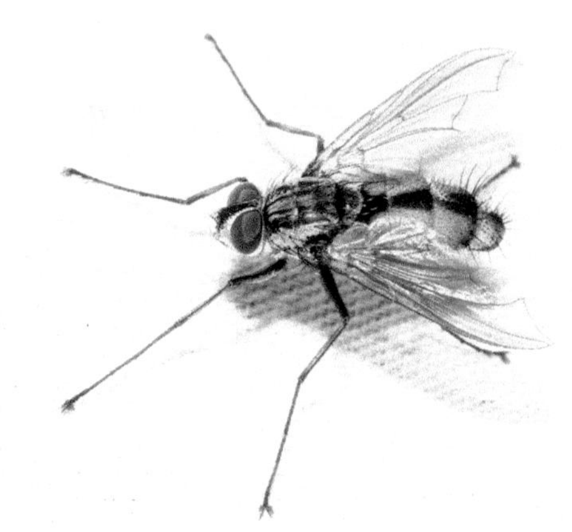

雄虫及尾器侧面观（房山蒲洼东村，2016.VII.13）

腹长足寄蝇

Dexia ventralis Aldrich, 1925

雄虫体长7.4～8.0毫米。体黄色，具黄色粉被和黑斑。额宽约为复眼宽的1/3；间额褐色至黑褐色，触角、触角芒黄色；触角芒长于触角，羽状。中胸背板具中鬃1+1～2，背中鬃3+3。腹部具黑色中条，达第4背板后缘（基部常不明显），第5节黑纹不连贯，第3～5节基部具明显的白色粉被，第3、第4节具1对中心鬃。雌虫额宽约为复眼宽。

分布：北京、陕西、内蒙古、辽宁、河北、山西、贵州；朝鲜半岛，俄罗斯，蒙古国，引入北美洲。

注：本种体表鬃的数量有变化（张春田等, 2016）。北京5～9月可见成虫，可待在玉米、大豆、田菁等植物叶片上日光浴，偶见于灯下。幼虫寄生丽金龟的幼虫。

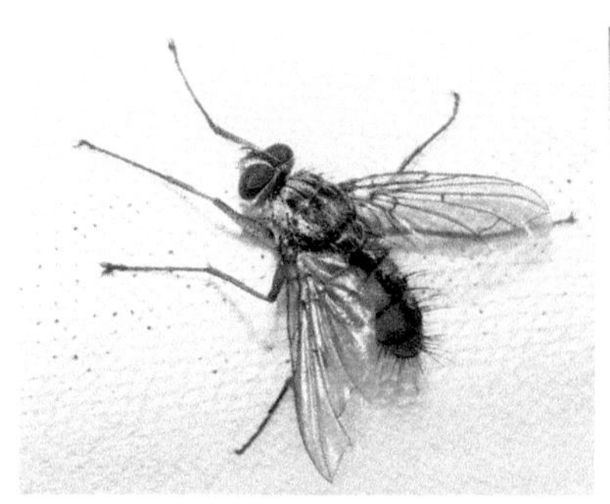

雄虫及尾器等侧面观（平谷白羊，2017.V.16）

雌虫（玉米，北京市农林科学院，2013.VI.30）

红足邻寄蝇

Dexiomimops rufipes Baranov, 1935

雄虫体长约7毫米。头黑色，具银灰色粉被；复眼裸，大，两复眼几乎相接。中胸背板具灰黄色粉被及4条暗色纵纹（在前端相连）。腹部长锥形，黄色，第1+2合背板中央黑色，具侧缘鬃1对，侧心鬃1对，第3背板具细长三角形黑纹，第4背板前大部中央及后部黑色。足黄色，腿节端及以下黑色，胫节中部常带棕色。

分布：北京、黑龙江、吉林、河北、浙江、台湾、广东、广西；日本，俄罗斯。

注：本种体细长，腹部近锥形，复眼大，易于识别。北京6月、8月可见成虫，停息在植物叶片上。

雄虫（艾蒿，门头沟小龙门，2016.VI.15）

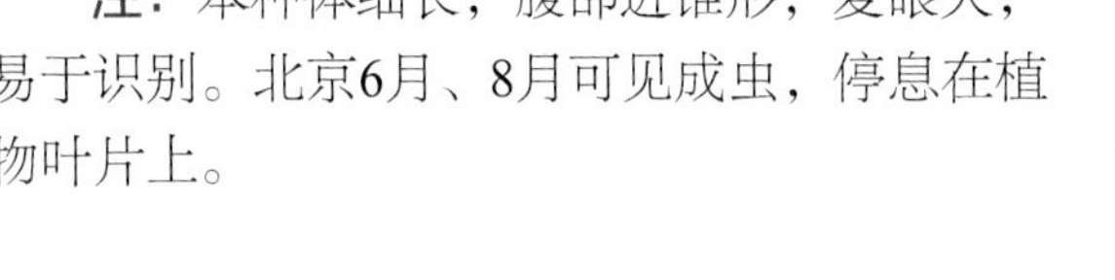

圆腹异突颜寄蝇

Ectophasia rotundiventris (Loew, 1858)

体长8.5～11.0毫米。头部侧额上半部黑色，其余棕黄色，覆金黄色粉被。胸部黑或黑褐色，覆灰黄或金黄色粉被；小盾片基部黑色或黑褐色，端部黄色。腹部橘黄色，腹部第4～5节具黑斑，有时黑斑会扩大。足黄色，腿节端、胫节两端及跗节黑色。雄前足爪及跗垫长于第5跗节，在雌虫中两者长度相近。

分布：北京、陕西、宁夏、内蒙古、黑龙江、吉林、辽宁、河北、山西、河南、浙江、台湾、湖北、四川、云南；日本，俄罗斯。

注：本种外形较为特殊。幼虫寄生同蝽科和蝽科，北京5～11月可见成虫访花，如三裂绣线菊、辽藁本、短毛独活等，或偶见于灯下。

雄虫（叶下珠，房山蒲洼，2021.VI.24）

雌虫（门头沟小龙门，2013.XI.4）

粉带伊乐寄蝇

Elodia ambulatoria (Meigen, 1824)

雄虫体长4.8毫米。黑色。复眼裸，额稍宽于复眼；侧颜覆银灰色粉被，额鬃3根下降至触角芒着生处的位置；侧额及侧颜具很稀疏的黑毛；颜堤在髭上方仅具4根鬃，约至堤高之半；须黑色，细。中胸背板前端具银灰色粉被，具中鬃2（或3，但第1根较弱）+3，背中鬃2+3；小盾片具2对缘鬃，无端鬃和心鬃。翅R_{4+5}基部具2～3根小鬃（反面1～2根），中肘横脉至心角的距离与其至中横脉的距离相近。腹第3～5节前缘具银灰色横带，第1+2合背板凹陷不达后缘，具1对中缘鬃，第3、第4背板各具1对心鬃，第5节亦具1对心鬃。

分布：北京*、河北、天津；俄罗斯，蒙古国，欧洲。

注：经检的标本与国内描述（赵建铭等，2009）稍有不同，第1+2合背板凹陷不达后缘，颜堤鬃较少，约达高之半，暂定本种。记载寄生谷蛾幼虫。北京5月见成虫于灯下。

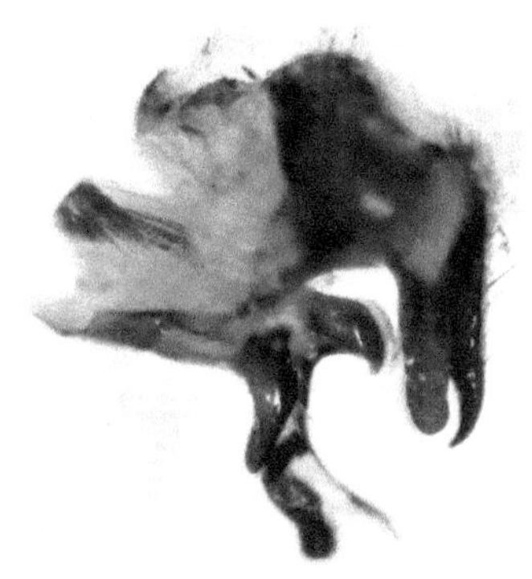

雄虫及尾器等侧观（房山蒲洼东村，2017.V.23）

日本追寄蝇

Exorista japonica (Townsend, 1909)

雄虫体长9.3毫米。体黑色。复眼裸，侧额具金黄色粉被；下颚须细长，黄色，基部褐色，约与后梗节等长。中胸背板具4暗黑纵条，有时中央具1细条，不明显，且远不达前缘；背鬃3+3，背中鬃3+4。腹第1+2节后缘中央具1对鬃，侧鬃2对；第3节后缘中央具1对鬃。肛尾叶细长，端部稍扩大呈矛尖状。雌虫体长10.5毫米，体色稍浅，足爪与第5跗节长度相近。

分布：北京、宁夏、甘肃、新疆、内蒙古、黑龙江、吉林、辽宁、河北、天津、山西、河南、山东、江苏、安徽、浙江、江西、福建、台湾、湖北、湖南、广东、广西、香港、海南、四川、贵州、云南、西藏；日本，南亚，东南亚。

注：寄主广泛，可寄生多种蛾类和蝶类幼虫，如黏虫、棉铃虫、玉米螟、舞毒蛾、菜青虫等；北京可从美国白蛾的蛹中养出。

雄虫头部及尾器后面观（大兴念坛饲养，2021.XII.7）

雌虫（大兴前安定饲养，2021.I.15）

琵琶甲优寄蝇
Eugymnopeza braueri Townsend, 1933

雌虫体长4.5毫米。体暗褐色至黑色，头胸部的鬃均较短小（有时难以区分鬃和毛）。眼裸（具非常稀疏的毛，稍长于小眼面宽）；额宽是复眼宽的1.3倍，中央具1沟，达单眼区，前端沟较深，鬃短小，内外顶鬃稍强；额、侧颜及颊均具黑色短刚毛；触角第3节宽大，长是第2节的1.5倍，触角芒具短毛，不长于其直径，第2节长稍大于宽；颊为眼高的1/4；下颚须黄色，喙短，唇瓣略长于前一节；后头具黑毛，中央无毛。中胸暗红色，背板稍暗，具很完整的横沟，（乙醇泡后）沟前具3条黑纵纹，沟后5条，基部黑色；中胸肩鬃3根，中鬃2+4～5，背中鬃2+6，翅内鬃0+4（前2根短小），肩鬃3，翅上鬃1，翅后鬃2；小盾片暗红色，具2对缘鬃，其中端鬃相距较近；足暗红色，腿节端部及以下黑褐色至黑色。腹部黑色，光亮，几乎无鬃。

分布：北京；蒙古国，奥地利，意大利。

注：新拟的中文名，从寄主。本种的颜色、胸背及足上鬃的数量有很大的变化，如中鬃 0～3+3～6，背中鬃 1～4+2～6，寄生步甲*Carabus scheidleri*、琵琶甲*Blaps gibba*的成虫（Cerretti and Mei, 2001），并认为分布于蒙古国的伊姆优寄蝇*Eugymnopeza imparilis* Herting, 1973为本种的异名，但没有正式归并。北京有后者的记录（赵建铭等，2009），我们认同Cerretti和Mei（2001），认为是同种，归并为同种：*Eugymnopeza imparilis* Herting, 1973, syn. nov.。北京5月见成虫于灯下。

雌虫及产卵管（房山蒲洼，2020.V.19）

黑瘦腹寄蝇
Gastrolepta anthracina (Meigen, 1826)

雄虫体长约5毫米。体黑色，具银灰色粉被。复眼裸；额颜部的鬃较弱；后头在眼后鬃下方具黑毛；触角芒羽毛状。中胸背板沟后具3根翅内鬃；小盾片具2对缘鬃，强大，无端鬃（或很弱小）。腹部具3条银灰色横带，第1+2 合背板中央凹陷仅在前半部，不达后缘。

分布：北京；塔吉克斯坦，欧洲。

注：国外记载幼虫寄生伪叶甲。北京记录于百花山（门头沟）（裴文娅等，2019），北京的个体其触角芒上的毛稍长于欧洲的个体。北京8月、11月可见成虫。

雄虫（昌平水南路，2013.XI.7）

家蚕追寄蝇

Exorista sorbillans (Wiedemann, 1830)

雄虫体长11.0毫米。体黑色。头部具灰黄色至金黄色粉被；复眼密被淡黄色毛；触角芒几乎裸，基半部膨大，第2节长于宽的2倍多；额鬃下降至触角第3节中部；侧颜上部具黑毛；颜堤鬃上伸不达中部；颊稍大于眼高的1/4，大部具黑毛，后方具柔白毛；须黄色，基部背面稍暗。胸腹部具灰白色粉被，小盾片端半部黄褐色，腹部两侧具红褐斑（第1+2合背板后缘至第4节前半部分，乙醇泡后可见）。中胸背板中鬃2+3，背中鬃3+4，翅内鬃1+3；小盾片具鬃4+1，端鬃弱，向后平伸，长约为亚端鬃之半。翅透明，R_{4+5}基部具5～6根黑鬃，排列松散，稍不达至横脉之半。

分布： 北京、黑龙江、吉林、辽宁、河北、山西、河南、山东、江苏、上海、安徽、浙江、江西、福建、台湾、湖南、广东、广西、海南、重庆、四川、贵州、云南；古北区，东南亚，大洋洲，非洲。

注： 本种归于*Podotachina*亚属；家蚕的重要害虫，也可寄生多种蛾蝶类（如苹掌舟蛾、马尾松毛虫）的幼虫。经检标本中胸具4条黑纵纹，肛尾叶并不对称，且两侧中部具耳状突，暂定为本种。成虫可见于灯下。

雄虫及尾器等侧面观（密云梨树沟，2019.VI.10）

饰鬃德寄蝇

Germariochaeta clavata Villeneuve, 1937

雌虫体长9.5毫米。体黑色。单眼区黑色，间额红棕色，侧额黑色；触角芒裸（具微毛），3节，均很长，第2节长于第1节，约为第3节之半；侧颜宽，最窄处宽于触角第3节；无下颚须。R_{4+5}基部具3根小鬃；r_{4+5}无柄，开放（接近封闭）。腹部第1+2合背节至第4节背面橙红色，第4节端部两侧各具1黑色横斑，第5节黑色，仅基部橙红色，窄；腹部背面无心鬃或缘鬃。

分布： 北京*、黑龙江、河北、江苏、福建；朝鲜半岛。

注： 过去曾误定为红筒腹寄蝇*Cylindromyia* sp.（虞国跃等，2016），筒腹寄蝇属的腹部具有发达的鬃，r_{4+5}室封闭且有柄。本种由于腹部背面无鬃，翅可以盖在腹部上。北京9月可见成虫。

雌虫（昌平王家园，2014.X.29）

乌苏里膝芒寄蝇
Gonia ussuriensis (Rohdendorf, 1928)

雄虫体长约10毫米。复眼裸；额黄色，宽大，头顶处额宽是头宽的0.46倍；触角橘黄色，下颚须黄色；后头上部具黄毛。胸部棕黑色，具黑毛；小盾片暗棕色。腹部黑褐色，前3节两侧具红宽色大斑，第1+2合背板凹陷伸达后缘，具中缘鬃，第3～4背板具直立鬃。

分布：北京*、黑龙江、辽宁、山西、上海；日本，朝鲜半岛，俄罗斯。

注：百花山记录了宽额膝芒寄蝇 *Gonia aberrans* (Rondani, 1859)（裴文娅等，2019），此种也有归在*Catagonia*属下。北京4月初可见成虫在地上晒太阳。

雄虫（门头沟小龙门，2016.IV.7）

普通膜腹寄蝇
Gymnosoma rotundatum (Linnaeus, 1758)

体长6～9毫米。头部及中胸前盾片覆金黄色粉被，中胸前盾片具4条褐色纵条斑，中间2条细长，两侧2条短粗，有时中胸背后两侧具粉被；小盾片黑色，后端常具浅色粉被。翅淡烟色，基部橘黄色，r_{4+5}室封闭，具短柄。腹基部黑色，中间后突，第3～5节背板中央各具1个圆形或椭圆形黑斑，斑纹可扩大与基部黑纹相连。

分布：北京、河北、河南、广西、四川、云南、西藏；日本，朝鲜半岛，欧洲、非洲。

注：本种体色（包括翅色）变化很大，过去从侧额黑色与否、中胸背板及小盾片粉被的多少区分多个种，现从分子数据确认古北区均为同一种（Lee et al., 2020）；通常雌虫颜色较深，粉被区域较小，腹部的斑纹较大。幼虫寄生蝽类（如斑须蝽），成虫喜欢访花，如甘菊、柽柳、兰香草、皱叶一枝黄花、韭、龙芽草等。

雌雄成虫（辽藁本，房山议合，2020.IX.15）

雌虫（柽柳，北京市农林科学院，2018.VII.10）

比贺寄蝇

Hermya beelzebul (Wiedemann, 1830)

雌虫体长10.2毫米。体黑色，具蓝色光泽。头具灰白色粉被，复眼裸；触角细长，第3节长约为宽的5倍，触角芒裸（具很短的小毛），基2节短小；颊大部分棕色，高约为复眼长的1/3；下颚须黑色。中胸背板具4条黑色纵纹；小盾片具3对缘鬃，无心鬃。翅R_{4+5}脉仅基部具5根小黑鬃，排列较疏（但远离r-m横脉），r_{4+5}室开放（或可闭合）；下腋瓣边缘（靠近小盾片一侧或全部）褐色。足黑色（可部分黄色）。雄虫头部侧颜等覆金黄色粉被。

分布：北京*、陕西、新疆、内蒙古、吉林、辽宁、山西、山东、江苏、安徽、上海、浙江、江西、福建、台湾、湖北、湖南、广东、广西、香港、海南、四川、贵州、云南；日本，南亚，东南亚。

注：本种从触角第3节细长、翅具蓝色光泽及足黑色可与其他种区分。记载幼虫寄生蝽类。北京6～7月见成虫于林下。

雄虫（栓皮栎，平谷东长峪，2018.VII.6）

雌虫（门头沟小龙门，2015.VI.17）

矮海寄蝇

Hyleorus elatus (Meigen, 1838)

雌虫体长7.8毫米。头黑色，被厚灰白色粉被。复眼具很稀疏长毛；触角第3节向端部扩大，长为第2节的1.5倍；额鬃下降至侧颜中部下（3/5处，触角第3节中部）；侧额鬃5根，抵达侧颜；侧颜向前收窄明显，中部宽度明显窄于触角第3节宽；颊高约为复眼高的2/15。胸部黑色，被灰白粉，明显可见2较粗的黑纵纹。R_1脉基半部具小鬃，R_{4+5}在基部2/3背面具小鬃（明显超过r-m脉，可达心角处），心角处的赘脉很长，M_1脉在翅缘与R_{4+5}脉相接。腹第3、第4节背板各具2对中心鬃。

分布：北京、黑龙江、辽宁、河北、山西、江苏、上海、浙江、广东、广西、四川；日本，俄罗斯，欧洲。

注：《王家园昆虫》记录的乡蜗寄蝇*Voria ruralis*为本种的误订，该种心角处的赘脉很短，M_1脉伸达外缘，不与R_{4+5}脉相接。记载可寄生黄毒蛾、盗毒蛾等的幼虫。北京6月、8月可见成虫，具趋光性。

雌虫（昌平王家园，2013.VI.18）

金黄莱寄蝇
Leskia aurea (Fallén, 1820)

雌虫体长约7毫米。头胸部覆金黄色粉被，腹部黄棕色，粉被很薄。中胸中鬃3+1，背中鬃3+3。腹第1+2合背板中央凹陷不达后缘，具1对中缘鬃，第3背板具1对中缘鬃，第4背板具1列缘鬃，均无中心鬃。

分布：北京、内蒙古、河北；日本，俄罗斯，欧洲。

注：过去我们记录的金黄彩寄蝇*Zenillia dolosa* (Meigen, 1824)（虞国跃，2017；虞国跃和王合，2018）为本种的误订。记载寄生透翅蛾属*Synanthedon*的幼虫。北京5月见成虫停息在榆叶上。

雌虫（榆，海淀彰化，2014.V.10）

午亮寄蝇
Leucostoma meridianum (Rondani, 1868)

雌虫体长5.0毫米。体黑色，光亮。复眼裸，额宽与眼宽相近；侧额具灰白色粉被；触角黑色，基2节稍浅，第3节卵形，短。中胸背板中部前缘及两肩角稍具粉被。翅透明，基半部翅脉黄褐色，M_1脉端部并入R_{4+5}，r_{4+5}室具较长的柄；下腋瓣大，平衡棒暗褐色。腹第1+2合背板具1对中缘鬃，第5背板后缘弧形内凹；腹部末端叶铗状，端部具1刺，腹面具一列4个刺（齿）。雄虫体长5.5毫米，额宽明显窄于眼宽。

分布：北京*；俄罗斯（远东），欧洲。

注：中国新记录属和种，新拟的中文种名，从学名。外形与我国记录的须卡莱寄蝇*Calyptromyia barbata* Villeneuve, 1915相像，该种体长8毫米，中胸背板具4黑纵条，翅M_1脉伸达翅缘，且在心角处具赘脉（Villeneuve, 1915）。北京5～6月、8月可见成虫，具趋光性。

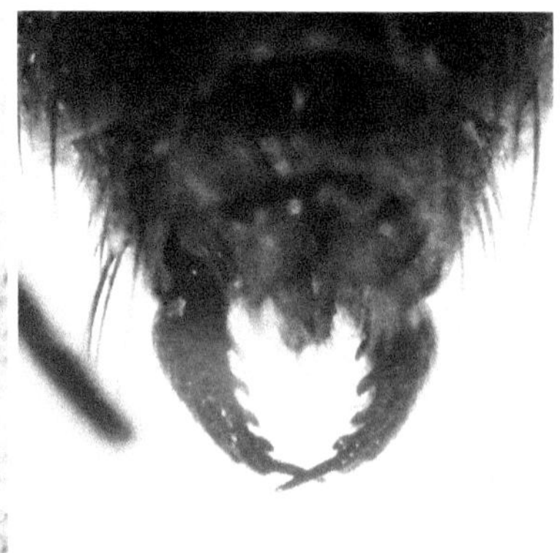

雌虫及腹末腹面观（昌平王家园，2013.VI.18）

雄虫（蒿，平谷北张岱，2018.VI.28）

多鬃麦寄蝇
Medina multispina (Herting, 1966)

雌虫体长5.0毫米。体黑色，覆银灰色粉被。触角较粗大，达口缘，触角芒裸，约基部1/3膨大，第2节长不大于宽；单眼鬃毛状，外顶鬃强（比额鬃都强壮），前倾上眶鬃2根，3根额鬃下降至触角第2节近末端；侧颜最窄处稍大于下颚须宽；颜堤鬃过颜堤之半；须、喙黄色。中胸中鬃2+3，背中鬃2+3，翅内鬃1+3，小盾片具3对缘鬃和1对心鬃（无端鬃），侧鬃小，亚端鬃及基鬃强。R_{4+5}基部正反面仅1根短黑鬃，前缘刺不明显强大；平衡棒淡黄色；上下腋瓣黄白色。腹部第1+2合背板凹陷达后缘，第2背板中缘鬃粗大，第3～5节均具1对中心鬃，第3、第4节腹面具黑色密毛斑。腹末第7背板锹形，完整，后缘稍圆突，侧面观基部厚，向前收尖，稍弯曲。

分布：北京*、辽宁、山西；欧洲。

注：我们未采集到雄虫，从雌虫腹面具黑色毛斑等形态与一些文献（赵建铭等，2009；张春田等，2016）描述的暗黑麦寄蝇*Medina melania* (Meigen, 1824)可能为同一种，Tschorsnig 和 Herting（1994）和刘家宇等（2007）并未描述该种第3、第4背板腹面具密毛斑，前文还给出了本种密毛斑的特征图，与我们经检的标本一致，但具淡黄色的平衡棒，与原始描述（Herting, 1966）的暗色平衡棒不同，暂定为本种。记录的寄主为苜蓿叶象甲*Hypera postica* (Gyllenhal, 1813)和纤毛象*Tanymecus palliatus* (Fabricius, 1787)。北京6月可见成虫。

雌虫及腹部腹面观（杭子梢，门头沟小龙门，2016.VI.15）

长肛短须寄蝇

Linnaemya perinealis Pandelle, 1895

雄虫体长13.5毫米。复眼被毛；后头在眼后鬃后方具少数黑毛，具浓密的白毛，侧下方黑毛较多，直达颊部；单眼区、侧额、侧颜上半部具小黑毛；下颚须细长，黄色，端部具3根黑长毛。小盾片5对缘鬃（即2根侧鬃）。翅肩鳞黑褐色，前缘基鳞黄色，R_{4+5}基部具8～10根小鬃（腹面也一样），占基部脉段的1/4强，中脉心角至翅缘的距离远大于其至横脉的距离（2倍多）。腹部两侧各具1大红黄斑（图上被粉所覆盖），从第2腹节的端部至第4腹节；第3、第4背板各具2对心鬃和1对中缘鬃。小盾片具5对缘鬃（即2根侧鬃）和1对心鬃（位于较侧的位置）。前足爪长于第5分跗节。

分布：北京、青海、新疆、内蒙古、黑龙江、吉林、辽宁、河北、天津、山西、重庆、四川、贵州、云南、西藏；日本，俄罗斯，蒙古国，哈萨克斯坦，欧洲。

注：经检标本与描述（赵建铭等，2009）稍有不同，侧尾叶末端具2枚小齿，暂定为本种。北京7月可见成虫。

雄虫及尾器等侧面观（短毛独活，门头沟东灵山，2014.VII.9）

黑寄蝇

Melastrongygaster sp.

雄虫体长7.6毫米，翅长6.0毫米。体黑色，稍带铜色光泽。复眼裸，两眼几乎接近；侧额及侧颜银白色，侧颜大部分无毛，颊中上部（近复眼处）带红褐色，颊密生黑刚毛，颊高约为复眼长的1/4；下颚须黑色。胸腹具众多鬃毛，腹第1+2合背板凹陷仅在基部，第3、第4背板有心鬃及中缘鬃。足黑色，后足腿节稍带棕色。

分布：北京。

注：外形近似于丽蝇科的粉蝇，本属是近年新建立的，仅知5种（Shima, 2015）。从雄虫尾器等看，与分布于缅甸的*Melastrongygaster kambaitiana* Shima, 2015相似，但该种第5腹板后缘的凹陷较浅，且端部的毛较短。北京4月可见成虫。

雄虫及尾器等侧面观（门头沟小龙门，2015.IV.17）

离麦寄蝇

Medina separata (Meigen, 1824)

雄虫体长5.8毫米。体黑色，较细长。触角达口缘；触角芒具短毛（短于触角芒直径），约基部1/3膨大，第2节长宽相近；单眼鬃毛状；额鬃下降至触角第2节近末端；颜堤鬃约达颜堤之半；下颚须黑色。第5腹板倒"U"形，其两侧前端具毛丛，毛端部明显向前弯曲。雌虫体长5.0毫米；腹第3、第4节腹面无黑色密毛斑。

分布：北京*、山西；日本，俄罗斯，欧洲。

注：与多鬃麦寄蝇*Medina multispina* (Herting, 1966)相近，该种腹节前缘具白色粉被。可寄生多种瓢虫（十星裸瓢虫、十星瓢虫等）和多种叶甲，北京的标本出自异色瓢虫成虫。

雌虫（北京市植物园饲养，2022.IV.2）

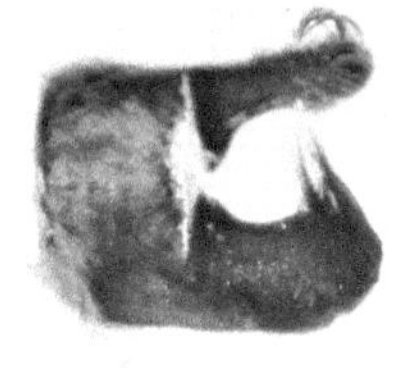

雄虫、第5腹板（腹面观，稍侧）和尾器等侧面观（北京市植物园饲养，2022.IV.2）

四斑尼尔寄蝇
Nealsomyia rufella (Bezzi, 1925)

雌虫体长5.5～5.6毫米。体黑色，覆灰色粉被。复眼密被长毛；额最窄处约为头宽的1/3，具2根伸向前的侧额鬃；触角基部2节红棕色，第3节稍深色。中胸背板具2条细长的黑纵纹，其外侧各具1对小短纹，沟后背中鬃4根；小盾片后缘稍带黄色。翅透明，r_{4+5}室封闭，无柄。中足胫节具1根前背鬃。腹部第3、第4节背板无中心鬃。

分布：北京*、辽宁、山东、安徽、福建、湖北、广东、广西；日本，中东，缅甸，老挝，泰国，越南，印度尼西亚，马来西亚，印度，斯里兰卡。

注：雄虫头顶额宽明显窄于复眼，无伸向前的侧额鬃。雌虫产卵于叶缘，卵很小，被寄主取食后才孵化；可寄生大袋蛾（1头幼虫可育出15只寄蝇）和茶袋蛾。北京9月可见成虫。

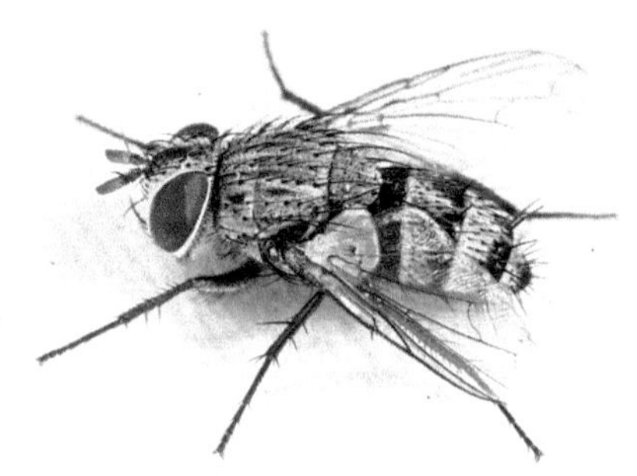

雌虫（海淀北坞饲养，2019.IX.19）

蛹（桃，海淀北坞，2019.IX.15）

萨毛瓣寄蝇
Nemoraea sapporensis Kocha, 1969

雌虫体长16.0毫米。体黑色。复眼被稀疏的毛；额覆金黄色粉被；触角红黄色，第3节端大部带黑色，触角芒黑色，基部2节短，第2节稍长，长宽相近；颊大部分红棕色，近前侧黑褐色；后头毛黄色。中胸背板具4黑纵条，小盾片红棕色，基部黑色。翅带烟色，基部黄棕色。雄虫额部无外侧额鬃，额约为复眼宽的1/2，腹部粉被明显，具黑色中纵条。

分布：北京、陕西、黑龙江、吉林、辽宁、河北、山西、河南、浙江、福建、湖北、湖南、广东、四川、云南、西藏；日本，俄罗斯。

注：本属的下腋瓣背面具有长毛。幼虫寄生苹蚁舟蛾、柞蚕等。北京6月、8～9月可见成虫，偶见于灯下。

雄虫（圆叶牵牛，平谷白羊，2018.VI.28）

雌虫（臭椿，延庆潭四沟，2020.IX.2）

半球突颜寄蝇
Phasia hemiptera (Fabricius, 1794)

雄虫体长11.2毫米。复眼裸，额宽与单眼三角区宽相近，侧额黑色，间额红棕色，颜黄色。胸部黑色，背板略带铜色，被黄色毛（胸侧的毛很细长）；小盾片黄色，具黑色短毛，基鬃和端鬃短小。翅半透明，具暗色斑纹，r_{4+5}室封闭，具柄，中脉与之相交呈锐角。足黑色为主，中足腿节基部及后足腿节大部黄色。腹部背面蓝黑色，侧缘及腹面黄色。

分布：北京、内蒙古、黑龙江、吉林、辽宁、河北；日本，俄罗斯，欧洲。

注：本种腹部斑纹大小有变化。雌虫翅透明，无斑纹。幼虫寄生半翅目蝽科。北京5月可见成虫。

雄虫（延庆松山，2018.V.23）

须额突颜寄蝇
Phasia barbifrons (Girschner, 1887)

雄虫体长4.3毫米。体黑色。复眼裸，上下部小眼大小相近；侧额、侧颜和颊均具黑色毛，以额部黑毛长、密；触角暗褐色，芒黑色；下颚须暗褐色（内侧颜色更浅），细长，端部略呈棒状。翅透明，r_{4+5}室闭合，具长柄，为R_{4+5}前段的0.3；平衡棒黄白色。

分布：北京*、山西、西藏；日本，俄罗斯，欧洲，越南。

注：本属世界已知75种（Sun and Marshall, 2003），多寄生蝽类（如盲蝽）。新拟的中文名，从学名；本种体小，侧额具胡须状浓密的黑色长毛，雄虫第9背板的两侧向后延伸，略呈卵形。北京8月可见成虫访花。

雄虫（华北前胡，房山蒲洼东村，2021.VIII.17）

小突颜寄蝇
Phasia pusilla Meigen, 1824

雄虫体长约4毫米。体黑色。复眼裸，上部小眼明显大于下部的小眼；侧额和颊黑色，具灰白色粉被，侧颜无毛；触角暗褐色，芒黑色；下颚须黑色，细长，端部棒状。翅透明，R_{4+5}室闭合，具长柄；平衡棒黄褐色。

分布：北京*、宁夏、内蒙古、黑龙江；日本，俄罗斯，

注：本种体小，为3～5毫米，侧颜无毛。图上R_{4+5}柄脉较短，约为R_{4+5}前段的0.37，并未达到0.45（Sun and Marshall, 2003）。幼虫寄生多种蝽类（如盲蝽）。北京4月可见成虫。

雄虫（昌平王家园，2016.IV.19）

红黄长须寄蝇

Peleteria honghuang Chao, 1979

雌虫体长11.0毫米。无单眼鬃；侧颜宽大，大于触角第3节，具很稀疏黑色和黄色短毛，下方具2根鬃；触角第3节短于第2节，暗褐色，基部黄棕色；须黄色，细长。中胸黑色，小盾片黄色。R_{4+5}脉基部背面具2根黑鬃（腹面4根），中脉心角至横脉的距离明显小于至翅缘的距离，心角处无赘脉（但有褶，似乎有赘脉）。腹部黄棕色，背中具较宽的黑中条，不达第5背板后缘；腹部的中条很窄，腹板很窄，几乎被背板所覆盖；腹部第1+2合背板凹陷达后缘，无中缘鬃，具1根侧缘鬃，侧缘具很多细黑鬃，第3背板具1对中缘鬃和1对侧缘鬃，侧缘仅基部具细黑鬃，第4节具1列缘鬃（12根）。足黑色，胫节暗褐色。

分布：北京、河北、山西、四川、云南、西藏。

注：经检标本是1雌虫，第5腹板呈长方形（向后缘略扩大），与原始描述（赵建铭，1979）并不相同，暂定为本种。北京4月可见成虫。

雌虫（门头沟小龙门，2014.IV.29）

黏虫长须寄蝇

Peleteria iavana (Wiedemann, 1819)

雄虫体长11.0毫米。间额红褐色，两侧缘向头顶显著缢缩；触角基2节红褐色，第3节及触角芒黑色，第3节宽大，端缘近于斜切；侧颜下部具2根强鬃；下颚须退化。小盾片中部具1组直立的钉状鬃，其中1对较粗大。前足爪长为第5跗节的1.7倍。腹部黄色，具黑色中条（不达第5节末）及灰黄色粉被。雌虫前足爪长与第5跗节相近。

分布：北京、陕西、宁夏、甘肃、内蒙古、河北、山西、河南、山东、江苏、上海、浙江、福建、台湾、湖南、广东、广西、香港、海南、四川、重庆、云南、西藏；日本，朝鲜半岛，俄罗斯，中亚至欧洲，马来西亚，印度尼西亚，非洲，大洋洲。

注：又名粘虫佩雷寄蝇、伊娃长须寄蝇。寄主包括黏虫、小地老虎、油松毛虫等。北京8月、9月可见成虫，可访花（薄荷、旋覆花、益母草等）。

雄虫（玉米，北京市农林科学院，2011.VIII.30）

雌虫（田菁，北京市农林科学院，2008.VIII.23）

双带蝽寄蝇
Pentatomophaga latifascia (Villeneuve, 1932)

体长6～7毫米。体黑色。头部侧额覆金黄色粉被，侧颜灰白色。胸部具2条金黄色横带，其中前一条伸达侧缘。前翅烟褐色。足黑色，腿节基部及转节红棕色。腹部红棕色，或各腹节具或大或小的黑褐色后缘。

分布：北京、浙江、台湾；日本，朝鲜半岛，俄罗斯，印度，马来西亚。

注：模式标本产地为台湾，浙江记录于慈溪。幼虫寄生茶翅蝽，老熟幼虫从寄主成虫中钻出化蛹。北京5月、8～9月可见成虫，访问皱叶一枝黄花。

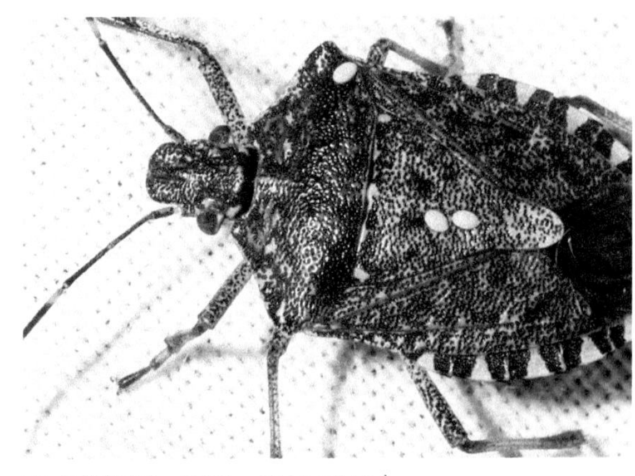

卵（茶翅蝽，平谷，2018.VI.28）

雄虫（平谷金海湖，2013.VIII.15）

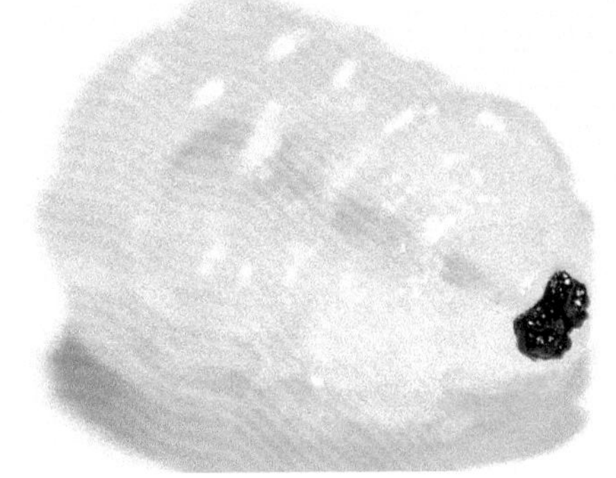

幼虫腹末（平谷白羊饲养，2018.IV.21）

金龟长喙寄蝇
Prosena siberita (Fabricius, 1775)

体长6.5～12.8毫米。雄性额宽约为头宽的1/4，雌性约为1/3。头具白色粉被，间额淡棕黄色；前颏（喙）细长，明显长于头高，下颚须黄色，短小，明显短于触角第3节。前胸侧板和腹部腹面基部密被苍白色毛；胸部底色黑色，具淡黄色粉被，隐约可见4条黑纵纹。腹部第1+2合背板具2根中缘鬃。足黄色，跗节黑色。

分布：北京、陕西、甘肃、内蒙古、黑龙江、吉林、河北、山西、河南、福建、台湾、湖北、广东、海南、四川、云南、西藏；日本，俄罗斯，蒙古国，印度，中亚，东南亚，欧洲，美国，澳大利亚，非洲。

注：雌虫产幼虫于地面，1龄幼虫入土寻找金龟子幼虫，如铜绿丽金龟、华北大黑鳃金龟等。北京6～10月可见成虫，可访菊、黑心金光菊、串叶松香草、皱叶一枝黄花、狭叶珍珠菜、旋覆花等的花。

雄虫（黑心金光菊，北京市农林科学院，2017.VI.20）

裸等鬃寄蝇
Peribaea glabra Tachi et Shima, 2002

雄虫体长3.2毫米。体黑色。复眼裸，额宽大，稍大于眼宽，侧额覆灰白色粉被，间额黄褐色，明显宽于侧额，侧额具稀疏的黑毛（分布至稍过触角第2节端部），额鬃下降至稍不及触角第2节端部；触角基部2节红黄色，第3节黄褐色；须、颊黄色，颊宽稍不及眼高的1/4。中胸中鬃和背中鬃均为3+4。翅透明，R_1背面端部2/5和R_{4+5}基半部弱分布小黑鬃，中脉心角处至横脉的距离为前1段脉的近2倍。腹部黑色。足黑褐色，基节、转节和胫节黄褐色。

分布：北京、陕西、辽宁、台湾、广东、香港、四川；日本，俄罗斯。

注：原始记录体长为3.8～4.5毫米，寄生钩蛾*Oreta turpis* Butler, 1877(Tachi and Shima, 2002)。北京5～7月、9月可见成虫。

雄虫及尾器等侧面观（房山议合，2019.VI.25）

大嗜寄蝇
Schineria majae Zimin, 1947

雌虫体长约11毫米。体黑褐色至黑色，体表具灰白色粉被，腹部1～4节橙红色，有时腹背第3、第4节中央具黑色纵纹，橙红区的粉被呈斑块状，位于腹节的两侧。额宽约为复眼宽的1.4倍。前翅基半部淡褐色，端半部黑褐色，r_{4+5}室封闭，具短柄，长约与r-m脉相近。腹部第3～4节具心鬃。

分布：北京、甘肃、内蒙古、黑龙江、辽宁、河北、广西；俄罗斯。

注：又名马亚嗜寄蝇，牡丹江新寄蝇*Neoemdenia mudanjiangensis* Hou et Zhang为本种的异名（张春田等，2016）。北京7月可见成虫访问草木樨的花朵。

雌虫背面及侧面（草木樨，平谷金海湖，2014.VII.22）

隔离裸基寄蝇

Senometopia excisa (Fallén, 1820)

雄虫体长8.7～9.8毫米。体覆金黄色粉被。复眼具密毛；额具2根后倾的侧额鬃和9～10根内倾的侧额鬃，间额窄于侧额；下颚须黄色。中胸背板具竖立的黑毛，中鬃3+3，背中鬃3+4，翅内鬃1+3；小盾片黄色，基部黑褐色，具4对缘鬃和1对心鬃，及大量黑毛（向上）。足胫节黄色，两端黑褐色。腹前3节两侧（第3节及前节、后节的后缘、前缘）具黄棕色大斑，前2节背板具1对中缘鬃，无侧缘鬃，第4节具1列缘鬃。雌虫额部具1对发达的外侧额鬃，外顶鬃退化，与眼后鬃无区别。

分布：北京、陕西、甘肃、内蒙古、黑龙江、吉林、辽宁、河北、天津、山西、河南、山东、江苏、上海、安徽、浙江、江西、福建、台湾、湖北、湖南、广东、广西、香港、海南、重庆、四川、贵州、云南、西藏；日本，俄罗斯，南亚，欧洲。

注：又名隔离狭颊寄蝇。雄虫尾侧叶基部具弯钩形齿。北京9月可见成虫，寄生舟形毛虫。

雌虫及雄性尾器等侧面观（榆叶梅，延庆潭四沟，2020.IX.2）

东方裸基寄蝇
Senometopia orientalis Shima, 1968

雄虫体长7.8毫米。体覆金黄色粉被。复眼具密毛；额具黑毛，及2根后倾的侧额鬃和4根向内倾的侧额鬃，其中前2根下降至触角第2节端部，间额窄于侧额；侧颜具银白色粉被；触角基部2节黄色，第3节黑色；下颚须黄色；颊具黑毛，近后头具白毛，髭下方具4根黑鬃；喙短，唇瓣蘑菇伞状。中胸黄褐色，背板大部暗褐色，中鬃3+3，背中鬃3+4，翅内鬃1+3；小盾片黄色，具4对缘鬃和1对心鬃。足黄色，跗节密被黑毛。（乙醇泡后）腹部黄色，具黑色中纵条，第4节及第5节后缘黑色；前2节背板具1对中缘鬃和1对侧缘鬃，第4节具1列缘鬃。

分布：北京、山西、江苏、浙江、江西、福建、广西、四川、贵州、云南；日本。

注：又名东方狭颊寄蝇，原始描述体长9毫米，赵建铭等（2009）所附的侧尾叶与第9背板的结构图与Shima（1968）有些差异。目前尚不知其寄主。北京7月可见成虫。

雄虫及尾器等侧面观（蒿，房山议合，2019.VII.23）

火红寄蝇
Tachina ardens (Zimin, 1929)

雌虫体长 17.0 毫米。头覆金黄色粉被，触角黄褐色，第3节及触角芒暗褐色。胸部黑色，覆稀薄的黄褐色粉被，被黄色（或杂有黑色）绒毛；小盾片红黄色，具6～8根缘鬃，端鬃比两侧的2对弱，稍交叉。腹部黑色，各节的粉被中央窄，两侧宽，黑色区具黑毛，两侧及末端被金色毛。前足爪及爪垫长度与第5 分跗节相近（雄虫明显的长）。

分布：北京、陕西、甘肃、青海、宁夏、新疆、内蒙古、黑龙江、吉林、辽宁、山西、河南、山东、江苏、安徽、浙江、江西、福建、台湾、湖北、湖南、广西、重庆、四川、贵州、云南、西藏；俄罗斯，缅甸，中东。

注：幼虫寄生蛾蝶类（如西伯利亚松毛虫）的幼虫。北京8月可见成虫访花。

雌虫（蛇床，怀柔喇叭沟门，2014.VIII.26）

角野螟裸基寄蝇
Senometopia prima (Baranov, 1931)

雄虫体长7.2毫米。体黑色，具黄色粉被，腹两侧具较小黄褐斑（位于第2腹节后缘及第3腹节）。复眼被毛；后单眼明显大于前单眼，单眼鬃强；间额稍向前扩大，中部稍宽于侧额，额鬃7根，下降至触角第2节端部或触角芒着生点；触角第3节稍向端部扩大，端部接近口缘，距离约为其端部宽；触角芒裸，基部1/3稍膨大，第2节稍长于宽；颊窄（约为触角第3节宽的2/3）；下颚须黄色，棒形，具黑短毛；侧颜无毛（仅上部有些黑毛）。肩鬃3根成一线，中鬃3+3，背中鬃3+4。翅透明，R_{4+5}基部具2根小鬃。腹第3、第4背板后缘具黑色横带，无中心鬃，具中缘鬃。

分布：北京、黑龙江、山西、山东、江苏、上海、浙江、福建、台湾、湖南、广东、广西、海南、四川；印度，印度尼西亚，琉球群岛。

注：又名角野螟狭颊寄蝇。经检标本肛尾叶后面观端半部两叶分开，其内侧具5～6枚微齿，暂定为本种。记载可寄生蛾蝶类多种的昆虫，如短梳角野螟。北京8月见成虫于灯下。

雄虫及尾器等侧面观（密云五座楼，2013.VIII.20）

黄寄蝇
Tachina luteola (Coquillett, 1898)

雄虫体长17.5毫米。头覆金黄色粉被，侧额、头顶及后头黑色，颜（除侧颜上部黑色外）、颊黄色；侧颜具黄色稀疏毛。中胸背板黑色，侧缘、后缘及小盾片黄色，具黄毛，中鬃 3+3，背中鬃 4+4。R_{4+5}基部具6～7根小鬃，较分散；腋瓣、平衡棒黄白色。足黑色，但腿节端以下黄色，前足、中足具黄色绒毛，后足无黄色绒毛；前足爪及爪垫长等于第4+5跗节之和。腹部第1+2合背板具3对缘鬃，中间1对相距较远；第3背板具1列鬃。腹部黄棕色，具黑中条，背面具黑毛和金黄毛，其中基部2节两侧具黑毛区，第2～4节腹板宽三角形或梯形，具缘鬃；背板在腹面具黑毛，两侧及前缘具大量黄毛。肛尾叶尾面观长三角形，基大部密生黑长毛；侧尾叶仅在靠近肛尾叶处（基部）具黑毛，毛短。

分布：北京*、黑龙江、辽宁、浙江、四川；日本，朝鲜半岛，俄罗斯。

注：北京8月可见成虫。

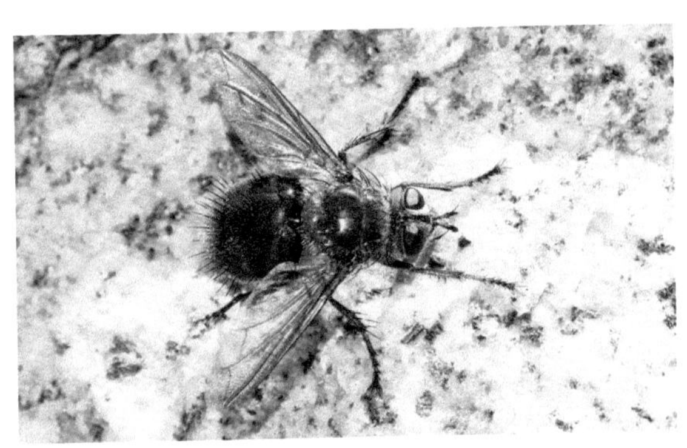

雄虫（怀柔喇叭沟门，2012.VIII.13）

黑尾寄蝇

Tachina magnicornis (Zetterstedt, 1844)

雌虫体长约12毫米。复眼裸，额稍宽于眼；间额红棕色，两端宽中部弧形收窄；头侧额外侧具3根外侧额鬃；触角第1、第2节黄色，第3节黑色，短于第2节。翅R_{4+5}基部具2根小鬃，中脉心角至翅缘的距离远大于其至横脉的距离（约2.5倍）。腹部红黄色，具黑色中纵条，延伸至第5背板；第2～4背板无心鬃（具中缘鬃）。

分布：北京、宁夏、新疆、内蒙古、黑龙江、吉林、辽宁、河北、山西；日本，朝鲜半岛，俄罗斯，蒙古国，中亚，欧洲。

雌虫（委陵菜，门头沟江水，2014.VII.9）

注：寄生多种夜蛾（如黄地老虎）及舞毒蛾等。北京7月见成虫访花。

怒寄蝇

Tachina nupta (Rondani, 1884)

雌虫体长约12毫米。头间额红褐色，其他被黄粉和金黄毛；复眼内侧具1～2根外侧额鬃，额鬃有2～3根下降至侧颜，排成伸向复眼的斜线；触角红褐色，第3节端大部黑褐色。胸部黑色，两侧及小盾片红黄色，整个胸部被灰色粉被，具4纵黑条。腹背红黄色，中央具黑色纵条，由基部向端部变窄，伸达第5腹节背板的中部，有时纵条缩减，仅达第3腹节中部。雄虫前足爪长，与第5分跗节大致等长。

分布：北京、陕西、甘肃、青海、新疆、内蒙古、黑龙江、吉林、辽宁、河北、天津、山西、浙江、湖北、广东、广西、四川、云南、西藏；日本，朝鲜半岛，俄罗斯，蒙古国至欧洲。

注：寄生蝶蛾类的幼虫，成虫可访问皱叶一枝黄花、翠菊、狭叶珍珠菜等的花。

雌虫（皱叶一枝黄花，北京市植物园，2018.IX.26）

黄白寄蝇
Tachina ursina Meigen, 1824

雌虫（门头沟小龙门，2016.IV.7）

雄虫体长约12毫米。体黑褐色。额较窄，小于眼宽之半；侧颜密被长毛，后头密被淡黄色绒毛。中胸具较浓密黄色毛和黑色毛；小盾片黄棕色，无端鬃。翅灰色透明，沿径中横脉具褐纹。腹部亮黑，覆薄粉，第3～5节后缘具较窄的灰白色粉带。

分布：北京、甘肃、辽宁、山西、浙江、四川、云南；朝鲜半岛，俄罗斯，欧洲。

注：未见有寄主记录。北京4月可见成虫在林下飞行和日光浴。

暗黑柔寄蝇
Thelaira nigripes (Fabricius, 1794)

雄虫体长9.2毫米。体黑色，腹部两侧各具1黄斑（位于第1+2合背板的后半部及第3节）。头部覆银白色粉被；触角黑色，触角芒羽状；额鬃下降至触角第2节中部，鬃下具黑毛，侧颜无毛；颊高约为复眼的1/8。中胸背板具中鬃3+3，背中鬃3+3；小盾片具鬃3+1。R_{4+5}脉在反面具4根小鬃，正面几达横脉处；中脉在心角处具很短的赘脉。腹部第3、第4节具心鬃。足较细长，爪长于第5分跗节。

分布：北京、陕西、甘肃、青海、内蒙古、黑龙江、吉林、辽宁、河北、天津、山西、河南、山东、江苏、安徽、上海、浙江、江西、福建、台湾、湖南、广东、广西、重庆、四川、贵州、云南、西藏；日本，俄罗斯，欧洲。

注：与巨形柔寄蝇*Thelaira macropus* (Wiedemann, 1830)相近，该种小盾片端大部红黄色，腹部以黄色为主。北京6月可见成虫。

雄虫及阳茎侧面观（黄瓜菜，房山蒲洼，2021.VI.24）

蜂寄蝇

Tachina ursinoidea (Tothill, 1918)

雌虫体长约15毫米。侧颜被黄白色毛，具2根外侧额鬃。中胸黑色，覆黄褐色粉被及黄棕绒毛，中鬃2+2，背中鬃4+3（4）。腹部卵圆形，两侧的黄斑不发达，覆灰白色粉被，在第3～5节背面形成清晰的横带，占背板长度的1/3～2/5，第1+2、第3、第4背板各具1行后缘鬃。

分布：北京、内蒙古、黑龙江、吉林、辽宁、河北、天津、山西、河南、山东、江苏、上海、浙江、江西、福建、台湾、湖北、湖南、广东、广西、海南、香港、重庆、四川、贵州、云南、西藏；印度，东南亚。

注：国内一些文献种本名误用*ursinoides*；中鬃2+2与描述的3+3不同（张春田等，2016），且腹部的灰白色横带较窄，暂定为本种。北京8月可见成虫访问短毛独活、风毛菊等的花。

雌虫（白芷，门头沟东灵山，2014.VIII.21）

乡蜗寄蝇

Voria ruralis (Fallén, 1810)

雄虫体长7.4毫米。头黑色，被厚灰白色粉被；复眼裸，头顶额宽大于复眼，外侧额鬃3对；触角第3节为前1节的1.5～1.8倍。胸部黑色，被灰白粉，具4条黑纵纹。R_1脉背面全长具小鬃，R_{4+5}背面的小鬃分布达r-m横脉，心角处的赘脉很短。腹第3、第4背板各具1对中缘鬃，无中心鬃，第5背板具1行中心鬃。肛尾叶（侧观）下缘中部具1齿突。

分布：北京、陕西、甘肃、新疆、内蒙古、黑龙江、吉林、辽宁、河北、天津、山西、河南、台湾、四川、云南、西藏；古北区，非洲，北美洲，澳大利亚。

注：记载可寄生夜蛾科（如粉斑夜蛾）和灯蛾科的幼虫。北京5月见成虫于灯下。

雄虫及肛尾叶侧面观（昌平王家园，2013.V.7）

芦地三角寄蝇
Trigonospila ludio (Zetterstedt, 1848)

雌虫体长约7毫米。体黑色，覆浓厚的黄白色粉被。间额黑色，侧额（近顶部分为黄白色粉被）、颜覆白色粉被。胸部前缘黑色，中央前端具“M”形黑纹，其两侧各具1独立黑斑，沟后具黑色横纹，不达翅基部，小盾片基大部分黑色，具3对缘鬃，无端鬃。腹第1+2合背板凹陷远不达后缘，第3、第4节背板具中心鬃。

分布：北京*、陕西、辽宁、山西、湖南、广西、四川、贵州、云南、西藏；日本，朝鲜半岛，俄罗斯，印度，缅甸，欧洲。

注：雄虫额明显的窄，且前足跗垫较长。目前不知其寄主。北京6月林下可见成虫。

雌虫（沙参，门头沟小龙门，2016.VI.15）

短角温寄蝇
Winthemia brevicornis Shima, Chao et Zhang, 1992

雄虫体长11.0毫米。复眼具稀毛；头覆白色粉被，侧额覆灰黄色粉被，额两侧向前明显扩大；侧颜具浅褐色稀长毛，下颚黄色，基部黑褐色；触角短，第3节长约为前一节的2.8倍，末端至口上片之间的距离几乎与前一节长相等。中胸背板具4条黑纵纹，肩鬃5根，中侧片鬃后方具浓密的黄色绒状色（端部卷毛状）；小盾片黄色，基部1/3黑色，具4对缘鬃和1对心鬃。前翅r_{4+5}室开放，R_{4+5}在基部具1根黑鬃；M脉心角处无赘脉。腹部第2～4节两侧具黄斑，第1+2、第3背板无中缘鬃，具1根侧缘鬃，第4、第5节腹面无密毛斑。足黑色。

分布：北京*、宁夏、辽宁、云南。

注：经检标本腹部第1+2节、第3节背板无中缘鬃，与原始描述不同（Shima et al., 1992），本种的第5腹板很有特色，其两内缘中部各具黑褐色瘤状突。北京9月可见成虫。

第5腹板及尾器等侧面观、雄虫（昌平王家园，2011.IX.18）

灿烂温寄蝇

Winthemia venusta (Meigen, 1824)

体长8.2～9.4毫米。体黑色，额侧、胸背具金色粉被，腹背具银灰色粉被，颜面具银白色粉被。复眼具毛，触角黑色，有时触角第3节内侧基大部红棕色。胸背具5条黑纵条，中条达后缘。小盾片黄棕色，基缘黑色，具3对缘鬃，1对心鬃，2端鬃相互交叉，两亚端鬃之间的距离大于与基鬃的距离。R_{4+5}基部具1根鬃（偶尔2根）。腹背第2～4节两侧具大型黄棕色斑，第2及第3节后缘黑色（第2节不明显），第5背板具红黄色后缘，腹第3～4节无中心鬃。肛尾叶黑色，腹面（侧面观）近于直线形，稍弧形内凹，外侧弧形明显；侧尾叶黄棕色，较粗短，从基部稍向端部收窄。

分布：北京、陕西、甘肃、新疆、内蒙古、黑龙江、吉林、辽宁、河北、山西、山东、江苏、上海、浙江、福建、台湾、湖南、四川、贵州、云南、西藏；日本，俄罗斯，欧洲。

注：记载寄生枯叶蛾科和艳叶夜蛾，我们记录枯叶夜蛾*Eudocima tyrannus* (Guenée, 1852)幼虫为其寄主，从蛹中爬出7～8头幼虫。

幼虫（房山蒲洼饲养，2021.VIII.24）

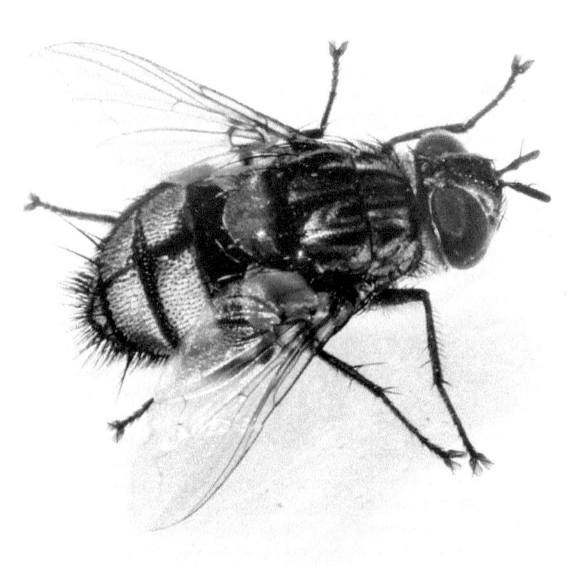

雄虫及尾器等侧面观（房山蒲洼饲养，2021.IX.9）

掌舟蛾温寄蝇
Winthemia venustoides Mesnil, 1967

雌虫体长11.6毫米。体覆金黄色粉被。复眼被毛；间额暗褐色，稍向前扩大，具2根前倾上眶鬃，1根后倾上眶鬃，11对额鬃，其中3根下降至触角第2节近端部；侧额、侧颜、眼后覆金色粉被，侧额被黑毛，延伸至侧颜之半，侧颜中部宽约与触角第3节宽相近；喙短；下颚须黄色，棒状，稍向上弯曲；唇瓣具细长金黄色毛；中胸肩鬃5根，外侧3根成一线；中鬃3+3，背中鬃3+4，中侧片鬃后方具浓密的黑色绒状毛（端部卷毛状）；小盾片黄色，具3对缘鬃和1对心鬃。R_{4+5}基部具2根毛。（乙醇泡后）腹部黄棕色，第1+2合背板基部及凹陷（达后缘）黑色，第3、第4节中纵条黑色，第4节后缘黑色（不达两侧），第5节无黑色；第2、第3节具1对中缘鬃（弱），第2节无侧缘鬃，第3节右侧具侧缘鬃，左侧无。

分布：北京、辽宁、河北、山西；日本。

注：寄主为苹掌舟蛾。北京8月可见雌虫产卵于苹掌舟蛾幼虫。

雌虫及产在苹掌舟蛾幼虫上的卵（杏，怀柔黄土梁，2019.VIII.28）

主要参考文献

卜文俊，李军．2009. 瘿蚊科 Cecidomyiidae. 见：杨定．河北动物志 双翅目. 北京：中国农业科学技术出版社，73-85.

曹剑．2007. 中国扁角菌蚊科分类研究．雅安：四川农业大学硕士学位论文：114.

陈小琳，汪兴鉴．2001. 中国潜蝇科一新记录属和新记录种．昆虫分类学报，23(4): 281-282.

陈小琳，汪兴鉴．2006. 中国角斑蝇属二新记录种．昆虫分类学报，28(3): 237-239.

陈小琳，汪兴鉴．2009. 斑蝇科 Ulidiidae. 见：杨定．河北动物志 双翅目．北京：中国农业科学技术出版社，496-497.

陈之梓．1979. 陪丽蝇属五新种（双翅目：丽蝇科）. 动物分类学报，4(4): 385-391.

董景芳，董荣献，杨月婷．1996. 柳枝瘿潜蝇生物学特性初步研究．森林病虫通讯，(4): 12-15.

范滋德，等．1965. 中国常见蝇类检索表．北京：科学出版社．

范滋德，等．1988. 中国经济昆虫志 第三十七册 双翅目 花蝇科．北京：科学出版社．

范滋德，等．1997. 中国动物志 昆虫纲 第六卷 双翅目 丽蝇科．北京：科学出版社．

范滋德，等．2008. 中国动物志 昆虫纲 第四十九卷 双翅目 蝇科（一）. 北京：科学出版社．

范滋德，甘运兴，陈之梓，曹明，林爱莲．1993. 铜色长角沼蝇的习性和生活史的初步观察（双翅目：沼蝇科）. 华东昆虫学报，2(1): 29-35.

冯典兴，黄国尧，邹天路，岳宇微，孙大鹏．2020. 东北广口蝇的幼期识别．沈阳大学学报（自然科学版），32(1): 20-23.

付怀军，李菁博，周达康，王扬，孟昕，樊金龙，代兴华．2019. 为害北京丁香的新害虫：丁香瘿蚊．中国植保导刊，39(12): 37-42.

高雪峰．2017. 陕西省秦岭地区同脉缟蝇属系统分类研究（双翅目：缟蝇科：同脉缟蝇亚科）. 呼和浩特：内蒙古农业大学硕士学位论文：1-165.

华立中．1989. 中国食虫虻科属检索表（一）. 江西植保，12(1): 27-29.

华立中．1990. 中国食虫虻科属检索表（二）. 江西植保，13(1): 10-14.

黄春梅，成新跃．2012. 中国动物志 昆虫纲 第五十卷 双翅目 食蚜蝇科．北京：科学出版社．

黄春梅，成新跃，杨集昆．1996. 双翅目：食蚜蝇科．见：薛万琦，赵建铭．中国蝇类．沈阳：辽宁科学技术出版社，118-223.

霍科科，任国栋．2007. 河北省小五台山自然保护区蚜蝇科昆虫的调查（双翅目）. 昆虫分类学报，29(3): 172-198.

霍科科，张魁艳. 2017. 食蚜蝇科 Syrphidae. 见：杨定，王孟卿，董慧. 秦岭昆虫志 双翅目. 西安：世界图书出版公司 (西安分公司), 556-788.

霍科科，郑哲民. 2003. 黑带食蚜蝇体色变异的研究. 昆虫知识, 40(6): 529-534.

李洁，王爽，闫春财，朋康，胡奎，董艳，刘文彬. 2019. 颐和园摇蚊优势种群鉴定及绿色防控措施初探. 北京园林, 35(4): 48-55.

李兆华，李亚哲. 1990. 甘肃蚜蝇科图志. 北京：中国展望出版社.

李竹. 2009. 沼蝇科 Sciomyzidae. 见：杨定. 河北动物志 双翅目. 北京：中国农业科学技术出版社, 511-520.

廖波. 2015. 环京津地区食蚜蝇物种多样性研究. 汉中：陕西理工学院硕士学位论文：1-202.

刘广纯. 2001. 中国蚤蝇分类 (双翅目: 蚤蝇科)(上册). 沈阳：东北大学出版社.

刘家宇，姚志远，宋文惠，张春田. 2007. 中国麦寄蝇属分类研究 (双翅目：寄蝇科). 见：李典谟，等. 昆虫学研究动态：中国昆虫学会第八次全国代表大会暨 2007 年学术年会论文集. 北京：中国农业科学技术出版社, 61-64.

刘启飞，李彦，李涛，杨定. 2017. 大蚊科 Tipulidae. 见：杨定，王孟卿，董慧. 秦岭昆虫志 双翅目. 西安：世界图书出版社, 44-70.

刘维德. 1960. 中国虻科三新种. 动物学报, 12 (1):12-15.

刘文彬，罗阳，王新华. 2015. 中国水摇蚊属三新记录种记述 (双翅目: 摇蚊科). 南开大学学报 (自然科学版), 48(6): 78-85. (英文)

刘晓艳，杨定. 2017. 秆蝇科 Chloropidae. 见：杨定，王孟卿，董慧. 秦岭昆虫志 双翅目. 西安：世界图书出版社 (西安分公司), 893-916.

陆宝麟，吴厚永. 2003. 中国重要医学昆虫分类与鉴别. 郑州：河南科学技术出版社.

罗科，杨集昆. 1988. 毛蚊属新种和新记录 (双翅目：毛蚊科). 昆虫分类学报，10(3/4): 167-176.

马忠余，薛万琦，冯炎. 2002. 中国动物志 昆虫纲 第二十六卷 双翅目 蝇科 (二) 棘蝇亚科. 北京：科学出版社.

裴文娅，杨南，张春田，杜甫新，杨军，张东. 2019. 北京百花山国家级自然保护区寄蝇科昆虫多样性研究. 环境昆虫学报, 41(6): 1218-1225.

史永善. 1996. 蜣蝇科 Pyrgotidae. 见：薛万琦，赵建铭. 中国蝇类. 沈阳：辽宁科学技术出版社, 574-595.

史永善. 1997. 双翅目：食虫虻科. 见：杨星科. 长江三峡库区昆虫. 重庆：重庆出版社, 1458-1468.

王经伦，张玉亭，李素娟. 1990. 河南省发现危害大豆绿豆根瘤的新害虫. 中国油料, (2): 79-81.

王心丽，杨集昆. 1996. 茎蝇科. 见：薛万琦，赵建铭. 中国蝇类. 沈阳：辽宁科学技术出版社, 424-456.

王新华，间跃丹，唐红渠，闫春财，程铭，齐鑫，郭玉红，张瑞雷. 2009. 摇蚊科 Chironomidae. 见：杨定. 河北动物志 双翅目. 北京：中国农业科学技术出版社，186-253.

王遵明. 1994. 中国经济昆虫志 第四十五册 双翅目 虻科(二). 北京：科学出版社.

问锦曾，董景芳. 1995. 赫氏瘿潜蝇中国新记录. 昆虫分类学报，17(1): 77-78.

席玉强. 2015. 中国叶蝇科系统分类研究(双翅目). 北京：中国农业大学博士学位论文：1-346.

肖春霞. 2007. 中国鼓翅蝇科（双翅目）分类研究. 扬州：扬州大学硕士学位论文：1-150.

邢鲲，赵飞，赵晓军，殷辉，周建波，吕红. 2018. 藜麦上首次发现根蛆(*Tetanops sintenisi*)为害. 中国植保导刊，38(12): 38-40, 61.

徐艳玲，杨定，杨集昆. 2009. 寡脉蝇科 Asteiidae. 见：杨定. 河北动物志 双翅目. 北京：中国农业科学技术出版社，507-510.

许荣满. 1983. 我国原虻属三新种记述(双翅目：虻科). 动物分类学报，8(1): 86-90.

许荣满. 2009. 虻科 Tabanidae. 见：杨定. 河北动物志 双翅目. 北京：中国农业科学技术出版社，254-274.

薛万琦，赵宝刚，李守正. 1989. 河北省有瓣蝇类研究(一)(双翅目：蝇科). 昆虫学报，32(1): 92-96.

薛万琦，赵建铭. 1996. 蝇科 Muscidae. 见：薛万琦，赵建铭. 中国蝇类. 沈阳：辽宁科学技术出版社，836-1365.

杨定，刘思培，董慧. 2016. 中国剑虻科、窗虻科和小头虻科志. 北京：中国农业科学技术出版社.

杨定，杨集昆. 1989. 陕西的金鹬虻属五新种：双翅目：鹬虻科. 昆虫分类学报，6(3): 243-247.

杨定，杨集昆. 2004. 中国动物志昆虫纲 第三十四卷 双翅目 舞虻科. 北京：科学出版社.

杨定，姚刚，崔维娜. 2012. 中国蜂虻科志. 北京：中国农业大学出版社.

杨定，张莉莉，王孟卿，朱雅君. 2011. 中国动物志 昆虫纲 第五十三卷 双翅目 长足虻科(上下卷). 北京：科学出版社.

杨定，张婷婷，李竹. 2014. 中国水虻总科志. 北京：中国农业大学出版社.

杨集昆. 2003. 拙蝇科 Dryomyzidae. 见：黄邦侃. 福建昆虫志 第8卷. 福州：福建科学技术出版社，565-566.

杨集昆，罗科. 1988. 北京毛蚊六新种(双翅目：毛蚊科). 北京农业大学学报，14(1): 41-47.

杨集昆，罗科. 1989. 陕西省毛蚊的新种和新记录(双翅目：毛蚊科). 昆虫分类学报，11(1/2): 414-156, 130.

杨集昆，杨定. 1991. 湖北省的驼舞虻及新种记述(双翅目：舞虻科). 湖北大学学报(自然科学版)，13(1): 1-8.

杨集昆，杨定 . 1992. 广西舞虻科三新种记述：双翅目：短角亚目 . 广西科学院学报，8(1): 44-48.

杨集昆，张学敏 . 1989. 陕西省眼蕈蚊科九新种 (双翅目：长角亚目). 昆虫分类学报，11(1/2): 131-139.

杨集昆，张学敏，谭琦 . 2005. 上海食用菌害虫研究 (一) 眼蕈蚊科记录及五新种 . 华东昆虫学报，3(1): 1-6.

杨集昆，杨春清 . 1996. 隐芒蝇科 Cryptochetidae. 见：薛万琦，赵建铭 . 中国蝇类 . 沈阳：辽宁科学技术出版社，224-233.

杨有权，吕振家 . 1993. 大蒜新害虫的观察研究 . 吉林农业科学，(2): 53-54.

杨忠岐，乔秀荣，卜文俊，姚艳霞，肖艳，韩义生 . 2006. 我国新发现一种重要外来入侵害虫：刺槐叶瘿蚊 . 昆虫学报，49(6) : 1050-1053.

余晓霞 . 2004. 中国滑菌蚊亚科分类研究 . 杭州：浙江大学硕士学位论文：1-129.

余晓霞，吴鸿 . 2009. 中国菌蚊科一中国新记录属及一新记录种记述 . 浙江林学院学报，26(2): 220-222.

虞国跃 . 2017. 我的家园，昆虫图记 . 北京：电子工业出版社 .

虞国跃 . 2019. 北京访花昆虫图谱 . 北京：电子工业出版社 .

虞国跃 . 2020. 北京甲虫生态图谱 . 北京：科学出版社 .

虞国跃，王合 . 2018. 北京林业昆虫图谱 (I). 北京：科学出版社 .

虞国跃，王合 . 2021. 北京林业昆虫图谱 (II). 北京：科学出版社 .

虞国跃，王合，冯术快 . 2016. 王家园昆虫：一个北京乡村的 1062 种昆虫图集 . 北京：科学出版社 .

虞以新 . 2006. 中国蠓科昆虫 (昆虫纲，双翅目)(第 1、2 卷). 北京：军事医学科学出版社 .

张春田，等 . 2016. 东北地区寄蝇科昆虫 . 北京：科学出版社 .

张君明，王兵，虞国跃 . 2019. 斜斑鼓额食蚜蝇和黑带食蚜蝇各虫期形态描述 . 蔬菜，(12): 70-73.

张莉莉，杨定 . 2009. 食虫虻科 Asilidae. 见：杨定 . 河北昆虫志 双翅目 . 北京：中国农业科学技术出版社，307-311.

张梦靖 . 2019. 中国黑缟蝇属分类研究 (双翅目：缟蝇科). 呼和浩特：内蒙古农业大学硕士学位论文：1-181.

张书杰，赵亚男，肖晨晨，邢行行，马晓静，白田田 . 2018. 河南省丛蝇科初报 . 河南科学，36(5): 704-707.

张学敏，周宗俊，王祺元 . 1986. 折翅菌蚊生物学习性初报 . 植物保护，(2): 31-32.

赵建铭 . 1979. 中国长须寄蝇亚族新种记述 (双翅目：寄蝇科). 动物分类学报，4(2): 156-161.

赵建铭，梁恩义 . 2002. 中国寄蝇科狭颊寄蝇属研究 . 动物分类学报，27(4): 807-848.

赵建铭，梁恩义，周士秀 . 2009. 寄蝇科 Tachinidae. 见：杨定 . 河北动物志 双翅目 . 北京：中国农业科学技术出版社，555-818.

赵建铭，张学忠 . 1978. 中国库麻蝇属一新种记述（双翅目：麻蝇科）. 昆虫学报，21(4): 445-446.

赵笑敏，魏冬梅，齐鑫 . 2010. 斯蒂齿斑摇蚊的再描述（双翅目：摇蚊科）. 安徽农业科学，38(35): 19891-19892.

邹德玉，徐维红，刘晓琳，白义川，刘佰明，许静杨，胡霞，谷希树，吴惠惠 . 2017. 瘦弱秽蝇在生物防治中的研究进展与展望 . 环境昆虫学报，39(2): 444-452.

Alexander CP. 1914. Report on a collection of Japanese crane-flies (Tipulidae, Diptera). Canadian Entomologist, 46: 205-211, 236-242.

Alexander CP. 1925. Crane flies from the Maritime Province of Siberia. Proceedings of the United States National Museum, 68(4): 1-21.

Alexander CP. 1927. Undescribed crane-flies from the Holarctic region in the United States National Museum. Proceedings of the United States National Museum, 72(2): 1-17.

Aricardo G. 1911. VIII. A revision of the oriental species of the genera of the family Tabanidae other than Tabanus. Zoological Survey of India, 6(8/9): 321-398, +18 pls.

Aydin JG, Isik O, Hizarci L, Bulu Y, Oguz H, Koksal M. 2010. The new pest *Scatella tenuicosta* Collin (Diptera: Ephydridae) for *Spirulina* ponds. Journal of Agricultural Science and Technology, 4(5): 83-86.

Barraclough DA. 1998. The missing males of *Ramuliseta* Keiser (Diptera: Schizophora: Ctenostylidae). Annals of the Natal Museum, 39: 115-126.

Becker T. 1909. *Tetanops* Fall. Wiener Entomologische Zeitung, 28: 95-98.

Becker T. 1925. H. Sauters Formosa Ausbeute: Asilinae III. (Dipt). Entomologische Mitteilungen, 14: 123-139, 240-250.

Bezzi M. 1920. Species duae novae generis *Oedaspis* s. I. (Diptera). Brotéria-Zoologia, 18: 5-13.

Boesel MW. 1983. A review of the genus *Cricotopus* in Ohio, with a key to adults of species of the northeastern United States (Diptera, Chironomidae). Ohio Journal of Science, 83: 74-90.

Brunetti E. 1911. Revision of the Oriental Tipulidae with descriptions of new species. Records of the Indian Museum, 6: 232-314.

Brunetti E. 1912. The Fauna of British India, including Ceylon and Burma. Diptera Nematosera (Excluding Chironomidae and Culicidae). London: Taylor and Francis: 581: + pls. XII.

Brunetti E. 1923. The Fauna of British India including Ceylon and Burma. Diptera, III. Pipunculidae, Syrphidae, Conopidae, Osteridae. London: Taylor & Francis: 424.

Byun HW, Suh SJ, Han HY, Kwon YJ, 2001. A systematic study of *Rivellia* Robineau-Desvoidy in Korea, with emphasis on the species allied to *Rivellia basilaris* (Diptera: Platystomatidae).

Journal of Asia-Pacific Entomology, 4(2): 105-113.

Camras S. 1960. Flies of the family Conopidae from eastern Asia. Proceedings of the United States National Museum, 112: 107-131.

Cerretti P, Badano D, Gisondi S, Lo Giudice G, Pape T. 2020. The world woodlouse flies (Diptera, Rhinophoridae). ZooKeys, 903: 1-130.

Cerretti P, Mei M. 2001. *Eugymnopeza braueri* (Diptera, Tachinidae) as parasitoid of Blaps gibba (Coleoptera, Tenebrionidae), with description of the preimaginal instars. Italian Journal of Zoology, 68(3): 215-222.

Chen SH. 1947. Chinese and Japanese Pyrgotidae. Sinensia, 17: 47-74.

Cook EF. 1956. A Contribution toward a monograph of the Scatopsidae (Diptera). Part VI. the Genera *Scatopse* Geoffroy and *Holoplagia* Enderlein1. Annals of the Entomological Society of America, 49(6): 593-611.

Coquillett DW. 1898. Report on a collection of Japanese Diptera, presented to the U.S. National Museum by the Imperial University of Tokyo. Proceedings of the United States National Museum, 21: 301-340.

Cui WN, Yang D. 2010. Two new species and two new synonyms of *Systropus* Wiedemann, 1820 from Palaearctic China (Diptera: Bombyliidae). Zootaxa, 2619:14-26.

Cui YS, Yang D. 2011. Species of *Chlorops* Meigen from Palaearctic China (Diptera, Chloropidae). Zootaxa, 2987: 18-30.

Cui YS, Yang D. 2015. New species of *Chlorops* Meigen from Oriental China, with a key to species from China (Diptera: Chloropidae). Transactions of the American Entomological Society, 141: 90-110.

Cumming JM, Cumming HJ. 2011. The flat-footed fly genus *Seri* Kessel & Kessel (Diptera: Platypezidae). Zootaxa, 3136(1): 61-68.

Eberhard WG. 1999. Mating systems of Sepsid flies and sexual behavior away from oviposition sites by *Sepsis neocynipsea* (Diptera: Sepsidae). Journal of the Kansas Entomological Society, 72(1):129-130.

Elberg K. 1968. Zur Kenntnis der *Statinia*-Arten aus der UdSSR (Diptera: Sciomyzidae). Beiträge zur Entomologie, 18(5/6): 663-670.

Gaimari SD, Mathis WN. 2011. World catalog and conspectus on the family Odiniidae (Diptera: Schizophora). Myia, 12: 291-339.

Gao CX, Yang D, Gaimari SD. 2004. The subgenus *Euhomoneura* Malloch (Diptera: Lauxaniidae) in the Palaearctic Realm. Pan-Pacific Entomologist, 79(3/4): 192–197.

Gisondi S, Rognes K, Badano D, Pape T, Cerretti P. 2020. The world Polleniidae (Diptera, Oestroidea): key to genera and checklist of species. ZooKeys, 971: 105-155.

Han HY. 2006. Redescription of *Sinolochmostylia sinica* Yang, the first Palearctic member of the little-known family Ctenostylidae (Diptera: Acalyptratae). Zoological Studies, 45: 357-362.

Han HY, Kwon YJ. 2010. A list of North Korean Tephritoid species (Diptera: Tephritoidea) deposited in the Hungarian Natural History Museum. Animal Systematics Evolution & Diversity, 26(3): 251-260.

Han TM, Ahn SJ, Kim SH, Park IG, Park HC. 2016. New Record of a dark-winged fungus gnat, *Sciaria thoracica* Matsumura, (Diptera: Sciaridae) from Korea. International Journal of Industrial Entomology, 33(2): 68-71.

Hara H. 1993. *Rivellia basilaris* (Wiedemann) (Diptera: Platystomatidae) and its allied species in East Asia I. Japanese Journal of Entomology, 61: 819-831.

Hendel F. 1913. H. Sauter's Formosa-Ausbeute. Acalyptrate Musciden (Dipt.). Entomologische Mitteilungen, 2(2): 33-43.

Hendel F. 1914. Neue Beiträge zur Kenntnis der Pyrgotinen. Archiv für Naturgeschichte, 79A(11): 77-117.

Hering EM. 1938. Neue palaearktische und exotische Bohrfliegen. 2 I. Beitrag zur Kenntnis der Trypetidae (Dipt.). Deutsche Entomologische Zeitschrift, 2: 397-417.

Hering EM. 1956. Eine neue *Myennis*-Art (Dipt. Otitidae). Deutsche Entomologische Zeitschrift, NF3(1): 87-90.

Herting B. 1966. Beiträge zur Kenntnis der europäischen Raupenfliegen (Diptera: Tachinidae) IX. Stuttgarter Beiträge zur Naturkunde, 146: 1-12.

Herting B. 1973. Ergebnisse der zoologischen Forschungen von Dr. Z. Kaszab in der Mongolei. Stuttgarter Beiträge zur Naturkunde Ser. A (Biol.), 259: 1-39.

Hradský M, Hüttinger E. 1985. Das Genus *Eutolmus* Loew, 1848, in der östlichen Paläarktis (Diptera, Asilidae). Entomofauna, 6(13): 165-187.

Hradský M, Geller-Grimm F. 1998. Revision der Gattung *Grypoctonus* Speiser, 1928 (Diptera: Asilidae). Mitteilungen des Internationalen Entomologischen Vereins Frankfurt, 23(3/4): 97-114.

Huang J, Gong L, Tsaur SC, Zhu L, AKY, Chen HW. 2019. Revision of the subgenus *Phortica* (sensu stricto) (Diptera, Drosophilidae) from East Asia, with assessment of species delimitation using DNA barcodes. Zootaxa, 4678 (1): 1-75.

Hull Frank M. 1962. Robber flies of the world the genera of the family Asilidae. Bulletin of the United States National Museum, 224(1): 1-907.

Huo KK. 2013. Taxonomic studies on the genus *Spilomyia* (Meigen, 1803) from China, with description of a new species (Diptera, Syrphidae). Acta Zootaxonomica Sinica, 38(1): 167-170.

Iwasa M. 1991. Taxonomic study of the genus *Psila* Meigen (Diptera, Psilidae) from Japan,

Sakhalin and the Kurile islands. Japanese Journal of Entomology, 59(2): 389-408.

Iwasa M. 1997. A new species of the genus *Aldrichiomyza* Hendel (Diptera, Milichiidae) from Japan. Japanese Journal of Entomology, 65(4): 826-829.

Jeong SH, Han HY. 2019. A taxonomic revision of the genus *Xylota* Meigen (Diptera: Syrphidae) in Korea. Zootaxa, 4661(3): 457-493.

Jiao KL, Han PJ, Yang Xiong RC, Wang YH, Bu WJ. 2017. A new species of gall midge (Diptera: Cecidomyiidae) attacking jujube, *Ziziphus jujuba* in China. Zootaxa, 4247(4): 487-493.

Jiao KL, Zhou XY, Wang H, Fu HJ, Zhou DK, Li JB, Xiong DP, Wang YH, Bu WJ, Kolesik P. 2020. A new genus and species of gall midge (Diptera: Cecidomyiidae) inducing leaf galls on Peking lilac, *Syringa reticulata* subsp. *pekinensis* (Oleaceae), in China. Zootaxa, 4742(1): 194-200.

Joseph ANT, Parui P. 1998. The Fauna of India and The Adjacent Countries. Diptera (Asilidae) (part I): General Introduction and Tribes Leptogasterini, Laphriini, Atomosini, Stichopogonini and Ommatini. Calcutta: Zoological Survey of India: 278.

Kato D, Tachi T. 2016. Revision of the Rhinophoridae (Diptera Calyptratae) of Japan. Zootaxa, 4158(1): 81-92.

Kilmadze II, Wang XH, Istomina AG, Gunderilla LI. 2005. A new *Chironomus* species of the plumosus sibling-group (Diptera, Chironomidae) from China. Aquatic Insects, 27(3): 199-211.

Kim SK, Han HY. 2000. A taxonomic revision of the genera *Eupyrgota* and *Paradapsilia* in Korea (Diptera: Pyrgotidae). Korean Journal of Entomology, 30: 219-233.

Kim SK, Han HY. 2001. A systematic study of the genera *Adapsilia* and *Parageloemyia* in Korea (Diptera,Tephritoidea, Pyrgotidae). Insecta Koreana, 18(3): 255-291.

Kim SK, Han HY. 2009. Taxonomic review of the Korean Pyrgotidae (Insecta: Diptera: Tephritoidea). Korean Journal of Systematic Zoology, 25(1): 65-80.

Kim WG, Yukawa J, Harris KM, Minami T K, Skrzypczyńska M. 2014. Description, host range and distribution of a new *Macrodiplosis* species (Diptera: Cecidomyiidae) that induces leaf-margin fold galls on deciduous *Quercus* (Fagaceae) with comparative notes on Palaearctic congeners. Zootaxa, 3821(2): 222-238.

Korneyev VA. 2002. New and little-known Eurasian Dithrycini (Diptera, Tephritidae). Vestnik Zoologii, 36 (3): 3-13.

Korneyev VA. 2004. Genera of Palaearctic Pyrgotidae (Diptera: Acalyptrata), with nomenclatural notes and a key. Vestnik Zoologii, 38: 19-46.

Korneyev VA. 2014. Pyrogotid files assigned to Apyrgota. Ⅱ . New Synonyms in *Eupyrgota* (Subgenus *Taeniomastix*) (Diptera, Pyrgotidae), with key to subgenera and species. Vestnik

Zoologii, 48(3): 211-220.

Korneyev VA. 2015. A new species of the genus *Ramuliseta* (Diptera, Ctenostylidae) from Madagascar, with a key to species. Vestnik Zoologii, 49(6): 489-496.

Korneyev SV, Korneyev VA. 2019. Revision of the Old World species of the genus *Tephritis* (Diptera, Tephritidae) with a pair of isolated apical spots. Zootaxa, 4584(1): 1-73.

Krivosheina NP, Krivosheina MG. 1997. Revising palaearctic species of the genus *Myennis* (Diptera, Otitidae). Zoologicheskij Zhurnal, 76(5): 628-632. [in Russian]

Kurahashi H. 1974. A new species of the genus *Euprosopia* (Diptera, Platystomatidae) from Japan. Kontyu, 42(1): 40-43.

Kurina O, Hedmark K, Karström M, Kjærandsen J. 2011. Review of the European *Greenomyia* Brunetti (Diptera, Mycetophilidae) with new descriptions of females. Zookeys, 77: 31-50.

Kuroda K, Yamasako J. 2020. *Leptogaster humeralis* (Hsia, 1949) (Diptera: Asilidae: Leptogasterinae) New to Japan. Japanese Journal of Systematic Entomology, 26 (2): 344-347.

Lee KM, Zeegers T, Mutanen M, Pohjoismäki J. 2020. The thin red line between species – genomic differentiation of *Gymnosoma* Meigen, a taxonomically challenging genus of parasitoid flies (Diptera: Tachinidae). Systematic Entomology, 46(1): 96-110.

Lehmann JGC. 1822. Observationes zoologicae praesertim in faunam hamburgensem. Pugillus primus. Hamburgi: Indicem scholarum publice privatimque in Hamburgensium Gymnasio Academico: 55.

Lehr PA. 1975. Leptogastrinae and Asilinae (Diptera, Asilidae) of the People's Republic of Mongolia. Annales historico-naturales Musei Nationalis Hungarici, 67: 207-211. [in Russian]

Lehr PA. 1999. Asilidae 52. Family, 591-640. *In*: Lehr PA. Key to the insects of Russian Far East. Vol. 6(1), Diptera and Siphonaptera. Vladivostok: Dal'nauka: 664. [in Russian]

Lengyel GD. 2011. A taxonomic discussion of the genus *Phalacrotophora* Enderlein, 1912 (Diptera: Phoridae), with the description of two new species from Southeast Asia. Zootaxa, 2913(1): 38-46.

Li SD, Gao XF, Shi L. 2019a. Three new species and a new record species of the genus *Homoneura* (Diptera: Lauxaniidae) from the Qinling Mountains, China. Entomotaxonomia, 41(2): 138-153.

Li WL, Qi L, Yang D. 2019b. Four species of the genus *Lauxania* Latreille 1804 (Diptera, Lauxaniidae) from China. Oriental Insects, 2019(3): 1-16.

Li XK, Li Z, Yang D. 2012. *Condylostylus* Bigot from Vietnam with description of a new species and a key to Vietnamese species (Diptera: Dolichopodidae). Zootaxa, 3521(1): 59-66.

Li Z, Yang D, Murphy WL. 2019c. Review of genera of Sciomyzidae (Diptera: Acalyptratae) from China, with new records, synonyms, and notes on distribution. Zootaxa, 4656 (1): 71-98.

Liu WB, Ferrington LC, Wang XH. 2016. *Sympotthastia wuyiensis* sp. n. from China, with description of the immature stages of *S. takatensis* (Tokunaga)(Diptera, Chironomidae). Zootaxa, 4126(3): 427-434.

Máca J. 1977. Revision of Palaearctic species of Amiota subgenus *Phortica* (Diptera, Drosophilidae). Acta Entomologica Bohemoslovaca, 74: 115-130.

MacGowan I. 2007. New species of Lonchaeidae (Diptera: Schizophora) from Asia. Zootaxa, 1631: 1-32.

Malloch JR. 1927. Notes on Australian Diptera. No. X. Proceedings of the Linnean Society of New South Wales, 52: 1-16.

Mao M, Yang D. 2010. Species of the genus *Metalimnobia* Matsumura from China (Diptera, Limoniidae). Zootaxa, 2344(1): 1-16.

Mathis WN, Sueyoshi M. 2011. World catalog and conspectus on the family Dryomyzidae (Diptera: Schizophora). Myia, 12: 207-233.

Meijere JCH de. 1911. Studien über südostasiatische Dipteren. VI. Tijdschrift voor entomologie, 54: 258-432.

Meijere JCH de. 1913. Praeda itineris a L. F. de Beaufort in Archipelago indico facti annis 1909-1910. VI. Dipteren I. Bijdragen tot de Dierkunde, 19: 45-69.

Merz B. 2003. The Lauxaniidae (Diptera) described by C. F. Fallén with description of a misidentified species of *Homoneura* van der Wulp. Insect Systematics & Evolution, 34(3): 345-360.

Michelsen V. 1980. A revision of the beet leaf-miner complex, *Pegomya hyoscyami* s. lat. (Diptera: Anthomyiidae). Entomologica Scandinavica, 11: 297-309.

Moubayed-Breil J, Baranov V. 2018. Taxonomic notes on the genus *Hydrobaenus* with description of *H. simferopolus* sp. nov. from Crimea (Diptera: Chironomidae). Acta Entomologica Musei Nationalis Pragae, 58(2): 347-355.

Nagatomi H, Nagatomi A. 1989. Female terminalia of *Dioctria nakanensis* and *Microstylum dimorphum* (Diptera, Asilidae). South Pacific Study, 10(1): 199-210.

Oosterbroek P. 1978. The western palaearctic species of *Nephrotoma* Meigen, 1803 (Diptera, Tipulidae). Part 1 . Beaufortia, 27: 1-137.

Oosterbroek P. 1985. The *Nephrotoma* species of Japan (Diptera, Tipulidae). Tijdschrift voor Entomologie, 127: 235-278.

Ozerov AL. 1997. A new subgenus of the genus *Micropeza* Meigen (Diptera, Micropezidae). Far Eastern Entomologist, 48: 1-4.

Papp L. 1998. The Palaearctic Species of *Aulacigaster* Macquart (Diptera, Aulacigastridae). Acta Zoologica Academiae Scientiarum Hungaricae, 43(3): 225-234.

Papp L, Merz B, Földvár M. 2006. Diptera of Thailand: A summary of the families and genera with references to the species representations. Acta Zoologica Academiae Scientiarum Hungaricae, 52(2): 97-269.

Papp L, Szappanos A. 1998. A new species of *Periscelis* from China (Diptera: Periscelididae). Acta Zoologica Academiae Scientiarum Hungaricae (3): 235-239.

Papp L, Withers P. 2011. A revision of the Palaearctic Periscelidinae with notes on some New World species (Diptera: Periscelididae). Annales Historico-naturales Musei Nationalis Hungarici, 103: 345-371.

Pereira-Colavite A, Mello RL. 2014. Catalogue of the Ctenostylidae (Diptera, Schizophora) of the World. Zootaxa, 3838(2): 215-233.

Pleske T. 1930. Revue des espèces paléarctiques de la famille des Cyrtidae (Diptera). Konowia, 9: 156-173.

Podenas S, Seo HY, Kim T, Hur JM, Kim AY, Klein TA, Kim HC, Kang TH, Aukstikalniene R. 2019. *Dicranomyia* crane flies (Diptera: Limoniidae) from Korea. Zootaxa, 4595:1-110.

Ricardo G. 1919. VI. Notes on the Asilidae sub-division Asilinae. Annals and Magazine of Natural History, (9) 3: 44-79.

Rung A, Mathis WN. 2011. A revision of the genus *Aulacigaster* Macquart (Diptera: Aulacigastridae). Smithsonian Contributions to Zoology, 133: 1-132.

Sakhvon VV, Lelej AS. 2018. Review of the genus *Heteropogon* Loew, 1847 (Diptera: Asilidae) from Russia and Central Asia, with description of two new species. Zootaxa, 4486(4): 435-450.

Sang JS, Kwon YJ. 2017. A new record of the genus *Orchisia* (Diptera: Muscidae) from Korea. Animal Systematics Evolution & Diversity, 33(3): 200-202.

Sasakawa M. 2005. Notes on the Japanese Agromyzidae (Diptera), 5. Japanese species of the genus *Cerodontha* Rondani, with the description of five new species. The Scientific Reports of Kyoto Prefectural University, Human Environment and Agriculture, 57: 47-64.

Sasakawa M. 2014. Notes on the Japanese Agromyzidae (Diptera), 5. Scientific Reports of Kyoto Prefectural University Life and Environmental Sciences, 66: 7-12.

Sasakawa M, Kozánek M. 1995. Lauxaniidae (Diptera) of North Korea, Part 2. Japanese Journal of Entomology, 63(2): 323-332.

Sato S, Ganaha T, Yukawa J, Liu Y, Xu H, Paik J, Uechi N, Mishima M. 2009. A new species, *Rhopalomyia longicauda* (Diptera: Cecidomyiidae), inducing large galls on wild and cultivated Chrysanthemum (Asteraceae) in China and on Jeju Island, Korea. Applied Entomology and Zoology, 44(1): 61-72.

Séguy E. 1963. Microbombyliides de la Chine paléarctique (insectes diptères). Bulletin de la Muséum National d′ Histoire Naturelle, 2 ser, 35(3): 253-256.

Shatalkin AI. 1995. Palaearctic species of *Homoneura* (Diptera, Lauxaniidae).

Entomologicheskoe Obozrenie, 74: 54-67. [in Russian; English translation in Entomological Review, 75: 171-186.]

Shatalkin AI. 1998. Palaearctic fly species from the genus *Minettia* (Diptera, Lauxaniidae). Entomological Review, 78(8): 952-961 (English version).

Shi L, Gaimari SD, Yang D. 2012. Notes on the *Homoneura* subgenera *Euhomoneura*, *Homoneura* and *Minettioides* from China (Diptera: Lauxaniidae). Zootaxa, 3238: 1-22.

Shi L, Gaimari SD, Yang D. 2015. Five new species of subgenus *Plesiominettia* (Diptera, Lauxaniidae, Minettia) in southern China, with a key to known species. ZooKeys, 520: 61-86.

Shi L, Gao XF, Li WL. 2017. A new species of *Homoneura* (*Euhomoneura*) from northern China (Diptera, Lauxaniidae). ZooKeys, 725: 71-78.

Shi L, Yang D. 2014. Supplements to species groups of the subgenus *Homoneura* in China (Diptera: Lauxaniidae: *Homoneura*) with descriptions of twenty new species. Zootaxa, 3890 (1): 1-117.

Shima H. 1968. Study on the Japanese *Calocarcelia* Townsend and *Eucarcelia* Baranov (Diptera: Tachinidae). Journal of the Faculty of Agriculture, Kyushu University, 14: 507-533.

Shima H. 2015. *Melastrongygaster*, a new genus of the tribe Strongygastrini (Diptera: Tachinidae), with five new species from Asia. Zootaxa, 3904(3): 427-445.

Shima H, Chao CM, Zhang WX. 1992. The genus *Winthemia* (Diptera, Tachinidae) from Yunnan Province, China. Japanese Journal of Entomology, 60: 207-228.

Sueyoshi M. 2014. Taxonomy of fungus gnats allied to *Neoempheria ferruginea* (Brunetti, 1912) (Diptera: Mycetophilidae), with descriptions of 11 new species from Japan and adjacent areas. Zootaxa, 3790(1): 139-164.

Sueyoshi M, Yoshimatsu S. 2019. Pest species of a fungus gnat genus *Bradysia* Winnertz (Diptera Sciaridae) injuring agricultural and forestry products in Japan, with a review on taxonomy of allied species. Entomological Science, 22: 317-333.

Sun XK, Marshall SA. 2003. Systematics of *Phasia* Latreille (Diptera: Tachinidae). Zootaxa, 276(1): 1-320.

Sutou M, Ito MT, Menzel F. 2004. A taxonomic study on the Japanese species of the genus *Sciara* Meigen (Diptera: Sciaridae). Studia Dipterologica, 11: 175-192.

Suwa M. 1974. Anthomyiidae of Japan (Diptera). Insecta Matsumurana (NS), 4: 1-247.

Suwa M. 1987. The genus *Anthomyia* in Palaearctic Asia (Diptera Anthomyiidae). Insecta Matsumurana, 36: 1-37.

Tachi T, Shima H. 2002. Systematic study of the genus *Peribaea* Robineau-Desvoidy of East Asia (Diptera: Tachinidae). Tijdschrift voor Entomologie, 145: 115-144.

Tagawa Y. 1981. Asilinae in Shikoku, Japan (Diptera: Asilidae). Transactions of Shikoku

Entomological Society, 15: 187-213.

Thompson FC, Vockeroth JR, Speight MCD. 1982. The Linnaean species of flower flies (Diptera: Syrphidae). Memoirs of the Entomological Society of Washington, 10: 150-165.

Tomasovic G. 2004. Description of a new species of *Aneomochtherus* Lehr, 1996 from China (Diptera Asilidae). Bulletin de la Société royale Belge d' Entomologie, 140: 145-147.

Tsacas L. 1968. Revision des especes du genre *Neomochtherus* Osten-Sacken (Dipteres: Asilidae) I. Region Palearctique. Memoires du Museum national d' Histoire naturele. Ser. A. Zool, 47(3): 129-328.

Tschorsnig HP, Herting BW. 1994. Die Raupenfliegen (Diptera: Tachinidae) Mitteleuropas: Bestimmungstabellen und Angaben zur Verbreitung und Ökologie der einzelnen Arten. Stuttgarter Beiträge Naturkunde Serie A [Biologie], 506A: 1-170.

Villeneuve J. 1915. Nouveaux Myodaires supérieurs de Formose. Annales Musei Nationalis Hungarici, 13: 90-94.

Wang MQ, Yang D, Grootaert P. 2007. Notes on *Neurigona* Rondani (Diptera: Dolichopodidae) from Chinese mainland. Zootaxa, 1388: 25-43.

Wang XJ, Chen XL. 2006. New species and new record species of the Genus *Plagiostenopterina* Hendel (Diptera, Platystomatidae) from China. Acta Zootaxonomica Sinica, 31(4): 898-901.

Winterton SL. 2020. A new bee-mimicking stiletto fly (Therevidae) from China discovered on iNaturalist. Zootaxa, 4816 (3): 361-369.

Wu H. 1997a. A study on the *Mycetophila ruficollis* group (Diptera: Mycetophilidae) from China. Entomotaxonomia, 19(2):117-129.

Wu H. 1997b. The Chinese species of the *Mycetophila fungorum* group (Diptera: Mycetophilidae). Zoologische Mededelingen, 71(15): 171-175.

Xi Y, Yin X. 2020. Three new *Cryptochetum* Rondani, 1875 (Diptera: Cryptochetidae) from Yunnan Province, China and an identification key to Chinese species. European Journal of Taxonomy, 605: 1-15.

Yang D, Nagatomi A. 1994. The Coenomyiidae of China (Diptera). Memoirs of the Faculty of Agriculture, Kagoshima University, 30: 65-96.

Yang D, Yang JK, Nagatomi A. 1997. The Rhagionidae of China (Diptera). South Pacific Study, 17(2): 113-262.

Yang D, Yu HD. 2005. Notes on the *Platypalpus pallidiventris-cursitans* species group (Diptera Empididae) from China, with the description of a new species and a key. Entomological News, 116(2): 97-100.

Yao G, Yang D, Evenhuis NL, Gharali B. 2010. A new species of *Apolysis* Loew, 1860 from China (Diptera: Bombyliidae, Usiinae, Apolysini). Zootaxa, 2441: 20-26.

Yao G, Yang D, Evenhuis NL. 2008. Species of *Hemipenthes* Loew, 1869 from Palaearctic

China (Diptera: Bombyliidae). Zootaxa, 1870: 1-23.

Yao Y, Yang D, Evenhuis NL. 2009. Four new species and a new record of *Villa* Lioy, 1864 from China (Diptera: Bombyliidae). Zootaxa, 2055: 49-60.

Ye L, Leng RX, Huang JH, Qu C, Wu H. 2017. Review of three black fungus gnat species (Diptera: Sciaridae) from green houses in China. Journal of Asia-Pacific Entomology, 20(1): 179-184.

Young CL. 2005. Robber flies of South Korea-I. South Korean species of the subfamily Stenopogoninae Hull (Diptera, Asilidae). Studia Dipterologica, 12(1): 93-108.

Young CL. 2006. Robber flies of South Korea-II. South Korean species of the Subfamily Asilinae Latreille, 1802 (Diptera, Asilidae). Zootaxa, 1132: 1-30.

Yukawa J, Tsuda K. 1987. A new gall midge (Diptera: Cecidomyiidae) causing conical leaf galls on *Celtis* (Ulmaceae) in Japan. Kontyu, 55 (1): 123-131.

Zhang D, Li W, Zhang M, Wang FU, Wang RR. 2016. Fanniidae (Insecta, Diptera) from Beijing, China, with key and description of one new species. Zootaxa, 4079: 401-411.

Zhang D, Zhang M, Li ZJ, Pape T. 2015. The Sarcophagidae (Insecta: Diptera) described by Chien-ming Chao and Xue-zhong Zhang. Zootaxa, 3946 (4): 451-509.

Zhang LL, Zhang KY, Yang D. 2014. Three new species of the genus *Ommatius* Wiedemann from Hainan,China (Diptera: Asilidae). Zoological Systematics, 39(4): 561-569.

Zhang X, Li Y, Yang D. 2014. A review of the genus *Rhipidia* Meigen from China, with descriptions of seven new species (Diptera, Limoniida). Zootaxa, 3764(3): 201-239.

中文名索引

学名索引

（种或亚种的本名放在前面，属名在后。按字母顺序排列）

Q

R

S

图 片 索 引

（图片下方数字为对应页码）

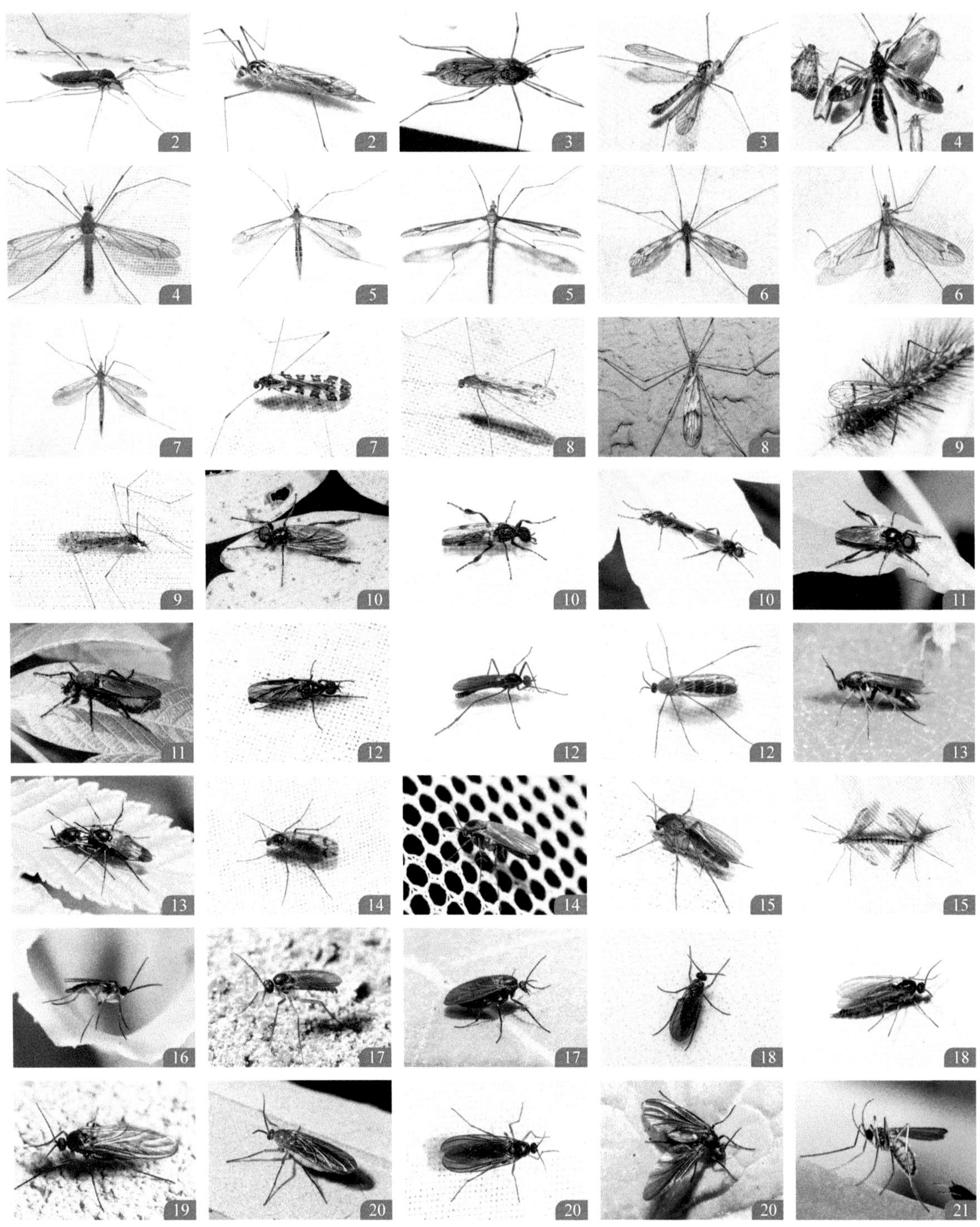

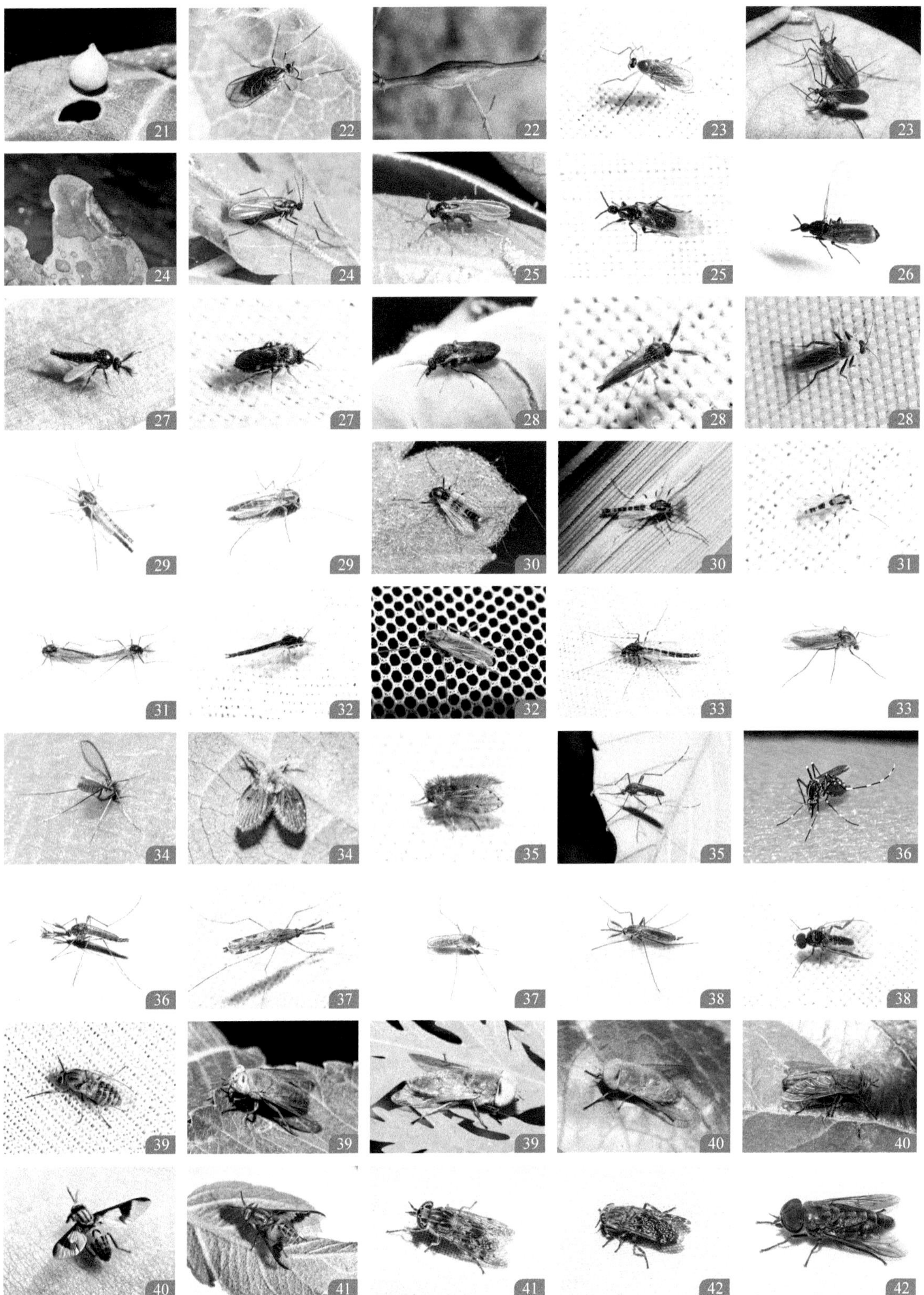
21
22
22
23
23
24
24
25
25
26
27
27
28
28
28
29
29
30
30
31
31
32
32
33
33
34
34
35
35
36
36
37
37
38
38
39
39
39
40
40
40
41
41
42
42

43
43
44
44
44
45
45
46
46
46
47
47
48
48
49
49
50
50
51
51
52
52
53
53
54
54
55
55
56
56
57
57
58
58
59
59
60
60
61
61
62
62
63
63
64

64
64
65
65
66
66
67
67
68
68
69
69
70
70
71
71
72
72
72
73
73
74
74
74
75
75
76
76
76
77
77
78
78
79
79
80
80
80
81
81
81
82
82
82
83

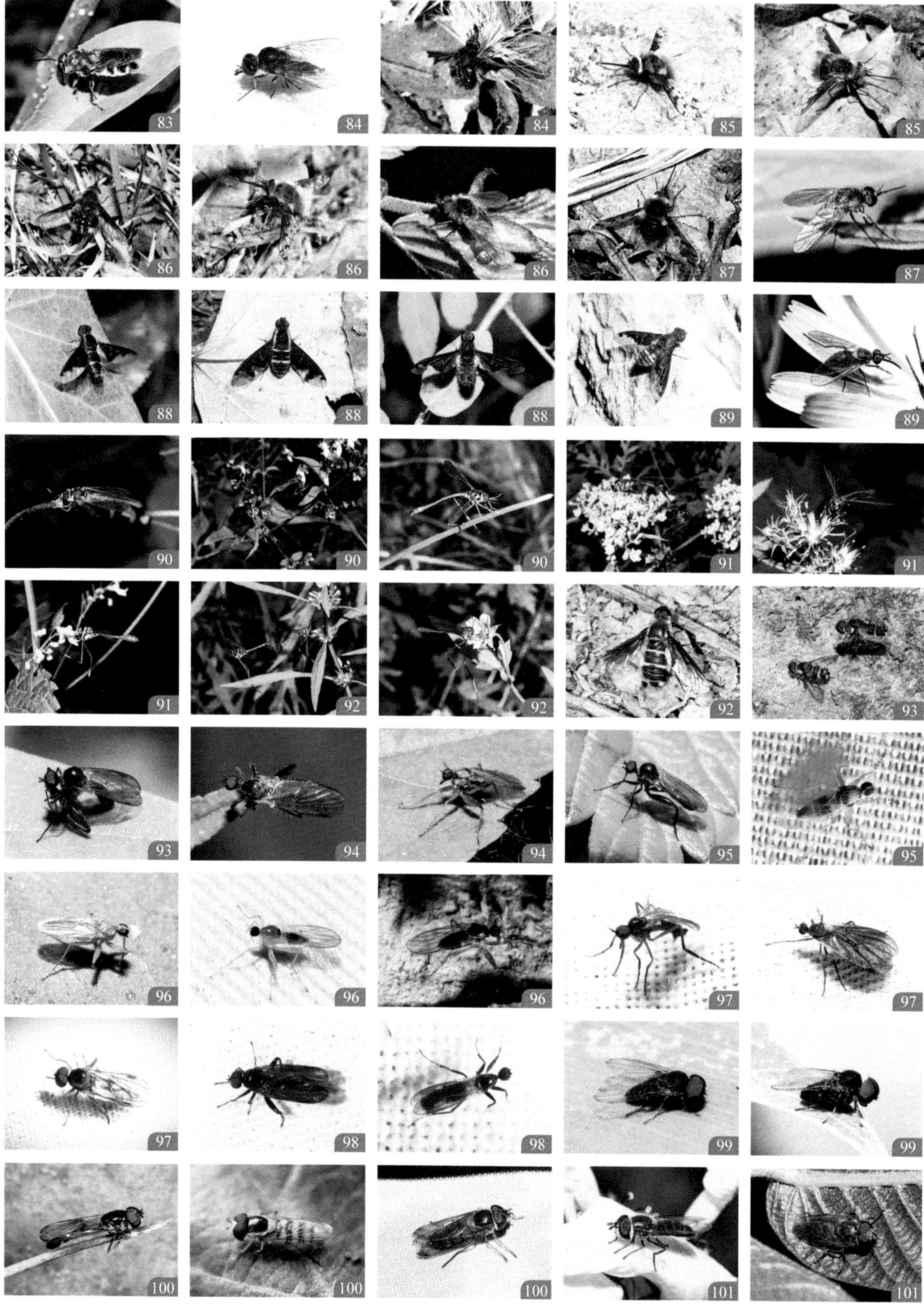

83
84
84
85
85
86
86
86
87
87
88
88
88
89
89
90
90
90
91
91
91
92
92
92
93
93
94
94
95
95
96
96
96
97
97
97
98
98
99
99
100
100
100
101
101

102
102
103
103
104
104
105
105
105
106
106
107
107
108
108
109
109
110
110
111
111
112
112
113
113
114
114
115
115
116
116
117
117
118
118
119
119
120
120
121
121
122
122
123
123

124
124
125
125
126
126
127
127
127
128
128
129
129
130
130
131
131
132
132
133
133
134
134
135
135
135
136
136
136
137
137
138
138
139
139
140
140
141
141
142
143
143
144
144
145

145
146
146
147
147
147
148
148
149
149
150
150
150
151
151
152
152
152
153
153
154
154
154
155
155
155
156
156
157
157
158
158
158
159
159
160
160
160
161
161
162
162
163
163
164

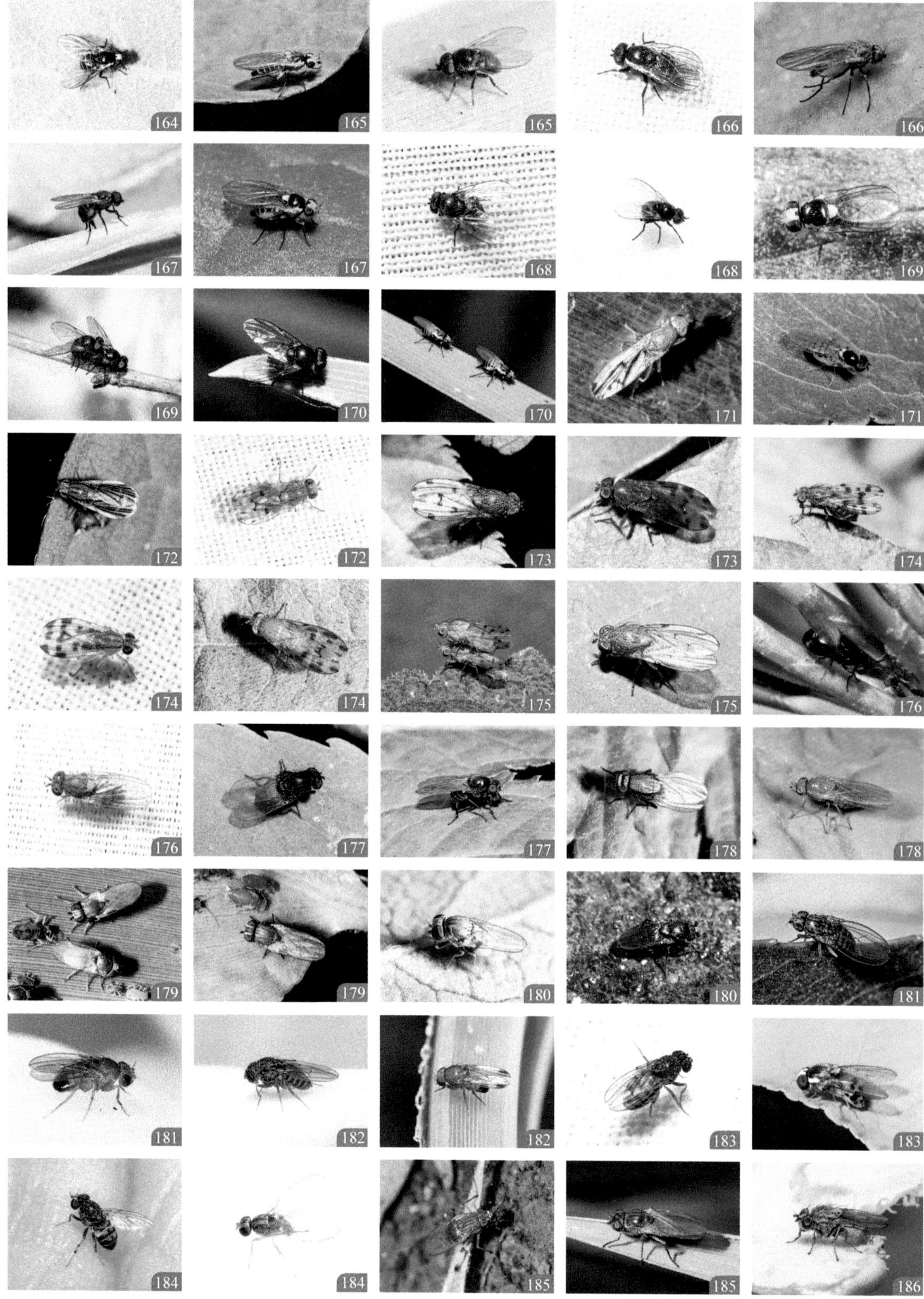

186 187 187 187 188
188 188 189 189 190
190 191 191 192 192
193 193 194 194 195
195 196 197 198 198
199 199 200 200 201
202 203 203 204 204
205 205 206 206 207
207 208 208 209 209

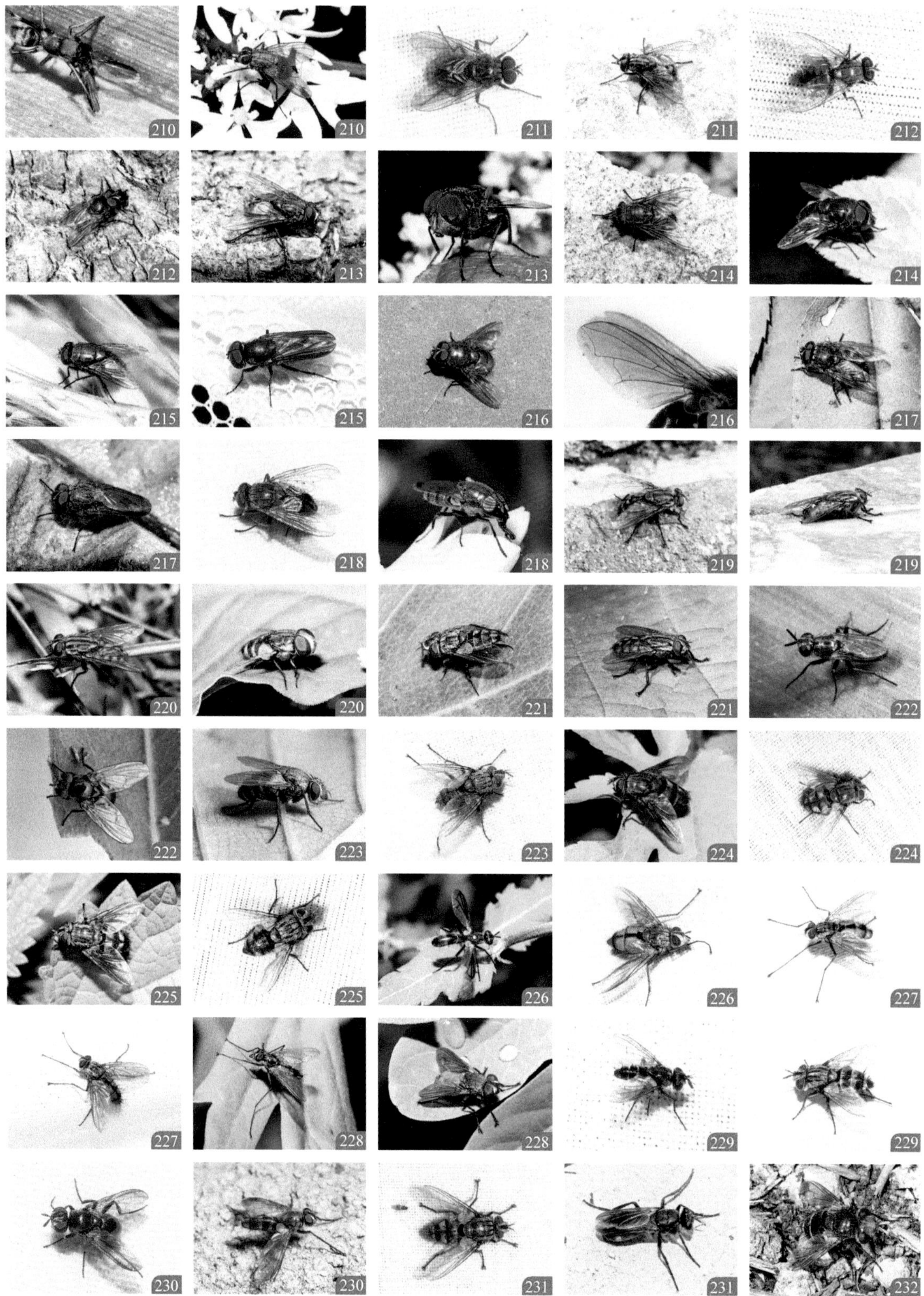
210
210
211
211
212
212
213
213
214
214
215
215
216
216
217
217
218
218
219
219
220
220
221
221
222
222
223
223
224
224
225
225
226
226
227
227
228
228
229
229
230
230
231
231
232

232
233
233
234
234
235
236
236
237
238
238
239
239
239
240
240
241
241
242
242
243
244
244
245
245
246
246
247
247
248
248
249
249
250
251